Social Media Marketing

Dorothea Heymann-Reder

Social
Media
Marketing

Erfolgreiche Strategien für Sie
und Ihr Unternehmen

 ADDISON-WESLEY

An imprint of Pearson Education

München • Boston • San Francisco • Harlow, England
Don Mills, Ontario • Sydney • Mexico City
Madrid • Amsterdam

Bibliografische Information der Deutschen Nationalbibliothek

Die Deutsche Nationalbibliothek verzeichnet diese Publikation in der Deutschen Nationalbibliografie; detaillierte bibliografische Daten sind im Internet über http://dnb.d-nb.de abrufbar.

10 9 8 7 6 5 4 3 2 1

13 12 11

ISBN 978-3-8273-3021-5

© 2011 by Addison-Wesley Verlag,
ein Imprint der Pearson Education Deutschland GmbH,
Martin-Kollar-Straße 10–12, D-81829 München/Germany
Alle Rechte vorbehalten
Lektorat: Birgit Ellissen, bellissen@pearson.de
Fachlektorat: Hagen Graf
Korrektorat: Marita Böhm
Herstellung: Martha Kürzl-Harrison, mkuerzl@pearson.de
Coverkonzeption und -gestaltung: Marco Lindenbeck, webwo GmbH (mlindenbeck@webwo.de)
Satz: Reemers Publishing Services GmbH, Krefeld (www.reemers.de)
Druck und Verarbeitung: Print Consult GmbH

Printed in the Slovak Republic

Für Georg und Lucie

Inhaltsverzeichnis

Inhaltsverzeichnis

Inhaltsverzeichnis

Inhaltsverzeichnis

Vorwort

»Im Grunde sind es immer die Verbindungen mit Menschen, die dem Leben seinen Wert geben.« – Wilhelm von Humboldt

Liebe Leser,

ich habe mich sehr gefreut, als ich gebeten wurde, dieses Buch zu schreiben. Im Jahre 2009 hatte ich das Standardwerk von Tamar Weinberg über Social Media Marketing übersetzt, ein faszinierendes Thema. Schon während der Übersetzung kam mir der Gedanke: So gut dieses Buch ist und so kompetent es für den deutschen Markt überarbeitet wurde, man müsste eigentlich etwas Ähnliches in Deutschland und für Deutschland schreiben.

Viele Firmen stehen dem so genannten Echtzeit-Internet mit Argwohn gegenüber: Wie verträgt sich der Zwang, immer schneller immer mehr Inhalte zu produzieren, mit den Ansprüchen von Qualität und Nachhaltigkeit? Viele Manager finden Facebook heute noch unter ihrer Würde. Sie sind sich nicht im Klaren über die Dynamik, mit der Facebook immer mehr und immer größere Bevölkerungsschichten anspricht. Die Zukunft des Internet gehört den interaktiven neuen Medien des Web 2.0, den Netzwerken, in denen sich Menschen über Beruf und Privates austauschen, Videos und Fotos miteinander teilen und sich gegenseitig mitteilen, was sie im Internet und in der Welt gut oder schlecht finden. Alles wird von den Communities diskutiert, auch Sie und Ihre Produkte und Marken. Was liegt näher, als dorthin zu gehen, wo Ihre Kunden sind?

Die meisten Entscheider in Unternehmen gehören nicht zu der Generation der Digital Natives, die mit dem Internet aufgewachsen sind und schon als Jugendliche soziale Netzwerke wie das SchülerVZ oder Facebook nutzen, um Freundschaften zu pflegen und sich über Gott und die Welt auszutauschen. Vor allem über die Welt: Meine zwölfjährige Tochter kommentiert mit ihren Freundinnen fleißig im Web, welche Wimperntusche schnell verschmiert und welche hält. Nicht mehr lange, und sie wird ihre Meinung zu den Produkten, die sie benutzt, auch auf Verbraucherportalen und in anderen Netzwerken kundtun.

Nicht nur die junge Generation, die heranwächst, sondern zunehmend auch die älteren Internetnutzer benutzen ihre Smartphones nicht nur zum Telefonieren, da wird getwittert, was das Zeug hält, da werden Videos ausgetauscht, Spiele gespielt und Facebook-Seiten gepflegt. Ganz unbefangen und offen.

Kapitel 1

Alles weist darauf hin, dass sich das Mediennutzungsverhalten massiv ändert, ein Trend, der von allen einschlägigen Studien bestätigt wird[1]. Und darin liegt für Unternehmen eine gewaltige Chance, ihr Image zu stärken und Kunden an sich zu binden.

Die folgenden Beispiele zeigen den Unterschied zwischen einem Kundengespräch an der Theke und im Netz:

🐾 Szenario 1

In einer Eckkneipe unterhalten sich zwei Männer über Autos. Der eine ist völlig begeistert von seinem neuen Auto, schwärmt von dem durchzugsstarken Motor, der beispiellosen Straßenlage, dem Fahrgefühl, von Sicherheit und brillanter Technologie; er ist ein Marken-Evangelist reinsten Wassers. Doch außer seinem Gegenüber und vielleicht ein paar Umstehenden bekommt es niemand mit.

Stellen Sie sich nun vor, dieser Begeisterte würde das Gleiche im Sozialen Netz kund tun. Jeder könnte es lesen. Die ganze Welt würde es erfahren. Die Marketingverantwortlichen des Automobilherstellers können sich freuen. Und es würde noch nicht einmal viel kosten.

Tatsächlich ist es nicht schlimm, wenn über Ihr Unternehmen im Internet Aussagen kursieren, die Sie nicht selbst steuern.

🐾 Szenario 2

Der gleiche Mann schimpft über sein Fahrzeug wie ein Rohrspatz. Sein Auto sei »ein klassischer Montagswagen«. Die Elektronik hatte schon in der ersten Woche einen Aussetzer. In der Werkstatt sei man unfreundlich zu ihm gewesen. Die Reparatur habe eine Woche gedauert. Jetzt hat er kein Vertrauen mehr zu seinem Wagen.

Auch ein negativer Kommentar wie dieser wäre für den Hersteller keineswegs schlecht – sofern er ihn nur rechtzeitig liest. Denn dann kann der Hersteller reagieren, um den Kunden wieder einzufangen. Er kann seine Klagen ernst nehmen, die Abläufe in der betreffenden Vertragswerkstatt korrigieren, sich beim Kunden entschuldigen und ihm als Trostpflaster etwas zukommen lassen. Ja mehr noch: Der Hersteller hat die Chance, Missstände im Unternehmen abzustellen, bevor sie ernsthaft auf die Verkaufszahlen durchschlagen. Er hat die Chance, besser zu werden, indem er auf seine Kunden hört.

So macht man aus unzufriedenen Kunden zufriedene und lässt es ganz nebenbei alle Welt wissen: Wir kümmern uns. Wir sind bemüht, alles zu tun, damit Sie mit unserem Produkt zufrieden sind. Und das alles vor den Augen der Community, die die Botschaft honoriert.

Voraussetzung für ein wirkungsvolles Marketing im Social Web ist, den Kunden zuzuhören und schnell und persönlich zu reagieren. Damit lässt sich nicht nur Schaden abwenden, sondern im Gegenteil der Ruf Ihres Unternehmens stärken.

---

1   Vgl. u.a. Medienpädagogischer Forschungsverbund Südwest: JIM-Studie (Jugend, Information, (Multi-) Media) zum Mediennutzungsverhalten von Jugendlichen, http://www.mib-ffb.de/download/jugendliche%20im%20netz.pdf

1 Einführung

1.1 Für wen ist dieses Buch?

Jeder Marketingtreibende kann von Social Media profitieren und fast jeder kann noch etwas dazulernen. Dieses Buch wendet sich also an alle interessierten Nutzer und Marketingverantwortlichen innerhalb und außerhalb von Firmen, Verbänden und Organisationen, an Einzelunternehmer und Selbstständige ebenso wie an Profis in Großunternehmen und Agenturen.

Viele Empfehlungen im Internet werden undifferenziert an alle und jeden gegeben. Häufig werden in Blogs Zehn-Punkte-Pläne für ein erfolgreiches Social Media Marketing, für eine gelungene Facebook-Seite, für ein erfolgreiches Blog veröffentlicht. Viele dieser Tipps sind gut und sinnvoll, gehen aber nicht auf individuelle Gegebenheiten ein.

Dieses Buch behandelt nicht nur Best Practices für alle, sondern spricht auch individuelle Bedürfnisse von Unternehmen verschiedener Branchen, Ausrichtungen und Betriebsgrößen an.

- Selbstständige und kleine Unternehmen erfahren, wie sie mit geringem Aufwand Glanzlichter im Internet setzen können, die ihre Marke bekannt machen.
- Mittelgroße Unternehmen bekommen Tipps für eine Strategie, die ihnen hilft, ihre Reputation zu stärken und ihre Kompetenz ins rechte Licht zu rücken.
- Größere Unternehmen erhalten wichtige Informationen über Social Media Governance und eine sinnvolle Integration ihrer Aktivitäten in den Marketing-Mix.
- Organisationen, die darauf angewiesen sind, ihre Botschaft zu verbreiten, erfahren Best Practices, um effizient und zielgruppengerecht ihre Zielgruppen zu erreichen.

1.2 Aufbau dieses Buchs

Mein Buch soll tagesaktuelle Experten-Blogs nicht ersetzen, sondern ergänzen. Ich möchte Ihnen einen Überblick verschaffen, der nicht nur das Tagesgeschehen berücksichtigt, sondern einen Top-Down-Ansatz verfolgt. Ich untersuche zuerst, wie Sie Social Media in ein Gesamtkonzept der Unternehmenskommunikation einbetten können. Social Media sind kein Ersatz für eine Marketingstrategie, im Gegenteil: Ihre unreflektierte Nutzung legt strategische Fehler schonungslos

offen. Es ist wie im klassischen, traditionellen Marketing: Ohne eine solide Bedarfsanalyse geht es nicht. Erst wenn Sie wissen, was Sie wollen, können Sie auch im Umfeld der Online-Communities Erfolg haben.

Im Anschluss daran stelle ich in Fallstudien dar, was mit Social Media möglich ist. Ich stelle Unternehmen unterschiedlichen Zuschnitts vor, vom Einzelunternehmer bis hin zum Großkonzern. Dabei zeige ich, wie unterschiedliche Marken, Produkte und Dienstleistungen wirkungsvoll in Szene gesetzt werden – nicht mit platter Werbung, sondern mit intelligentem Reputation Marketing und viel Spaß und Mehrwert für die Kunden. Sie werden erkennen, welche Vorteile ein integrierter Ansatz hat, der möglichst viele Kanäle einbezieht, und in welchen Fällen eine Konzentration auf einige wenige Kanäle der bessere Weg ist.

Im letzten Teil des Buchs gehe ich auf die verschiedenen Kanäle für Ihr Social Media Marketing ein. Dazu gehören die klassischen sozialen Netzwerke allen voran Facebook, ebenso wie Blogging-Plattformen, Twitter für Microblogging, YouTube für Videos, Flickr für Fotos, sowie Frage-und-Antwort-Portale, Präsentations-Sharing, News-Sites, Social Bookmarking und – sehr wichtig – die Themen- und Verbraucherportale. Auf diesem Feld ist sicherlich am meisten in Bewegung, insbesondere was die Tools, Apps und Add-Ons betrifft, von denen täglich immer neue auf den Markt kommen.

1.3   Danksagungen

Danken möchte ich den vielen Menschen, die mir durch ihren Input und kompetenten Rat geholfen haben, dieses Buch besser zu machen: Hagen Graf, Roland Fiege, Oliver T. Hellriegel, Axel Maierhöfer, Pia Kleine-Wieskamp, Felix Holzapfel, Robi Lack und Stephanie Becker. Besonders hervorheben möchte ich meine Freundin und Social Media-Expertin Astrid Listner, die mir in vielen Gesprächen geholfen hat, Dinge klarer zu sehen. Und ein Riesen-Dankeschön geht natürlich an Barb Scheuermann, ohne deren Coaching dieses Buch womöglich gescheitert wäre.

Wertvolle Anregungen und Blogbeiträge las ich bei Pete Cashmore, Tim O'Reilly, Tamar Weinberg, Holger Schmidt, Philipp Sauber, Klaus Eck, Markus Beckedahl, Philipp Roth und Jens Wiese und vielen anderen Bloggern, die an den entsprechenden Stellen im Buch zitiert werden.

Abschließend gilt mein Dank meiner geliebten Familie: meinem Mann Dirk, der mir mit Liebe und Geduld über die Hürden dieses Projekts hinweg geholfen hat und immer die richtigen Fragen stellte, und meinen Kindern Georg und Lucie, die klaglos akzeptiert haben, dass ich monatelang weniger für sie da war, als ich es gerne gewesen wäre.

2 Die Grundlagen

Im Social Media Marketing unterscheide ich zwei Richtungen, die den beiden Seiten eines Dialoges entsprechen:

Reaktives Social Media Marketing umfasst alle jene Aktivitäten, die Sie als Antwort auf Erwähnungen Ihrer Firma im Social Web entfalten. Hier ist es der Andere, der den Dialog beginnt. Wenn zum Beispiel jemand in einem Forum Ihrem Produkt schlechte Noten ausstellt, könnten Sie diese Kritik, sofern sie berechtigt ist, aufgreifen und darauf antworten. Sie können Kritiker sogar einladen, Ihnen zu helfen, Ihre Produkte besser zu machen.

Proaktives Social Media Marketing umfasst die Aktivitäten, die Sie selbst anstoßen. Hier sind Sie es, der den Dialog beginnt. Vielen ist nicht bewusst, dass jegliches Engagement in Social Media darauf gerichtet sein sollte, Dialoge zu führen. Damit verbieten sich belanglose Tweets und Push-Werbung von selbst. Proaktives Social Media Marketing ist die Kunst, den Menschen in der digitalen Welt etwas zu geben, das sie anspricht, und auf das sie antworten, weil es sie reicher macht oder weil es sie interessiert.

Zwei Grundsätze möchte ich meinem Buch voranstellen, und Sie bitten, diese immer im Hinterkopf zu behalten: Nachhaltigkeit und Ganzheitlichkeit.

Nachhaltigkeit bedeutet, dass Sie ein bestimmtes Niveau in Ihren Online-Aktivitäten pflegen und dieses auch durchhalten. Dieses Niveau muss mit Ihrer Unternehmenskultur, Ihren Marketingzielen und vor allem der Zielgruppe, die Sie ansprechen, kompatibel sein. Ein IT-Unternehmen wird diese Anforderungen anders interpretieren als eine Kosmetikfirma oder ein Musiklabel für Popkultur.

Ganzheitlichkeit bedeutet, dass Ihre Social Media-Aktivitäten ein integraler Bestandteil Ihrer Unternehmenskommunikation sind. Sie müssen sich nicht verbiegen. Ihre Firma hat ein bestimmtes Image und dieses Image dürfen Sie auch im Web 2.0 selbstbewusst und authentisch vertreten. Seien Sie so individuell und unverwechselbar, wie Sie es auch in der realen Welt sind, als Person und als Unternehmen.

2.1 Marketing und Social Media

Heute sind sowohl Unternehmen als auch soziale Netzwerke vielfältiger denn je, und dieser Prozess der Ausdifferenzierung ist noch längst nicht abgeschlossen. Die schiere Menge der sozialen Netzwerke und Communities im Web 2.0

erscheint vielen Marketingverantwortlichen unübersichtlich, und manch einer denkt beim Begriff »Social Media« nur an Facebook. Tatsächlich ist Facebook schon allein durch seine ungeheure Nutzerzahl von beinahe 600 Millionen Menschen[1] ein Schwergewicht im Web 2.0. Aber daneben gibt es auch noch eine Vielzahl von kleinen, feinen Fachforen, Blogs oder Wikis. Gegensätzlicher können Angebote im Internet kaum sein.

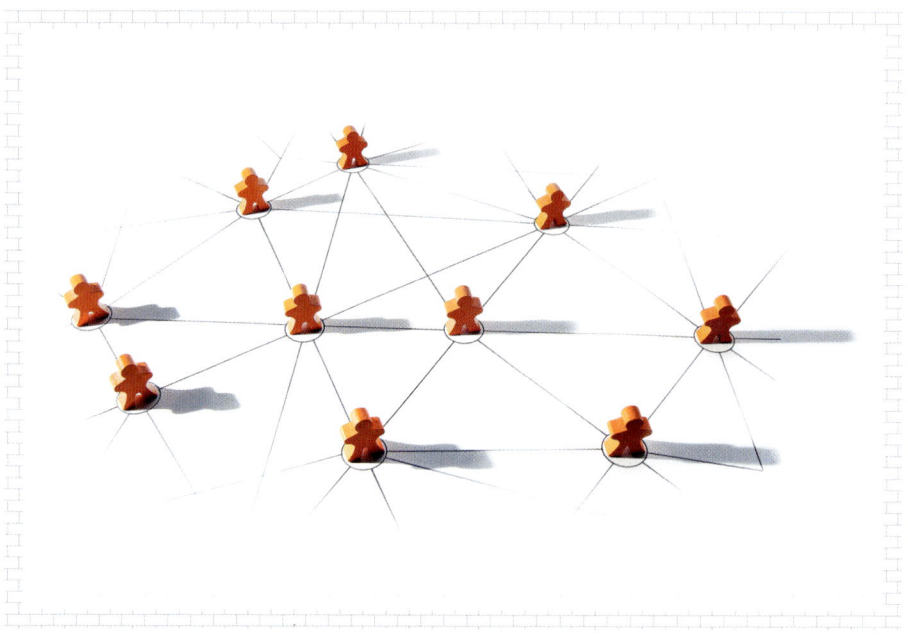

Abbildung 2.1: Condition humaine im Web 2.0: Vernetzung.

Social Media – soziale Netzwerke – sind ursprünglich kein Marketinginstrument, sondern eine neue Kommunikationsform, ähnlich wie vor 20 Jahren E-Mail eine neue Kommunikationsform war. Genau wie die E-Mail kann man auch Social Media für Marketingzwecke nutzen, aber in erster Linie dienen sie dem Wissensaustausch und der Kommunikation – nicht nur für das Marketing, sondern auch für andere Abteilungen im Unternehmen, denn überall geht es um die Vernetzung von Menschen mit Menschen.

Daher möchte ich den Begriff »Marketing« in diesem Buch ganz weit fassen, nämlich als eine Art extravertiertes Engagement von allen und für alle Menschen, von denen eine Firma oder Organisation lebt: für die Kunden, aber auch für die Partner, Mitarbeiter, Wissenschaftler, Stellenbewerber, Wirtschaftsjournalisten, Spender, Aktionäre, Interessenten. Ein Engagement für Offenheit, Echtheit und Menschlichkeit, für Natürlichkeit und Humor, für Schnelligkeit und Kompetenz im Umgang miteinander.

An allen Schnittstellen zwischen Unternehmen und Außenwelt – und davon gibt es eine Menge! – kann Networking im Social Web Vorteile bringen – auch wenn sich diese nicht immer in Geld beziffern lassen.

---

1 Per Januar 2011 sind es je nach Quelle zwischen 280 Millionen Nutzern (http://www.econtrolling.de/201101/facebook-nutzer-statistik-2011/) und 600 Millionen (http://www.thomashutter.com/index.php/2011/01/social-media-social-networks-statistiken-deutschland-gewinner-und-verlierer/).

Oft fragen Unternehmen, die mit der Einführung von Social Media konfrontiert sind, nach dem monetären Nutzen dieses Engagements, dem ROI (Return on Investment). Was ist denn der ROI Ihrer Website? Oder der ROI Ihrer Unternehmenskommunikation? Na bitte. Aber so ganz ohne diese Instrumente möchten Sie auch nicht auskommen, weil Sie wissen, dass Ihre Marke, Ihr guter Ruf und Ihre Zukunftsfähigkeit davon abhängen.

Natürlich wird die Erfolgsmessung und das Monitoring im Social Web in diesem Buch noch eingehender behandelt werden. Aber schon an dieser Stelle sei gesagt: Jedes Unternehmen sollte im Web 2.0 präsent sein, genauso wie im Web 1.0 und in anderen Medien, in denen seine Kunden sich aufhalten.

> ### ✍ »Wer braucht denn so etwas?«
>
> Diese Frage stellte mir eine Schulfreundin im Jahre 1980, als der Personal Computer Einzug in ganz wenige, technikaffine Büros und Haushalte hielt.
>
> Auch als die ersten grafischen Oberflächen für Computerprogramme von Macintosh und Microsoft gestaltet wurde, zuckte sie verächtlich mit den Achseln.
>
> Zehn Jahre später stellte sie dieselbe Frage, als das Internet über die Universitäten und Wissenschaftsabteilungen herauswuchs und die ersten Firmenwebsites programmiert wurden.
>
> Für jeden Mitarbeiter eine E-Mail-Adresse? Wieder stellten Personalchefs und Unternehmen die Frage, wer das denn brauche? Und überhaupt sei das Internet ein gewaltiger Zeitfresser und würde die Produktivität der Mitarbeiter beeinträchtigen. Das werde sich bestimmt nicht durchsetzen, unkte man.
>
> Heute stehen wir an einer ähnlichen Schwelle, und wieder fragen Firmen und Private, wozu soziale Netzwerke gut seien. Manche sprechen gar von Zeitvergeudung. Und wieder winken dieselben Personen wie immer ab. Doch diese Einstellung ist angesichts eines Mediums, das sich rasant ausbreitet und täglich immer größere Bevölkerungsschichten erreicht, nicht mehr zeitgemäß.

2.2 Das neue Internet heißt Web 2.0[2]

Soziale Netzwerke sind das neue, dynamische und interaktive Internet. Das statische Internet mit seinen kaum jemals aktualisierten Websites war gestern. Heute ist das World Wide Web eine Dialogplattform, auf der jeder mit jedem über alles und jedes sprechen kann – wenn er es möchte und sich im Social Web auskennt.

Wenn Sie jetzt noch die Erkenntnis des Cluetrain-Manifests einbeziehen, dass Märkte Mitwirkung sind und Mitwirkung Kommunikation, und zwar echte Kommunikation zwischen echten Menschen, dann erkennen Sie, welche Revolution die neuen Netzwerke für uns alle bedeuten, und welche ungeahnten Chancen sich auftun, von Mensch zu Mensch mit Kunden, Partnern, Gleichgesinnten, Freunden und Kollegen umzugehen, ganz natürlich und unverkrampft.

Vielleicht sind wir ja sogar Zeugen einer Zeit, in der die Masken fallen, die sich viele Menschen zur Erfüllung ihrer diversen Rollen im Leben aufsetzen. Vielleicht erleben wir den Anbruch einer Zeit, in

---

2   Der Begriff Web 2.0 wurde von Tim O'Reilly im Jahre 2004 geprägt, vgl. http://en.wikipedia.org/wiki/Web_2.0

der sich der Mensch ganz locker geben kann, unverstellt, offen, ehrlich und ganzheitlich. In der wir uns nicht mehr zerreißen müssen zwischen Schein und Sein.

Diese neue Chance auf eine neue Form der Kommunikation hat ihren Charme und ihre Tücken. Und wie immer, wenn neue Kommunikationsformen entstehen, ist der erste Schritt das Zuhören. Wie Kinder in den ersten Lebensjahren die Fähigkeit zum Sprechen erwerben, so können Sie Ihre Sprachfähigkeit in sozialen Netzwerken aufbauen und zur Meisterschaft bringen, nämlich durch Neugier, Zuhören und Ausprobieren.

Am besten funktioniert das, wenn Sie ganz natürlich an die Sache herangehen. Wer im Social Web glattgebügelte PR- und Werbesprache verwendet, ist rasch unten durch. Stattdessen regieren in den sozialen Netzwerken Spaß, Experimentierfreude und die Menschen suchen darin immer etwas Neues, Nützliches, Interessantes, Wissenswertes oder Witziges.

2.3 Was sind Social Media?

Social Media sind Internet-Plattformen, auf denen Nutzer mit anderen Nutzern Beziehungen aufbauen und kommunizieren, wobei sich die Kommunikation nicht im Austausch von verbalen Botschaften erschöpft, sondern auch viele multimediale Formate mit einbezieht: Fotos, Videos, Musik- und Sprachaufzeichnungen sowie Spiele. Die Nutzergemeinde einer solchen Social Media-Plattform bezeichnet man als Community.

Durch die Gestaltungsmöglichkeiten, die diese Communities in Social Media genießen, bekommt die Stimme der Konsumenten zunehmend Gewicht und das gesamte Internet demokratisiert sich.

Die Zeiten, da einige Wenige über Herrschaftswissen verfügten, das der Masse der Menschen nicht zugänglich war, gehen möglicherweise ihrem Ende entgegen. Das hat die Enthüllungsplattform Wikileaks von Julian Assange 2010 durch die Veröffentlichung von brisanten politischen Dokumenten und Informationen bewiesen[3].

Heute, im Januar 2011, erleben wir in Nordafrika revolutionäre Bewegungen, die möglicherweise noch geopolitische Umwälzungen nach sich ziehen werden. Diese Revolutionen, in denen sich eine breite Masse der Bevölkerung aufmacht, um ihre Dikatoren abzuschütteln, wurden maßgeblich in sozialen Netzwerken wie Facebook und Twitter organisiert.

In sozialen Netzwerken ist jeder Nutzer Sender und Empfänger, Rezipient und Inhalteproduzent zugleich. Durch diese interaktive Prägung der Social Media entwickelte sich aus der früheren One-to-Many eine Many-to-Many-Kommunikation. Meistens muss man sich ein Profil einrichten, um an dem Austausch in der Community teilnehmen zu können, aber in manchen Fällen geht es auch ohne Profil, etwa, um eine Bewertung auf bestimmten Verbraucherportalen abzugeben oder einen Blogbeitrag oder ein Wiki zu kommentieren.

Die meisten sozialen Netzwerke ermöglichen ihren Mitgliedern, ihre persönlichen Angaben und zuweilen auch ihre Beiträge durch bestimmte Datenschutzeinstellungen vor der Allgemeinheit zu verbergen oder nur einem Teil ihrer Online-Kontakte zugänglich zu machen. Das ist in Netzwerken wie Facebook, die viel privat genutzt werden, durchaus üblich, aber auf eher beruflich genutzten Plattformen wie

---

3   http://wikileaks.ch/

Twitter nicht so häufig der Fall. In wieder anderen können nur angemeldete und registrierte Mitglieder der Community Einblick in die Inhalte nehmen.

Darüber hinaus besteht die Möglichkeit, die verschiedenen Social Media-Kanäle über kleine Applikationen, so genannte Widgets, Gadgets oder Buttons, miteinander zu vernetzen. Überhaupt ist die zunehmende Integration und Konvergenz der sozialen Netzwerke ein starker Trend. Ich werde weiter unten noch darauf zu sprechen kommen.

Eine genauere Erklärung, wie diese einzelnen Plattformen funktionieren, finden Sie im letzten Teil des Buchs, in dem die Kanäle für Ihr Social Media Marketing im Einzelnen vorgestellt werden.

2.4 Was bringen Social Media den Unternehmen?

Fast alle Unternehmen, Dienstleister und Organisationen können durch soziale Medien mehr Bekanntheit erlangen und ihre guten Seiten herausstellen. Aber die bloßen Nutzerzahlen alleine bringen Sie Ihrem Zielpublikum nicht näher, besonders, wenn Sie nicht im B2C-, sondern im B2B-Marketing arbeiten.

Zu bedenken ist auch, dass einerseits viele Social Media-Nutzer mehrfach gezählt werden, weil sie auf manchen Kanälen gleich mehrere Profile und Konten unterhalten, während die große Masse der Menschen, die sich nur passiv über die Online-Konversation informieren, ohne selbst ein Benutzerkonto zu unterhalten, in diesen Zahlen nicht enthalten ist.

Somit ist es für Sie wichtig, ausgehend von Ihrer Strategie, der Ausrichtung und Größe Ihres Unternehmens und ihren konkreten Zielen die richtigen Plattformen und Gruppen für das zu finden, was Sie zu kommunizieren haben. Sie sollten sich auch die Frage stellen, ob Sie mehr in die Breite oder mehr in die Tiefe wirken möchten. Doch genau diese strategischen Überlegungen stellen viele Unternehmen heute noch nicht an. Die Studie »Social Media Governance 2010« von Fink & Fuchs und der Universität Leipzig stellt fest:

»Die meisten Defizite bestehen bei technischem Know-How, Evaluation, Strategieentwicklung sowie dem Management von Web-Communities.«[4]

2.4.1 Unterschiedliche Unternehmensziele verfolgen

Wenn Sie es richtig anfangen, können Sie in sozialen Netzwerken die unterschiedlichsten Unternehmensziele verfolgen:

- **Reputationsmarketing** und Sichtbarkeit – Durch kompetentes Auftreten in sozialen Netzwerken können Sie die Bekanntheit Ihrer Marke und den Ruf Ihrer Firma stärken. Sie können wertvolle Kontakte zu Multiplikatoren und Medienvertretern knüpfen und dafür sorgen, dass Sie besser wahrgenommen werden.
- **Recruiting** – In zunehmendem Maße suchen und finden Unternehmer in sozialen Netzwerken qualifizierte Bewerber. Vor dem Hintergrund des absehbaren Fachkräftemangels in Deutschland ist der Wettbewerb um die besten Köpfe längst in vollem Gange. Und nebenbei bemerkt: In Social Media erreichen Sie Fachkräfte nicht nur im Inland, sondern auch im Ausland.

---

4   http://www.ffpr.de/de/news/studien/social_media_governance_2010.html

- **Kundenbindung** – Viele Unternehmen machen die Erfahrung, dass ihr Engagement in Social Media mehr der Bestandskundenbindung nützt als der Neukundenakquisition. Der Dialog und Support in Blogs und Communities ist ein wichtiges Element der Kundenbindung.

- **Virales Marketing** – Wenn Sie guten Content erstellen und Ihre Aktivitäten auf verschiedenen Plattformen maximal vernetzen, können Ihre Videos oder Beiträge von den Communities herumgereicht und weiterempfohlen werden.

- **Mundpropaganda** – Über die Empfehlungen und Bewertungen der Communities können Sie sich profilieren und neue Kunden gewinnen. Das ist besonders auf Bewertungsportalen ein wichtiges Thema. Heizen Sie die Mundpropaganda an, indem Sie Gewinne und kostenlosen Rat verteilen.

- **Crowdsourcing** – Sie können die Intelligenz der Communities anzapfen, um neue Ideen zu erschließen. So haben zum Beispiel Automobilkonzerne Besucher ihrer Seiten im Internet mobilisiert, um neue Fahrzeuge nach den Wünschen und Vorgaben der Zielgruppen zu gestalten.

- **Innovation** – Social Media sind für sich schon ein Innovationsfaktor, weil sie die Kommunkation einfacher, schneller, moderner und persönlicher machen. Zusätzlich können Sie von der Innovationskraft der Internet-Communities profitieren.

- **Suchmaschinenoptimierung** – Natürlich sind die sozialen Netzwerke keine Link-Schleudern und sollten auch nicht als solche missbraucht werden. Aber wenn Sie interessante und nützliche Impulse geben, Ihre Social Media-Profile maximal untereinander vernetzen und sich um einen guten Ruf in Ihren Communities bemühen, werden viele andere Internetnutzer Ihren Content verlinken und Sie damit implizit weiterempfehlen. Das erhöht Ihr Suchmaschinenranking von ganz alleine.

- **Krisenkommunikation** – Wenn Sie Ihr Engagement in den sozialen Netzwerken richtig steuern, können Sie einer eventuellen Negativ-Publicity entgegenwirken. Durch schnelle Reaktion auf Kritik, großzügiges Einlenken und kompetentes Krisenmanagement können Sie Schlimmeres verhindern bevor die Temperamente hochkochen.

Sie sehen also, dass Ihr Engagement in sozialen Netzwerken sehr viel mehr sein kann, als nur »Marketing« im klassischen Sinne. Nach einer Studie des Instituts für Informatik und Wirtschaftsinformatik der Universität Duisburg-Essen zum Einsatz von Social Software in Unternehmen nutzt fast die Hälfte der befragten Firmen das Web 2.0, um neue Ideen zu entwickeln und neues Wissen zu erschließen.[5]

2.5   Wie funktionieren soziale Netzwerke, Blogs, Foren und Portale?

Soziale Netzwerke funktionieren nach dem Prinzip von Geben und Nehmen. Die Mitglieder unterhalten sich, zeigen einander Fotos, helfen einander, Probleme zu lösen, fachsimpeln über Hobby und Beruf, lästern, loben, lachen und leiden, gelegentlich auch in aller Öffentlichkeit, und machen einander auf witzige und interessante Fundsachen im Netz aufmerksam. In Social Media-Sites gilt normalerweise das »Follower-Prinzip«: Wer jemand anderen, sei es eine Person oder ein Unternehmen, interessant findet, kann diesem folgen, das heißt, seine Beiträge abonnieren, egal ob es sich bei diesen Beiträgen um Statusmeldungen, Blogbeiträge, Videos, Fotos, Tweets, Bookmarks oder Nachrichten handelt. Häufig beruht dieses Folgen auch auf Gegenseitigkeit.

---

5   http://www.icb.uni-due.de/fileadmin/ICB/research/research_reports/ICBReport33.pdf

Dazu legen sich die Nutzer Profile in den einzelnen Netzwerken an. Normalerweise genügt es, eine E-Mail-Adresse und einen Benutzernamen sowie ein Passwort zu definieren, um den Registrierungsprozess hinter sich zu bringen. Richtig interessant wird es jedoch erst dann, wenn die Community-Mitglieder mehr von sich preisgeben: Ein Profilbild etwa, oder Aussagen über ihr Alter und Geschlecht, ihre Biographie, ihren Beziehungsstatus, ihre Hobbys und dergleichen. An diesem Punkt kollidiert das Interesse, möglichst viel von sich als Mensch mitzuteilen, mit Datenschutzbedenken. Die User lösen dieses Dilemma sehr unterschiedlich: Der eine gibt so gut wie gar nichts von sich preis, der andere so gut wie alles.

> ☞ In sozialen Netzwerken steht der Mensch im Mittelpunkt, nicht die Firma. Viele Netzwerke gestatten keine Unternehmenspräsenzen, andere räumen Firmen Möglichkeiten ein, eine klar als solche erkennbare Firmenseite zu gestalten. Wenn Sie eine solche Präsenz einrichten, sollten Sie dennoch versuchen, nicht als Unternehmen, sondern als Mensch aufzutreten.

Unternehmen haben es in puncto Datenschutzeinstellungen leichter als Private: Sie wollen an die Öffentlichkeit, und sie gehen an die Öffentlichkeit. Wenn Sie bei Social Media-Sites, die Unternehmensseiten ermöglichen, eine Seite für Ihre Firma anlegen, sollten Sie diese möglichst stark personalisieren. Sagen Sie offen, wer Sie sind, laden Sie Ihr Logo auf Ihre Facebook- oder Twitter-Seite und geben Sie Informationen über Ihr Unternehmen.

Wer sich in einem sozialen Netzwerk engagieren möchte, tut gut daran, zunächst einmal genau zuzuhören, wie die Kommunikation dort abläuft. Man nennt dieses Beobachtungsverhalten »Lurking«. Schon bald werden Sie ein Gefühl dafür entwickeln, was geht und was nicht geht. Sie erkennen, welche Teilnehmer besonders einflussreich sind, welche etwas zu sagen haben und welche nicht, und wie Sie verfahren müssen, um eine Gefolgschaft aufzubauen.

Eine gute Vernetzung der verschiedenen Social Media-Kanäle ist immer die Strategie der Wahl. Es gibt Anwendungen, so genannte »Social Media Dashboards«, in die Sie mehrere Kanäle integrieren können, um den Überblick zu behalten. Dazu gehören die beliebten Anwendungen Hootsuite[6], Tweetdeck, Seesmic[7] und Brizzly[8]. Einige Apps sind auch für mobile Geräte wie zum Beispiel Ihr Handy geeignet.[9]

2.5.1 Große Unterschiede

Auf die Unterschiede zwischen den Plattformen werde ich weiter unten noch eingehen. Obwohl Facebook und Twitter von den Mitgliederzahlen her die beiden größten Plattformen der Social Media-Landschaft sind, ist es ein Fehler, Social Media schlechthin mit diesen beiden gleichzusetzen.

- ■ **Facebook** dient hauptsächlich der privaten Kontaktpflege zwischen den Mitgliedern, aber zunehmend auch der Unternehmenskommunikation von Firmen, die ihre Kunden dort abholen wollen, wo diese zu finden sind. Bei Facebook heißen Kontakte »Freunde« und Freundschaften beruhen auf Gegenseitigkeit. Der Ton und die Inhalte von Facebook sind informell; die Mitglieder sind dort,

---

6 http://hootsuite.com/

7 http://seesmic.com/

8 http://brizzly.com/

9 Siehe u.a. http://smartblogs.com/socialmedia/2010/12/29/how-to-choose-the-twitter-client-thats-right-for-you/, http://www.socialbrite.org/2010/11/09/top-10-social-media-dashboard-tools/

um sich zu unterhalten und zu entspannen. Bei Facebook ist jedes Mitglied auch Content-Produ-cer[10], während zum Beispiel in Blogs häufig wenige Inhalteproduzenten eine schweigende Mehr-heit mit Beiträgen versorgen.

- **Twitter** wird ebenfalls privat und beruflich genutzt. Schüler verabreden sich per Twitter zum Kaf-fee und Manager zu Konferenzen. Hier geht es nicht so sehr um Selbstdarstellung, sondern um schnelle Nachrichten und Informationen, die von so genannten »Followern« abonniert werden. Da Twitter ein sehr schnelles Medium ist, erscheinen Nachrichten dort oft als Erstes. So hat sich Twitter für viele zu einem Echtzeit-Nachrichtenmedium entwickelt[11].

- **Fachforen** und Portale und **Blogs** haben eine sehr unterschiedliche Größe und Nutzerzahl. Foren sind häufig keine Massenmedien des Internets, sondern Anlaufstellen für eine eingeschworene Nutzergemeinde, die das Interesse für ein bestimmtes Thema teilt. Unternehmensblogs sind ein hervorragendes Instrument für den Kundendienst und die Kundenbindung.

- **Media Sharing-Sites** wie zum Beispiel YouTube haben verhältnismäßig weniger Inhalteprodu-zenten und mehr passive Konsumenten der Beiträge. Kaum ein Content kann sich so viral verbrei-ten, wie ein gutes Video auf YouTube.

- **Business-Netzwerke** haben einen höheren Altersdurchschnitt als andere soziale Netzwerke und dienen den beruflichen und nicht den privaten Kontakten der Mitglieder. Entsprechend sind auch die Inhalte andere als bei Facebook und MeinVZ.

- Auf **Verbraucherportalen** und **Bewertungsplattformen** geht es weniger um Freundschaft und sozialen Kontakt als vielmehr darum, Produkte, Dienstleistungen, Orte und vieles mehr zu bewer-ten und die Bewertungen Gleichgesinnter zu lesen. Hier testen Verbraucher Dinge für andere Ver-braucher. Das Vertrauen der Verbraucher in ihre Peer-Gruppe ist hoch.

- In **Fragen- und Antwort-Portalen** (F&A-Portale) beantworten Mitglieder Fragen anderer Mitglie-der. Ähnlich wie auf Verbraucherportalen steht hier nicht die Freundschaft sondern die gegensei-tige Information im Vordergrund.

2.5.2   Wie verhält man sich in Social Media?

Alle Verhaltensregeln sämtlicher Social Media-Sites sind von einem einzigen Grundsatz abgeleitet:

Seien Sie ein Mensch unter Menschen.

Wenn Sie sich im realen Leben in eine Gruppe begeben, dann zeigen Sie Ihr Gesicht, nennen Ihren Namen, machen deutlich, warum Sie sich in dieser Gruppe engagieren (falls dies nicht durch die Umstände bereits klar ist) und halten sich an die in dieser Gruppe gültigen Regeln.

Das gilt für eine Geburtstagsparty ebenso wie für einen Verein oder einen Elternabend. In vielen Grup-pen ist es üblich, dass sich neue Mitglieder vorstellen.

In manchen Gruppen kann in der Praxis eine Vorstellung entfallen. Als ich neulich zu einer Elternsit-zung der Schule meiner Tochter kam, fand ich mich mit 150 Menschen in einem Raum wieder, die

---

10   Im Grunde gilt das natürlich für alle sozialen Netzwerke, aber die Fähigkeit, Inhalte zu produzieren, wird von den Mitgliedern in unterschiedlichem Maße genutzt. Es ist einfacher, eine Statusmeldung oder ein neues Foto auf Facebook zu stellen, als einen hochqualifizierten Fachartikel in einem Blog zu schreiben.

11   http://faz-community.faz.net/blogs/netzkonom/archive/2010/05/06/twitter-ist-mehr-nachrichtenmedium-als-soziales-netzwerk.aspx, http://www.steadynews.de/2010/09/august-2010-twitter-hat-in-deutschland-schon-3-mio-besucher/

sich nicht gut alle einzeln vorstellen konnten. Das war aber auch nicht unbedingt notwendig, weil alle Anwesenden Klassenvertreter waren und jeder wusste, aus welchen Motiven die anderen dort waren.

Als neues Mitglied in der Runde setzte ich mich zu jemandem, den ich kannte, und verfolgte zunächst einmal die Diskussion. Ich machte mich mit den aktuellen Themen vertraut und lernte die verschiedenen Positionen kennen. Zu einigen dieser Themen konnte oder wollte ich nichts sagen, aber bei anderen hatte ich das Gefühl, etwas Nützliches beisteuern zu können. Nachdem ich einige Zeit zugehört hatte, äußerte ich mich zu diesen Themen und wartete gespannt ab, wie meine Beiträge von der Runde aufgenommen wurden.

Im Verlaufe der nachfolgenden Diskussion gewann ich an Selbstsicherheit und lernte andere Elternvertreter kennen. Diejenigen, die intelligente und nützliche Beiträge brachten, stiegen in meiner Achtung. Diese klugen Köpfe wurden von der Gemeinschaft oft um Rat gefragt und waren in jeder Diskussion willkommen. Andererseits gab es aber auch einige eitle Selbstdarsteller, die sich nur gerne reden hörten, ohne viel zu sagen. Von diesen wendete ich mich ab – und nicht nur ich, sondern auch die meisten anderen.

Daraus lassen sich auch die wichtigsten Verhaltensregeln in sozialen Netzwerken ableiten:

- Treten Sie authentisch und unter Ihrem eigenen Namen auf.
- Hören Sie den anderen zu.
- Gehen Sie auf die Äußerungen der anderen ein. Fragen und antworten Sie. Nur so entstehen Dialoge.
- Respektieren Sie die anderen.
- Seien Sie freundlich und höflich. Vergessen Sie nicht, Bitte und Danke zu sagen.
- Reden Sie nicht schlecht von anderen.
- Bauen Sie zu anderen Nutzern Beziehungen auf. Tragen Sie niemandem die Freundschaft an, ohne dies begründen zu können.
- Verlangen Sie nicht dauernd etwas, sondern geben Sie der Community auch etwas zurück.
- Übernehmen Sie Verantwortung für Ihre Firma und Ihre Handlungen.

Wenn Sie diese Grundregeln jeder sozialen Interaktion verstanden haben, dann werden Sie auch in sozialen Netzwerken gut zurechtkommen.

In den einzelnen Kapiteln über die verschiedenen Social Media-Kanäle gehe ich noch konkreter auf die wichtigsten Regeln der Höflichkeit ein, die dort gelten.

2.6   Wie werden Sie mit Social Media erfolgreich?

Weil in sozialen Netzwerken durch die in allen Richtungen geführten Dialoge und die Schnelligkeit, mit der sich Botschaften verbreiten, andere Gesetze gelten als in Werbemedien, fühlen sich viele traditionelle Marketingmanager damit überfordert. Dabei ist der Kern des Social Media Marketing nichts anderes als Empfehlungsmarketing[12]. Ganz einfach: Lassen Sie die Kunden für sich sprechen.

---

12   Empfehlungsmarketing wird auch als Word-of-Mouth (WOM) oder als Mundpropaganda bezeichnet.

> ✍ Die beste Werbung ist eine Empfehlung eines zufriedenen Kunden. Online und offline.

Um empfohlen zu werden, können Sie folgendes tun:

- **Bieten Sie gute Produkte und Leistungen an.** Wenn Sie am Markt keinen Erfolg haben, weil Ihre Produkte schlecht sind, hilft Ihnen Social Media Marketing auch nicht weiter. Social Media Marketing ist kein Allheilmittel und kann inhärente Schwächen Ihres Angebots nicht ausbügeln.

- **Verfolgen Sie eine klare Strategie.** In Deutschland wird noch viel zu wenig strategisch gearbeitet. Welche Ziele verfolgen Sie? Wo steht Ihre Firma? Wo stehen Ihre Kunden? Was möchten Sie erreichen? Manche Firmen sind ausgezogen, um Kunden zu suchen, und fanden Stellenbewerber. Auch nicht schlecht. Aber wenn Sie wissen, was Sie wollen, und Ihre Ziele konsequent verfolgen, können Sie sich viel Arbeit und Enttäuschungen ersparen.

- **Kommunizieren Sie.** Halten Sie nicht nur Monologe, sondern hören Sie den Menschen in sozialen Netzwerken zu und stehen Sie ihnen Rede und Antwort. Und seien Sie sich bewusst, dass hinter jedem aktiven Gesprächspartner zehn weitere stehen, die interessiert zuhören, ohne selbst in Erscheinung zu treten. Sie erreichen mehr Menschen, als es den Anschein hat.

- **Erwarten Sie keine Wunder.** Viele Unternehmen, die in Deutschland mit Social Media Marketing beginnen, haben es zu eilig. Sie verkennen, dass der Aufbau einer Community Zeit kostet. Es ist wichtig, die Gesetzmäßigkeiten einer Plattform zu verstehen, bevor man sich am Gespräch beteiligt. Beziehungen entstehen nicht von heute auf morgen, sie müssen wachsen. Ihre Marke war ja schließlich auch nicht vom ersten Tag an in aller Munde.

- **Seien Sie großzügig.** Suchen Sie sich die geeigneten Plattformen aus, auf denen Ihre Zielgruppe zu Hause ist, und geben Sie dieser Zielgruppe das, was sie sich wünscht: Hilfe, Information, Unterhaltung, Nervenkitzel, Gewinn oder das Gefühl, Gutes zu tun. Und wenn Sie nicht wissen, was sich Ihre Kunden in spe wünschen, dann fragen Sie sie doch einfach.

- **Seien Sie menschlich.** Oft treten Unternehmen als anonyme Gebilde auf, die mit ihrer »One-Voice-Policy« und ihrer PR-lastigen Sprache aalglatt und gesichtslos wirken. Dabei besteht ein Unternehmen aus Menschen, die für andere Menschen arbeiten. Und in Netzwerken zählt dieser menschliche Faktor mehr als eine griffige Werbebotschaft. Je authentischer Sie sind, umso mehr gelangen Sie auf Augenhöhe Ihrer Kunden. Und diese vertrauen erwiesenermaßen jemandem, den sie als Mitmenschen empfinden, weit mehr als einer großen Organisation.

- **Seien Sie ehrlich.** A propos Authentizität: Ehrlichkeit und Offenheit sind oberstes Gebot. Geben Sie sich nicht als jemand anderes aus, als der Sie sind. Wenn Sie als Interner oder Externer für eine Firma auftreten, nennen Sie Ross und Reiter. Sonst verlieren Sie das Vertrauen der Nutzer und erleben im schlimmsten Falle sogar ein PR-Desaster.

- **Verdienen Sie sich Respekt.** Seien Sie vor allem nicht allzu geschwätzig. Social Media Marketing krankt daran, dass viel zu viele irrelevante und marktschreierische Inhalte produziert werden. Heben Sie sich positiv von der Masse ab, indem Sie sich kompetent und sachdienlich äußern und den Menschen einen Anlass geben, mit Ihnen zu interagieren. Am besten ist es, wenn Sie sich die Achtung von Meinungsführern erwerben, oder sogar selbst zum Meinungsführer werden.

2.7   Welche Fehler werden in Social Media gemacht?

Viele Unternehmen betrachten Social Media Marketing entweder als Heilsbringer oder als gefährliches Terrain, auf dem ihnen die Kontrolle über die Botschaft, die sie verbeiten, entgleiten könnte. Das gilt speziell für Deutschland, das gegenüber den USA auf diesem Gebiet nach wie vor zurückliegt:

- Die meisten deutschen Firmen stürzen sich ziellos und ohne Strategie auf Social Media Marketing. Bisher haben nur fünf Prozent der Unternehmen eine eigene Social-Media-Abteilung eingerichtet, die zumeist ohne Befugnisse, strategischen Einfluss oder ausreichende Qualifikation ihr Dasein fristet.[13]

- Viele haben nicht begriffen, wie Social Media Marketing funktioniert, nämlich als ein System von Geben und Nehmen, von Beziehungen, die zum beiderseitigen Nutzen von Unternehmen und Kunden planmäßig und über einen längeren Zeitraum aufgebaut werden. Social Media sind ein Kommunikationskanal und kein Kanal zur einseitigen Verbreitung von Botschaften.

- Zwei Drittel der Unternehmen befürchten, durch Social Media die Deutungshoheit über ihre Botschaften und die Kontrolle über den Kommunikationsverlauf zu verlieren[14].

- Mehr als 80 Prozent der Manager, die in Unternehmen mit Social Media Marketing befasst sind, attestieren sich selbst nur geringe oder mäßige Kenntnisse des Themas.

- Das hohe Tempo des Echtzeit-Internet macht laut einer Studie von Fink & Fuchs und der Universität Leipzig[15] zwei Dritteln der Unternehmen Angst. Man hat den Eindruck, dass Social Media Marketing in Deutschland nur notgedrungen betrieben wird, nach dem Motto: Wir können das Rad nicht zurückdrehen, also müssen wir »irgendetwas tun«.

- Viele Marketingfachleute verharren in den Mechanismen des Push-Marketing: Aggressiv wird die eigene Botschaft in alle Winde verstreut, ob sie nun jemanden interessiert oder nicht. Dabei reagieren soziale Netzwerke äußerst empfindlich auf platte Verkäuferrhetorik. Communities wollen Content, der sie weiterbringt, Unterhaltung und interessante Diskussionen.

Deutschland reagiert auf die neuen Medien ängstlicher als viele andere Länder. Die Menschen befürchten, jemand könnte etwas über sie erfahren oder Google StreetView könnte ihr Haus im Internet abbilden, ohne dass sie es wissen. Aber sehen es denn nicht Tausende von Passanten jeden Tag? Oder haben Sie schon einmal ein Haus mit einer Tarnkappe gesichtet? Des Weiteren ist da die Angst, etwas falsch zu machen. Angst vor einer gewaltigen, gesichtslosen Maschinerie namens Web 2.0, die alles behält und nichts vergisst und keinen Fehler jemals vergibt.

Dabei ist das Web 2.0 in Wirklichkeit alles andere als gesichtslos: Gerade durch die Communities ist das Internet persönlicher geworden. Echte Menschen führen echte Gespräche im Netz, sprechen über echte Sorgen, haben echten Spaß. Eine völlig neue Kommunikationskultur entsteht, die alles andere als gesichtslos ist. Denn die eigene Persönlichkeit eines Menschen wirkt immer in seine Interaktionen hinein. Sie lässt sich auf Dauer nicht verbergen oder unterdrücken.

---

13   http://faz-community.faz.net/blogs/netzkonom/archive/2010/08/24/unternehmen-fehlt-struktur-fuer-soziale-medien.aspx

14   http://faz-community.faz.net/blogs/netzkonom/archive/2010/08/24/unternehmen-fehlt-struktur-fuer-soziale-medien.aspx

15   http://www.ffpr.de/de/news/studien/social_media_governance_2010.html

2.8   Wo erreichen Sie Ihre Zielgruppe?

Bevor Sie wissen können, welche Form von Social Media Marketing ihnen am meisten nützt, sollten Sie in Erfahrung bringen, was und wen Sie damit überhaupt erreichen können.

Fachportale und Gruppen bei XING und LinkedIn haben eine klare inhaltliche Ausrichtung. Dort können Sie leicht erkennen, welche Personenkreise angesprochen sind und wie hoch die Nutzerzahlen liegen. Wenn Sie eine Zeitlang die Konversation auf diesen Plattformen verfolgen und sich sicher sind, die Regeln und Etikette verstanden zu haben, können Sie überlegen, ob und was Sie der betreffenden Community zu bieten haben. Sie können Fragen beantworten, sich ein gutes Image verschaffen und dort, wo es passt, auch Ihre Angebote ins Spiel bringen, solange diese Angebote als Problemlösung oder Mehrwert und nicht als Werbeaussage daherkommen.

Bei allgemeinen Portalen wie Facebook und Twitter ist die zielgruppengerechte Ansprache schon ein wenig schwieriger. Wenn Sie bei Facebook den Suchbegriff »Deo« eingeben, bekommen Sie alles Mögliche geliefert, nur keinen Link auf die tolle Kampagne der Kosmetikfirma »Axe«, die mit Männerdüften und -deos Furore macht.

> #### ✆ Große Reichweite sozialer Medien[16]
>
> Nach einer Studie der Arbeitsgemeinschaft Online-Forschung (AGOF), die im Juli 2010 veröffentlicht wurde, haben sich mehr als 48 Millionen Menschen oder 98 Prozent aller Internet-Nutzer schon einmal online über ein Produkt im Netz informiert. Das Marktforschungsunternehmen Harris Interactive stellte fest, dass sich in Deutschland 75 Prozent der Käufer durch Internet-Bewertungen von Elektronik-Produkten beeinflussen ließen, 65 Prozent schauten ins Internet, bevor sie eine Reise buchten und bei der Anschaffung von Spielekonsolen informierten sich gar 83 Prozent der Konsumenten in den einschlägigen Portalen.
>
> Google ist für fast alle immer noch der Einstiegspunkt in die Recherche. Vergleichsportale wie dooyoo, Qype, ciao, idealo und Co. sowie Blogs spielten eine sehr wichtige Rolle, weil den Benutzerkommentaren darauf einiges Vertrauen entgegengebracht wird – wenn auch in Deutschland weniger als in anderen Ländern.
>
> Soziale Netzwerke wie Facebook gewinnen zunehmend an Bedeutung, genießen allerdings relativ wenig Vertrauen.

2.8.1   Die Nutzung von Social Media in Zahlen

Laut der ACTA-Studie[17] des Allensbach-Instituts sind 2010 ein Drittel der deutschen Bevölkerung und sogar zwei Drittel der unter 30-Jährigen Mitglied in einer Internet-Community – ein Zuwachs von hundert Prozent binnen zwei Jahren! Und rund ein Drittel der jungen Internetnutzer sagt, dass für sie virtuelle Sozialkontakte ebenso wichtig seien wie reale.

---

16 http://faz-community.faz.net/blogs/netzkonom/archive/2010/07/06/internet-einfluss-auf-das-marketing-wird-unterschaetzt. aspx

17 ACTA steht für Allensbacher Computer- und Technik-Analyse, eine Studie vom Institut für Demoskopie Allensbach. Die zitierten Ergebnisse wurden von Dr. Johannes Schneller im Oktober 2010 in München präsentiert.

Sämtliche Plattformen der Social Media haben im Jahre 2010 einen ungeahnten Aufschwung erlebt. Alle Zahlen, die ich Ihnen heute nennen kann, sind vermutlich bereits Makulatur, wenn Sie dieses Buch in Händen halten. Aber als Momentaufnahme sind sie schon recht eindrucksvoll[18]:

- **Facebook**, das größte soziale Netzwerk weltweit, verzeichnet Anfang 2011 schon fast 600 Millionen Nutzer, davon 19 Millionen in Deutschland. Rund 15 Millionen davon melden sich mindestens einmal pro Monat an, sind also nach der Definition von Facebookmarketing.de aktive Nutzer.[19] Die **VZ-Netzwerke** mit SchülerVZ, StudiVZ und MeinVZ bringen es zur selben Zeit zusammen auf knapp 14 Millionen, verzeichnen aber leicht rückläufige Nutzerzahlen.
- **Wer-kennt-Wen** erreicht in Deutschland immerhin 5,6 Millionen Nutzer.
- Bei den Netzwerken für Beruf und Wirtschaft liegt **XING** mit drei Millionen Nutzern vorne, während **LinkedIn** zwar leicht rückläufig ist, aber weltweit immerhin noch 38 Millionen erreicht, darunter 0,8 Millionen in Deutschland.
- Den Microblogging-Service **Twitter** nutzen in Deutschland knapp drei Millionen und weltweit 88 Millionen Menschen.
- Per Oktober 2010 berichtet Compass Heading, dass knapp 52 Millionen Menschen (inklusive Mehrfachnutzung) eines der zehn wichtigsten sozialen Netzwerke aufgerufen haben. Darunter sind auch viele Internetbesucher, die kein eigenes Profil unterhalten, aber sich öffentliche Inhalte Dritter anschauen.[20]
- 96 Prozent der nach 1980 geborenen Bevölkerung sind in sozialen Netzwerken aktiv.
- 25 Prozent der Suchergebnisse für die weltweit wichtigsten Marken führen auf Beiträge von Benutzern.
- Die VZ-Netzwerke werden in der Altersgruppe zwischen 15 und 24 Jahren am stärksten genutzt, aber in der Altersgruppe zwischen 25 und 44 Jahren ist Facebook deutlich stärker.
- Das Social Web wird ungefähr zu gleichen Teilen von Frauen und Männern frequentiert.
- Die TNS-Studie »Digital Life« stellte per September 2010 fest, dass Internetsurfer in aller Welt mittlerweile mehr Zeit mit sozialen Netzwerken als mit E-Mail verbringen, nämlich 4,6 Stunden gegenüber 4,4 Stunden wöchentlich. Die Bitkom-Studie berichtet, dass die Internetnutzung insgesamt auf mehr als zwei Stunden täglich angewachsen sei.[21]
- Pro Minute werden auf YouTube 24 Stunden neues Videomaterial hochgeladen.
- Jedes zweite deutsche Unternehmen nutzt Social Media für seine Kommunikation. Interessant ist, dass die Vorteile vor allem in einer schnelleren Verbreitung der Kommunikation und als Instrument der Kundenbindung gesehen werden.

Die Studie »Mediaplanung in sozialen Netzwerken« von Weber Shandwick, respondi AG und Studenten der Fachhochschule Köln ergab unter anderem folgende Daten:

- Das Durchschnittsalter der Facebook-Nutzer liegt bei 39 Jahren.
- Den intensivsten Markenkontakt bieten die Business-Netzwerke XING und LinkedIn, gefolgt von Facebook und Twitter.

18 Compass Heading, http://www.compass-heading.de/cms/
19 aktuelle Zahlen: http://facebookmarketing.de/userdata/
20 http://www.compass-heading.de/cms/2010-hat-nur-einen-gewinner-facebook/#more-1255
21 http://www.bitkom.org/65022_65007.aspx

- Twitter wird am stärksten mit mobilen Geräten genutzt und bietet das beste Potenzial für Gewinnspiele.

> ✍ Der globale Trend zeigt laut einer Analyse von Compass Heading für das Jahr 2010 zurzeit, abgesehen von Facebook, etwas abwärts[22]. Könnte das ein Anzeichen für erste Sättigungstendenzen sein oder ein Indiz für eine Marktbereinigung? Man darf gespannt sein auf die weitere Entwicklung im Jahr 2011.

Die Online-Marketingagentur Creative360 hat eine Studie über B2B-Marketing von Kim Nguyen und der International School of Management Dortmund präsentiert, in der 110 Firmen aus Industrie (48 Prozent), IT (25 Prozent) und dem Dienstleistungssektor (27 Prozent) zum Thema Social Media im B2B-Marketing befragt wurden[23]. Ein Drittel der befragten Unternehmen hatten mehr als tausend Mitarbeiter, ein weiteres Drittel zwischen fünfhundert und tausend und das letzte Drittel zwischen zehn und fünfhundert. Die Ergebnisse sind ein Beweis für die Relevanz, die Social Media auch für diese nicht so stark publikumsorientierten Firmen hat:[24]

- 83 Prozent der Entscheider sehen Social Media für die Zukunft als wichtig an.
- 79 Prozent lesen Themen-Blogs, gefolgt von sozialen Netzwerken, Corporate Blogs und Videoportalen.
- Branchenportale, Wikis und Fachforen halten die Entscheider dieser Branchen für besonders wichtig, während sie Social Bookmarking, Fotoportalen und Twitter weniger Bedeutung beimessen.
- 81 Prozent möchten durch Social Media die Bekanntheit ihrer Marken aufbauen. 58 Prozent streben bessere Suchmaschinenrankings an oder wollen Neukunden gewinnen, 44 Prozent setzen auf Kundenbindung durch soziale Netzwerke und 27 Prozent betreiben Recruiting im Social Web.
- Als Erfolgsfaktoren gelten interessante Inhalte, Glaubwürdigkeit und eine regelmäßige Bedienung der Social Media-Kanäle. Die meisten beschäftigen sich maximal ein bis zwei Stunden pro Woche mit sozialen Netzwerken.
- Alle wollen Neukunden erreichen, aber wenigen gelingt das tatsächlich

Im Internet können Sie noch viel mehr Daten finden, wenn Sie nach den Begriffen »Nutzerzahlen« oder »Social Media Nutzung« googeln. Das Blog Facebookmarketing.de veröffentlicht jeweils zu Anfang jeden Monats eine aktuelle Statistik, in der auch demographische Angaben enthalten sind. [25]

2.9   Was sind die Stärken von Social Media Marketing?

Social Media Marketing ist in einer Hinsicht unschlagbar: In dem Aspekt der Many-to-Many-Kommunikation. Anders als mit traditionellen Werbemitteln sind nicht Sie allein es, der Ihre Botschaft streut, sondern die Gespräche der Community: Man redet über Sie, und sie reden mit.

---

22   http://www.compass-heading.de/cms/2010-hat-nur-einen-gewinner-facebook/#more-1255

23   http://augenmass.eu/images/file/augenblick_2010-20_B2B-Social-Media-Studie-2010.pdf

24   Weitere interessante Fakten unter http://www.creative360.de/info-lounge/b2b-online-marketing.html

25   sehr empfehlenswert ist auch ein Blick in die jeweils aktuellen Zahlen von der AGOF (http://www.agof.de/), dem US-Analysedienst Alexa (http://www.alexa.com/)

2.9.1 Virales Marketing

Die Königsdisziplin des Social Media Marketing ist virales Marketing, das heißt: Die Weiterverbreitung von Inhalten nach dem Schneeballprinzip. Dieser Effekt entsteht, wenn ein Besucher Ihren Content an seinen Freundeskreis weiterempfiehlt und seine Freunde den Content wiederum an ihre Freunde weiterreichen, und so weiter. Auf diese Weise lässt sich in relativ kurzer Zeit eine ungeahnte Verbreitung erzielen, verbunden mit den entsprechenden Klickraten.

Dieser Effekt funktioniert am besten, wenn der Content gar nicht von Ihnen selbst stammt, sondern von einem anderen Internetnutzer, der Ihr Produkt verwendet. Wenn Sie einmal bei YouTube nach unterschiedlichen Firmen- und Markennamen fahnden, stellen Sie rasch fest, dass nur ein Teil der Videos, die diese Namen behandeln, von den Herstellerfirmen selbst stammt. Viele Verbraucher machen sich einen Spaß daraus, denkwürdige Erlebnisse ins Netz zu stellen, die sie mit dem einen oder anderen Produkt hatten, oder ihrer Begeisterung und manchmal auch Enttäuschung per Video-Post Ausdruck zu verleihen.

Abbildung 2.2: Hinter jedem Nutzer stehen viele andere. So entsteht ein Schneeballeffekt durch Vernetzung.

Diese Videos erreichen häufig sehr viel höhere Klickraten als die glattgebügelten PR-Produktionen der Firmen selbst.

ᴥ   Virales Video über – aber nicht von – VW

Wenn Sie beispielsweise auf YouTube nach dem Begriff »VW« suchen, bekommen Sie fast 400.000 Ergebnisse. Klar, dass die nicht alle vom VW-Konzern kommen: Die Beiträge mit den meisten Aufrufen sind witzige oder skurrile Videos von Konsumenten, wie zum Beispiel jenes, in dem ein VW-Fahrer filmen möchte, wie sein Tacho die 300.000 Kilometer-Marke überschreitet und das Gerät stattdessen von 299.999,9 auf 0 zurückspringt, während der Filmer aufschreit vor Überraschung und Spaß[26]. So wird ein kleiner technischer Defekt zu einem großen Effekt, der den Namen VW mit Spaß und Sympathie und nicht zuletzt mit der Langlebigkeit seiner Produkte in Verbindung bringt.

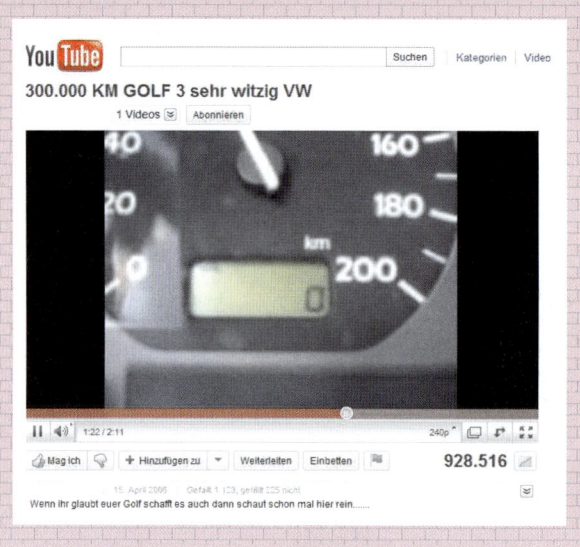

Abbildung 2.3: » Ich hab ein neues Auto!« (...und VW fast eine Million neue Views...)

2.9.2   Dialog

Außerdem kann Social Media Marketing besser als andere Instrumente den Dialog mit dem Kunden fördern. Mit einer Zeitungsanzeige oder einem Event können Sie keinen Kundendienst leisten, aber mit einem Blog oder Forum geht das fantastisch. Und: Anders als bei einer Service-Hotline bleiben die Beiträge erhalten und können auch von anderen Kunden, die dasselbe Problem haben, gelesen werden. Im Endeffekt spart das Geld und Fehler:

- Die Kunden können in Ihrem Forum oder Blog schnell Antworten finden, statt in einer Warteschleife eines Call-Centers hängen zu bleiben.
- Die Antworten sind Tag und Nacht verfügbar.
- Die Antworten können mit der Zeit aktualisiert und perfektioniert werden.

---

26   http://www.youtube.com/watch?v=eqBqg2nW6Sw

- Die Antworten können von den Mitarbeitern erteilt werden, die jeweils in dem betreffenden Fachgebiet am kompetentesten sind.

2.9.3 Influencer – Einflussnehmer im Web

Nach einer Studie von Forrester Research[27] ist der Anteil der Inhalteproduzenten an der Gesamtzahl der Nutzer im Web 2.0 rückläufig. Während die Zahl der Mitglieder von Social Communities weiterhin kräftig wächst, nämlich per Oktober 2010 auf rund 41 Prozent aller Internetnutzer in Europa, liegt der Anteil der Inhalteproduzenten bei nur 14 Prozent.[28]

Damit hat diese vergleichsweise kleinere Gruppe der aktiven Nutzer einen relativ großen Einfluss auf den Rest der Communities und auf die vielen Beobachter, die keine eigenen Profile in sozialen Netzwerken unterhalten. Nach Erkenntnissen des Nachrichtensenders CNN sind rund ein Viertel der Social Media-Teilnehmer für fast 90 Prozent der »Shared News«, der im Netz weitergegebenen Nachrichten, verantwortlich. Und damit haben sie auch den größten Einfluss.

Eine Top-Position unter diesen Einflussnehmern im Web haben Blogger, die sich einen guten Ruf in ihrem Fachgebiet erworben haben, und Videofilmer, die bei YouTube ein großes Publikum erreichen.

> ✂ Versuchen Sie, in Ihrer Branche solche Einflussnehmer zu recherchieren und einen guten Kontakt zu ihnen aufzubauen.

Vielleicht können Sie durch kompetente Kommentare auf Blogbeiträge glänzen. Oder Sie bringen einen Blogger dazu, Ihre Produkte oder Leistungen zu testen und zu besprechen. Falls es in Ihrer Marktnische noch keine renommierten Blogger gibt, können Sie selbst die Initiative ergreifen und diese Lücke füllen. Wenn Sie sich den nicht unerheblichen Zeit- und Arbeitsaufwand zutrauen, den ein qualitativ hochwertiges Blog verursacht, dann haben Sie die Chance, selbst zum Einflussnehmer aufzusteigen.

2.9.4 Markenbotschafter

Markenbotschafter sind Menschen, die bestimmte Marken weiterempfehlen. Das muss nicht unbedingt nur im Web sein, es kann auch auf dem Schulhof oder im Geburtsvorbereitungskurs oder auf einem Fachkongress über Sanitärtechnik sein.

Natürlich möchten Unternehmen dieses gerne für sich nutzen. Warum auch nicht?

Wenn Sie besonders begeisterte Kunden haben, können Sie diese auffordern, eine positive Bewertung über Sie ins Internet zu stellen. Und wenn Sie auf Ihrem Blog oder Ihrer Facebook-Seite auf passionierte Anhänger Ihres Produktes oder Ihrer Dienstleistung stoßen, können Sie diese vielleicht auch mit einer kleinen Gratisgabe, einem Wettbewerb oder einem Anreiz dazu verlocken, die gute Botschaft über Ihr Unternehmen in die Welt hinauszutragen.

Manche Unternehmen rekrutieren gezielt Markenbotschafter, wie zum Beispiel die Schokoladenmarke Ritter Sport im folgenden Beispiel, oder die Deutsche Bahn. Das ist eine gute Idee; allerdings

---

27 http://www.forrester.com/rb/Research/european_social_technographics%26%23174%3B_2010/q/id/57642/t/2

28 Lesen Sie hierzu den hervorragenden Blogbeitrag vom Netzökonom Holger Schmidt vom 7.10.2010: http://faz-community.faz.net/blogs/netzkonom/archive/2010/10/07/social-media-immer-mehr-konsumenten-gleichbleibend-viele-produzenten.aspx

sollte Ihr Fürsprecher seine Funktion und Firmenzugehörigkeit offen bekennt und niemandem Unvoreingenommenheit vorspiegelt. In einem denkwürdigen Blogbeitrag beschreibt »Mr. Deutsche Bahn« Robindro Ullah, wie er seinen Einsatz als Markenbotschafter der Bahn empfand.[29]

Abbildung 2.4: Ritter Sport sucht Markenbotschafter[30].

2.10   Ein besserer Ansatz

Keinesfalls plädiere ich in diesem Buch für die Abschaffung des Social Media Marketing. Stattdessen befürworte ich einen kompetenten, sinnvollen und nachhaltigen Umgang mit diesen Medien. Denn sonst werden manche Communities entweder zu Halden von Datenschrott degenerieren oder an Unglaubwürdigkeit eingehen.

---

29   http://s293054628.online.de/WordPress/?p=276
30   http://www.ritter-sport.de/blog/?p=1797

Dagegen gibt es drei Rezepte:

- Qualität statt Quantität
- Ehrlichkeit statt Heuchelei
- Differenzierung statt Gießkannenprinzip

Im Grunde sind soziale Medien und Netzwerke ein Kommunikationsmittel, nur eben eines, das nicht dem Prinzip der Eins-zu-Eins- oder Eins-zu-Viele-Kommunikation folgt, sondern dem Viele-zu-Viele-Prinzip.

> ⮌ Manche empfehlen die so genannte »One-Voice-Policy« für das Social Media-Engagement von Unternehmen. Ich denke, dass diese dem Social Media-Prinzip der Viele-zu-Viele-Kommunikation diametral zuwiderläuft. Die One-Voice-Policy führt dazu, dass Unternehmen blass und unecht wirken. Sie vertieft den Graben zwischen Ihnen und Ihren Kunden. Sie nimmt Ihnen das, was in Online-Communities am meisten Eindruck macht: Ihre Persönlichkeit und Ihre Authentizität.

Ich rate Ihnen daher, eine Multiple-Voice-Policy zu verfolgen, die jedoch durch eine vernünftige Social Media-Policy in die richtigen Bahnen geleitet wird, damit Sie keinen kommunikativen Schiffbruch erleiden. Mehr dazu im Kapitel über Social Media Governance.

Folglich sollten Sie die Kommunikation über die Kanäle der Social Media nicht zu durchsichtigen PR- und Vertriebszwecken einsetzen, sondern intelligent an jeder Stelle des Unternehmens etablieren, wo das Viele-zu-Viele-Prinzip sinnvoll und nützlich ist. Denken Sie immer daran, dass alle Informationen, die Sie der Außenwelt zugänglich machen, auch eine Außenwirkung entfalten. Sie stärken damit Ihre Reputation und zapfen das Wissen der Communities an, die Sie ansprechen.

2.10.1 Krisenkommunikation im Social Web

Kennen Sie den legendären Roman »Per Anhalter durch die Galaxis« von Douglas Adams?[31] Das Raumschiff des Präsidenten der Galaxis verfügt darin über den schnellsten Antrieb des Universums: Schlechte Nachrichten. Denn die sind das Einzige, das sich noch schneller ausbreitet als das Licht.

So auch in Social Media.

Die meisten Unternehmen tun es schon seit langem: sich selbst googeln. Unter reaktivem Social Media Marketing verstehe ich das Vorgehen, zu überwachen, wo und in welcher Form im Web 2.0 über Sie gesprochen wird. Und wenn Sie Kommentare finden, die sich kritisch mit Ihren Produkten oder Dienstleistungen auseinandersetzen, sollten Sie diese zum Anlass nehmen, auf die enttäuschten Kunden zuzugehen und sie wieder einzufangen.

Krisenkommunikation im Social Web muss gut vorbereitet werden. Am besten ist es, wenn Sie auf den Ernstfall vorbereitet sind, bevor er eintritt, und nicht erst nachträglich Ihre Lehren daraus ziehen. Denn Negativpublicity im Social Web kann sich relativ schnell entwickeln, weil kein Journalist die Informationen kanalisiert, sondern alle Äußerungen ungefiltert an die Öffentlichkeit gelangen.

---

31 Falls nicht: Er ist beim Heyne-Verlag unter der ISBN 978-3453146976 erschienen und hat 250 Kundenrezensionen mit fünf Sternen eingesammelt!

Abbildung 2.5: So weit muss es nicht kommen!

■ Alle Unternehmensangehörigen, die in Social Media aktiv sind, benötigen genaue Richtlinien, wie sie mit negativen Kommentaren umzugehen haben. Mehr dazu lesen Sie im Kapitel über Social Media Governance.

■ Durch genaue Beobachtung der Netzwerke können Sie Krisen schon im Anfangsstadium erkennen und durch schnelle Reaktion vielleicht schon entschärfen, bevor sie ihren Weg in die Mainstream-Medien finden.

■ Wenn Sie versuchen, zu beschwichtigen, zu verharmlosen oder zurückzuschießen, wenn möglich gar noch mit einer Unterlassungsklage, dann heizen Sie den Konflikt erst so richtig an. Das passierte zum Beispiel der Deutschen Bahn, als sie einem unbequemen Blogger 2009 mit Abmahnung drohte[32] oder dem Lebensmittelkonzern Nestlé, der ungeschickt auf Greenpeace-Vorwürfe reagierte[33]. Beide Beispiele werden im Verlauf des Buchs noch ausführlicher geschildert.

■ Antworten Sie schnell, aber nicht im Affekt auf negative Äußerungen im Social Web. Zeigen Sie ruhig Ihre Betroffenheit, aber beschimpfen Sie niemals Ihr Publikum.

■ Wenn Sie das Problem lösen können, das der Kritiker mit Ihrem Produkt hat, tun Sie es, und tun Sie es öffentlich.

■ Versuchen Sie nicht, einen Fehler zu vertuschen. Jeder macht einmal einen Fehler. Manchmal genügt eine aufrichtige Entschuldigung, um die Dinge wieder einzurenken.[34]

---

32 http://www.netzpolitik.org/2009/deutsche-bahn-ag-schickt-mir-abmahnung/

33 http://facebookmarketing.de/news/der-fall-nestle

34 Sehr empfehlenswert ist der Beitrag von Albert Pusch unter http://www.socialmedia-blog.de/2009/12/20-regeln-fur-die-krisenkommunikation-im-social-web/ zu diesem Thema. Die 20 Regeln, die Pusch aufstellt, sind zwar schon ein gutes Jahr alt, bleiben aber zeitlos gültig.

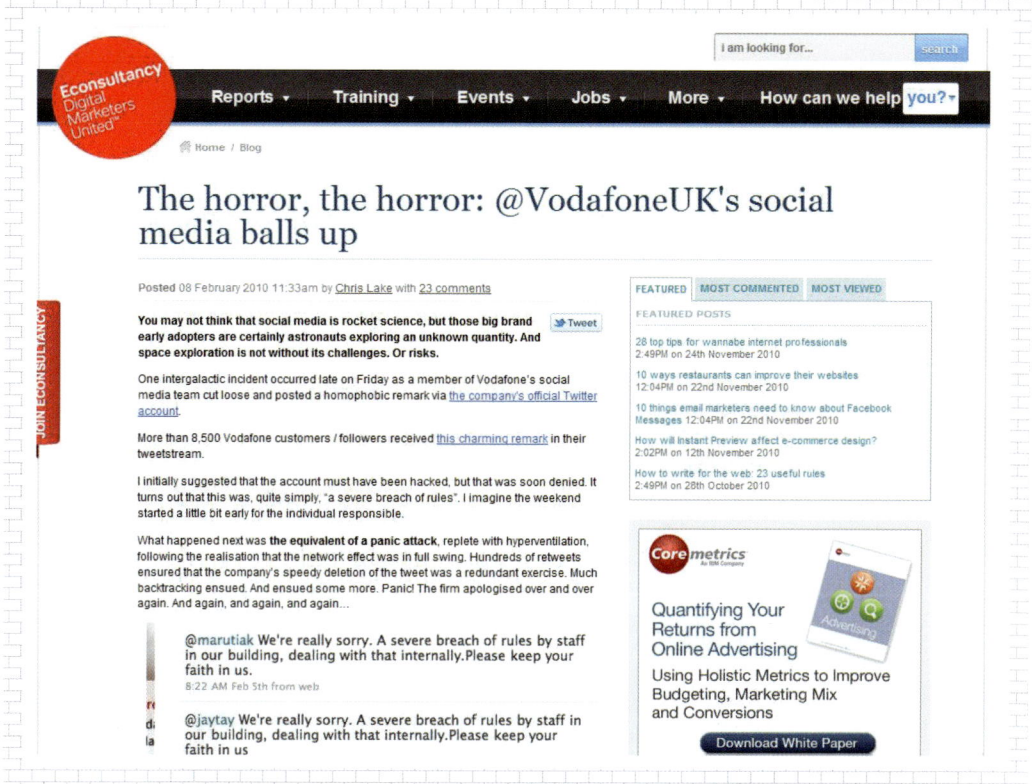

Abbildung 2.6: Da hilft nur eine Entschuldigung: Schwulenfeindliche Äußerung eines Mitarbeiters auf dem Vodafone Twitter-Stream lässt die Temperamente hochkochen.[35]

2.10.2 Wissenstransfer

Veröffentlichen Sie doch Präsentationen und andere Informationen, die für mehr als nur die unmittelbaren Zuhörer interessant sind, auf der Präsentationsplattform Slideshare. Fachartikel, die Ihre Mitarbeiter verfassen, sowie jedes andere Medium, das dem Erkenntnisgewinn dient, können auf Blogging-Plattformen gestellt und mit anderen Spezialisten derselben Fachrichtung diskutiert werden. Die Beiträge können mit Multimedia-Elementen wie Videos und Fotos garniert werden, um ihren Inhalt zu verdeutlichen. Ebenso können Sie Tutorials in Form von Videos auf der eigenen Website oder bei YouTube anbieten.

Sie benötigen dazu natürlich eine interne Richtlinie, die festlegt, was in welcher Form veröffentlicht werden soll. Denn Sie müssen sich immer bewusst sein, dass alle Welt Einblick in die veröffentlichten Informationen nehmen kann.

Wenn Sie den Zugang zu den Informationen stärker beschränken möchten, können Sie in praktisch allen sozialen Netzwerken auch eine geschlossene Gruppe einrichten, beispielsweise bei XING.

---

35   http://econsultancy.com/uk/blog/5401-the-horror-the-horror-vodafoneuk-s-social-media-balls-up

> ☞   Seien sie freigebig mit Informationen. Schützen Sie nur das, was wirklich schutzwürdig ist, etwa weil es sich um ein Betriebsgeheimnis handelt.

2.10.3 Personalsuche

Wenn Sie auf der Suche nach jungen Leuten sind, ist Ihre Facebook-Seite vielleicht ein guter Ort, um damit anzufangen. Daimler macht vor, wie das geht. Junge Leute können auf der Facebook-Seite des Unternehmens den Mitarbeitern der Personalabteilung Fragen stellen und bekommen postwendend Antwort[36].

Abbildung 2.7: Praktikantensuche per Facebook – ganz nach dem Geschmack der Generation Y.

Für die junge Generation senkt sich die Hemmschwelle für eine Kontaktaufnahme, wenn sie auf diese Weise mit ihrem Wunsch-Arbeitgeber kommunizieren darf. Für das Unternehmen hat das viele Vorteile: Erstens muss es nicht dieselbe Frage immer wieder beantworten. Zweitens sehen die Besucher der Facebook-Seite direkt, wie der Umgangston im Unternehmen ist: Freundlich, menschlich, kompetent.

---

36   http://www.facebook.com/?ref=home#!/daimlercareer

Der menschliche Faktor ist wichtig. Junge Berufsanfänger fühlen sich oft eingeschüchtert von der schieren Größe eines Unternehmens wie Daimler. Sie sehen sich einem gewaltigen, gesichtslosen System gegenüber, das unendlich reich, mächtig und wissend ist. Wenn sie sehen, dass dort Menschen auf der anderen Seite sitzen, die sie ernst nehmen und einladen, Fragen zu stellen, überwinden sie ihre Ängste.

Umgekehrt können sich aber auch die Personalchefs ein besseres Bild von den Bewerbern machen, da diese in sozialen Netzwerken – ganz besonders Facebook – viel unbefangener kommunizieren als in einem Bewerbungsgespräch. Die Jobsuchenden treten in der vertrauten Community entspannter auf als beim Vorstellungsgespräch, und die Personalsachbearbeiter können sich ein erstes Bild von den potenziellen Bewerbern machen.

Für die Suche nach Profis, die bereits im Berufsleben etabliert sind, ist auf nationaler Ebene XING und auf internationaler Ebene LinkedIn eine gute Adresse. Beide Business-Plattformen bieten spezielle Funktionen für die Personalsuche an und werden mittlerweile auch von Headhuntern stark frequentiert.

2.10.4 Interne Kommunikation

Oft ist es schwierig, alle maßgeblichen Personen zu einem Meeting zusammenzutrommeln. Der Eine ist auf Dienstreise, der Andere hat einen anderen, wichtigen Termin, der Dritte liegt auf der anderen Seite des Globus gerade in süßem Schlummer, der Vierte steht im Stau. Wenn es darum geht, Informationen nicht nur allen Beteiligten zugänglich zu machen, sondern sie auch zur Diskussion zu stellen, können Sie mit ein eigenes Netzwerk einrichten oder eine geschlossene Gruppe auf einer Plattform gründen.

> ✋ Eine geschlossene Gruppe ist keine Garantie für absolute Datensicherheit. Eine Untersuchung der Stiftung Warentest förderte zu Tage, dass fast alle großen Plattformen gravierende Mängel in der Datensicherheit aufweisen.[37]

2.10.5 Kundendienst

Blogs und Foren sind ein großartiges Mittel, um Kundendienst zu leisten, und das nicht nur im B2C- sondern auch im B2B-Bereich. Der Computerhändler Grey Computer hat auf seiner Website ein ganz lebendiges Forum eingerichtet, in dem Kunden Fragen und Antworten nachschlagen können und sich auch selbst von den Grey-Experten beraten lassen, wenn ihr Problem noch nicht in anderen Forumsbeiträgen gelöst wurde[38].

Ein solches Forum ist natürlich eine hervorragende Möglichkeit, Bestandskunden zufriedenzustellen und noch enger an sich zu binden. Ob es aber für die Neukundenakquisition taugt, mag dahinstehen. Trotzdem kann man bei so viel Kompetenz darauf vertrauen, dass das Unternehmen weiterempfohlen wird. Ob mündlich oder im Netz ist ja schlussendlich nicht so wichtig.

---

37 http://www.test.de/themen/computer-telefon/test/Soziale-Netzwerke-Datenschutz-oft-mangelhaft-1854798-1855785/
38 http://forum.greycomputer.de/

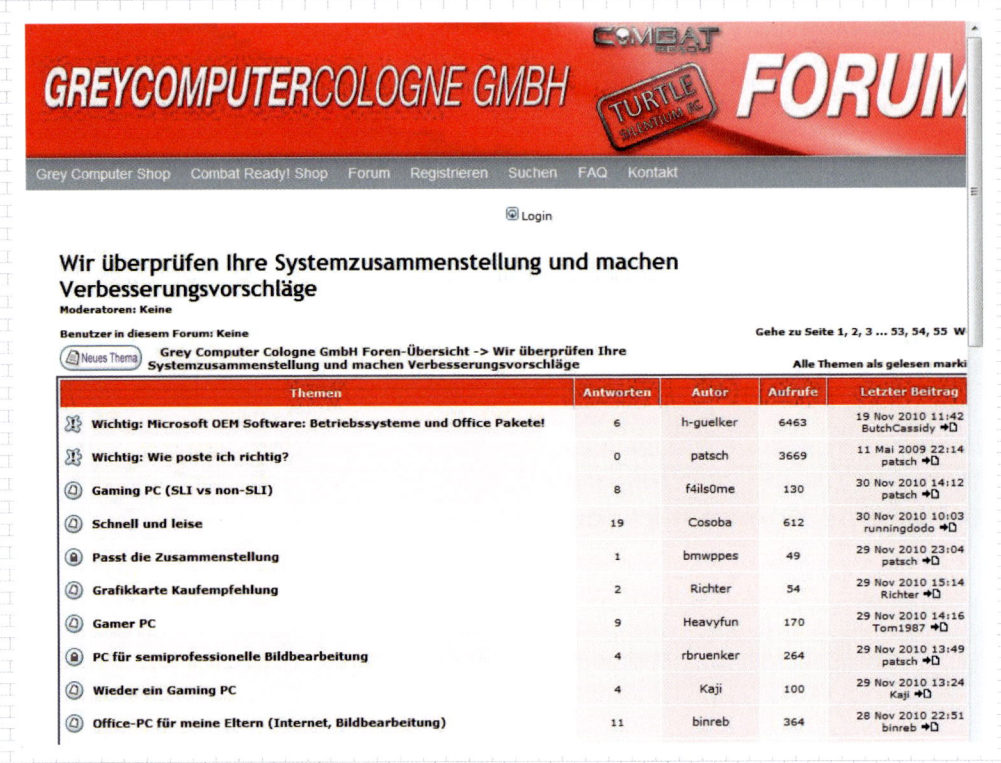

Abbildung 2.8: Hier leisten Spezialisten erste Hilfe: Kundenberatung im Forum.

2.10.6 Schulung und Ausbildung

Slideshare, die Plattform zur Veröffentlichung von Präsentationen, eignet sich nicht nur zur Weitergabe von Informationen an potenzielle Interessenten an Ihrem Produkt, sondern auch als Arbeitsbereich für Studenten und Azubis. Dasselbe gilt auch für Gruppen in anderen sozialen Netzwerken. Schulungen können ebenso wie Projekte und überregionale Kooperationen von einer Einbindung in soziale Medien profitieren.

2.11   Vertrauen

Bekanntlich gründet sich der Erfolg des Social Media Marketing darauf, dass Verbraucher dem Rat ihrer Peer-Gruppe mehr vertrauen als der Werbung von Unternehmen.

Eine Studie der Marktforschungsagentur Invoke Solutions[39] hat nun belegt, dass die Plattform großen Einfluss auf diesen Vertrauensvorschuss hat. Blogs genießen fast uneingeschränktes Vertrauen, Facebook

---

39   http://www.slideshare.net/invokesolutions/hyper-social-networking-report-slideshare-version?from=ss_embed

schon etwas weniger, aber bei Twitter geht die Vertrauenskurve scharf nach unten: Hier wird noch nicht einmal mehr den Beiträgen der eigenen Freunde und Bekannten Vertrauen entgegengebracht.[40]

Einem Content, der von Unternehmen eingestellt wurde, vertrauen die Verbraucher insgesamt weniger als dem Content von Privaten; allerdings genießen Posts von Unternehmen in Blogs und auf Facebook ungefähr dasselbe Maß an Vertrauen. Bei Twitter ist das Vertrauen abermals am Ende: Quer durch alle Medien und Teilnehmer gelten Twitter-Streams als eher unzuverlässige Informationsquellen.

Die wichtigsten Kriterien, um eine Social Site vertrauenswürdig zu machen, sind nach übereinstimmender Meinung der Befragten:

- ein offener Dialog, der nicht nur positive, sondern auch negative Aspekte benennt
- eine hohe Qualität des Contents
- eine schnelle Reaktion des Content-Erstellers

Der Wille und die Fähigkeit, offen, konstruktiv und persönlich mit Kundenbeschwerden umzugehen, ist für Firmen also ein entscheidender Faktor, wenn sie ihre Reputation im Netz stärken und das Vertrauen der Kunden erringen möchten.

2.12 Community Building

Früher ging die Marketing-Kommunikation immer nur in eine Richtung: Das Unternehmen sendete seine Botschaft an die Zielgruppe, immer in der Hoffnung, gehört zu werden.

Heute, in Zeiten der Social Communities geht die Kommunikation in viele Richtungen und über viele Kanäle. Die Voraussetzungen für eine erfolgreiche Aktivität in Social Communities sind:

- Guter Inhalt – Content is King.
- Relevanter Inhalt – Der Content muss Neues und Interessantes zum Thema beitragen.
- Konsequenz – Das Engagement darf nicht im Sande verlaufen.
- Community-Building – Wenn Sie niemanden finden, der Ihnen zuhört, geht Ihr Engagement ins Leere.

Um eine Community aufzubauen, sollten Sie in den Communities nach Themen und Gruppen suchen, die sich mit Ihrer Branche decken, und gezielt Kontakte mit den Mitgliedern anknüpfen. Kommentieren Sie einen Post, schicken Sie selbst gelegentlich interessante Beiträge in die Runde und verteilen Sie relevante Links. Schon bald werden Sie eine kleine Gefolgschaft bekommen, und je mehr Sie an der Konversation teilnehmen und sich als kompetenter und charmanter Gesprächspartner erweisen, umso schneller wächst Ihre Community.

---

40 http://www.hellriegel.net/2010/08/13/study-reveals-venues-and-relationships-affect-how-social-media-users-perceive-advice/

✍ Suchmaschinenoptimierung mit Social Networks

Eine Plattform sollte als Dreh- und Angelpunkt Ihrer Aktivitäten fungieren, zum Beispiel ein Blog oder Ihre eigene Website. Dort produzieren Sie hochwertige Inhalte und verweisen darauf in den diversen Communities, an denen Sie beteiligt sind. Achten Sie darauf, die Inhalte jeweils so zu gestalten, dass sie der Community nützen, Interesse hervorrufen und die Interaktion fördern, sei es durch Fragen, die Sie stellen, sei es durch einen Call to action (Handlungsaufruf), ein Spiel, eine Mitmach-Aktion oder sonstige Anreize.

Das Ziel besteht darin, andere User zu veranlassen, Ihre Beiträge zu abonnieren, zu verlinken und weiterzuempfehlen. Durch die Empfehlungen werden nicht nur neue Kunden auf sich aufmerksam, sondern auch Ihre Suchmaschinen-Rankings steigen.

3 Fallstudien

Bevor Sie konkret entscheiden, wie Ihre Social Media-Strategie aussehen soll, empfiehlt es sich, über den Tellerrand zu schauen, um zu sehen, was die Anderen tun. Das Web 2.0 hält eine Fülle von positiven und negativen Beispielen für Sie bereit.

Bedenken Sie bei alledem, dass Social Media nicht »kostenlos« sind: Der PR-Blogger Klaus Eck, der sich selbst seit Jahren intensiv in sozialen Netzwerken betätigt, schätzt, dass Sie schon eine Stunde pro Kanal und Woche einplanen müssen, um erfolgreich zu sein und konstatiert in einem Blogpost vom 16. November 2010[1]:

»Wer weniger Zeit auf diese Kommunikationsaktivitäten verwendet, wird auch seine Erwartungshaltung entsprechend gewichten müssen und mit geringeren Erfolgen zufrieden sein müssen.«

Deshalb kann ich insbesondere den kleineren Unternehmen nur raten, sich nicht gleich zu überfordern. Treffen Sie zunächst eine Auswahl und lassen Sie sich von Ihren eigenen Präferenzen leiten.

> ✎ Wenn Ihnen das Community-Engagement Spaß macht, dann fällt es Ihnen leichter, am Ball zu bleiben. Wenn es zur lästigen Pflichtübung verkommt, halten Sie nicht durch.

Schauen Sie auch in die einschlägigen Portale Ihrer Branche, um festzustellen, wie sich die Konkurrenz dort präsentiert. Bestimmt werden Sie viele Anregungen finden, aber auch vieles, das Ihnen weniger nachahmenswert erscheint.

Wichtig ist, dass Sie innerhalb der Grenzen, die Ihnen die Netikette und die Spielregeln der Community setzen, Ihren eigenen Stil und Ihre authentische, unverwechselbare Stimme finden.

---

1 http://klauseck.typepad.com/prblogger/2010/11/zu-viel-social-media-zeit.html?utm_source=feedburner&utm_medium=feed&utm_campaign=Feed%3A+typepad%2Flklz+%28PR+Blogger%29

3.1   Marketing für Einzelkämpfer

Einzelkämpfer gibt es viele. Diesen Bereich zu untersuchen, ist vielleicht das schwierigste Unterfangen im Rahmen dieses Buches, denn je nach Leistung (bei Freiberuflern) oder Produkt (bei Einzelhändlern oder Vertretern) können ganz unterschiedliche Strategien den Erfolg bringen.

Einen Punkt kann man jedoch nicht genug hervorheben: In sozialen Netzwerken können auch winzige Firmen mit schmalem Geldbeutel auftrumpfen, denn hier zählt der Content mehr als die finanzielle Potenz.

Auch für Selbstständige oder Kleinunternehmer gelten grundsätzlich dieselben Marketingprinzipien wie für große Firmen: Definieren Sie genau, wo Ihre Stärken und möglicherweise sogar Alleinstellungsmerkmale liegen, segmentieren Sie Ihren Markt, überlegen Sie, wer Ihre Kunden oder Mandanten sind und auf welchen Kanälen und mit welcher Art von Ansprache Sie diese erreichen können.

Vier Dinge sind allerdings bei Einzelkämpfern grundsätzlich anders als in Firmen und größeren Organisationen:

- Sie brauchen nicht gegen innerbetriebliche Widerstände anzurennen.

Firmenpolitik und Angst vor Kontrollverlust bremsen in größeren Firmen häufig den Schwung der Social Media-Profis. Klickt man beispielsweise auf die Blogging-Site der Daimler AG, wird man zuerst mit einer Reihe von Überlegungen zur »One Voice«- Kommunikationspolitik konfrontiert[2]. Um kein Missverständnis aufkommen zu lassen: Daimler erlaubt seinen Mitarbeitern, im Rahmen der hauseigenen Blogging-Policy individuell zu bloggen und im eigenen Namen zu sprechen statt im Namen der Firma.

- Sie können Ihre Persönlichkeit spielen lassen.

Was großen Firmen oft fehlt, das haben Kleinunternehmer umso mehr: Persönlichkeit. Die Auftritte der DAX-Konzerne im Social Web bleiben oft seltsam steril. Das hat damit zu tun, dass in Social Media die geschulte Rhetorik traditioneller Werbefachleute und Pressesprecher fehl am Platze wirkt: Zu glatt, zu nichtssagend, zu unpersönlich. In Communities werden echte Beziehungen zwischen echten Menschen geknüpft. Das gibt Ihnen freie Bahn, Ihre Stärken spielen zu lassen: Lustige Typen dürfen ihren Humor sprühen lassen, Denker dürfen nachdenken, Kreative dürfen Ideen haben, Techniker dürfen fachsimpeln und Schwätzer dürfen schwadronieren. Ihre Persönlichkeit ist ein gut Teil Ihres Markenimages. Sie dürfen nur eines nicht sein: unehrlich.

- Sie haben weniger Ressourcen, vor allem weniger Zeit zur Verfügung.

Für Kleinunternehmer geht es noch mehr als für alle anderen um Effizienz, denn sie haben neben dem Tagesgeschäft am wenigsten Zeit für Marketingaktivitäten und kein Personal, um diese zu delegieren.

Sie müssen selbst entscheiden, welche Ressourcen Sie für die Pflege Ihrer Netzwerke erübrigen können. Vermutlich können und wollen Sie sich keine große Werbeagentur und keinen eigenen Community-Manager leisten. Je nachdem, welche Zielgruppe und welchen Markt Sie anvisieren und welche Mittel Sie dazu einsetzen, kann dieses Engagement auch mit wenig Zeitaufwand außerordentlich erfolgreich sein, wie das Beispiel von Rechtsanwältin Braun zeigt[3].

---

2   http://blog.daimler.de/hier-bloggen-mitarbeiter/

3   http://rainbraun.blogspot.com/

■ Sie sollten nur das tun, was Ihnen Spaß macht.

Spaß ist eine starke Motivation, und Motivation brauchen Sie, um durchzuhalten. Das Internet, und besonders das Social Web, ist voll von verwaisten Blogs und inaktiven Accounts, weil Menschen immer wieder an ihren guten Vorsätzen scheitern. Das liegt daran, dass sie etwas tun, was ihnen lästig ist. Dabei findet jeder etwas, das er ganz mühelos und mit Spaß und Leidenschaft betreibt. Filmen Sie gerne? Dann sind Sie bei YouTube richtig. Sind Sie ein Nachrichten-Junkie? Schauen Sie bei Yigg herein und posten Sie interessante News auf Twitter oder auf Ihr Blog. Fotografieren Sie? Warum nicht eine Bilderreihe zu Ihrer Tätigkeit gestalten? Machen Sie Musik? Communities lieben Musik. Sind Sie ein Tüftler? Tüfteln Sie öffentlich in Ihrem Blog. Hauptsache, Sie bleiben authentisch. Ihre aufrichtige Freude an Ihrem Engagement wird sich auf Ihre Besucher übertragen und sie in ihren Bann ziehen. Und wenn es dann noch etwas zu gewinnen gibt, wie zum Beispiel einen Sonderrabatt für Facebook-Freunde, dann ist das umso besser.

> ✆ Markieren Sie Ihren Standort bei Googlemaps und tragen dort Ihr Geschäft ein. Und schauen Sie gelegentlich nach, ob jemand bei Googlemaps einen Kommentar über Sie geschrieben hat. Diese Besprechungen werden von vielen Menschen wahrgenommen. Vielleicht können Sie ja auch zufriedene Kunden oder Mandanten bitten, diese Zufriedenheit durch einen kleinen Kommentar gegenüber anderen zu bekunden. Empfehlungen anderer Kunden genießen in den Augen der Verbraucher mehr Vertrauen als Firmenwerbung.

3.1.1　RAin Braun

Wenn Sie bei Google den Suchbegriff »Verteidiger Hamburg« eingeben, dauert es nicht lange, und Sie landen bei der Strafverteidigerin Alexandra Braun. Die junge Hamburger Anwältin betreibt unter dem launigen Titel »RAinBraun« ein Blog, das kompromisslos auf die Bespaßung des Publikums ausgerichtet ist. Im Blog-Ranking von Jurablogs (www.jurablogs.com) belegt sie notorisch einen der ersten Plätze.

Wie macht Frau Braun das? Ich fragte sie selbst.

> 🕭　**Jurablog ist Anwalts Liebling**
>
> *Frage*: Wann haben Sie mit Social Media Marketing angefangen?
>
> *RAinBraun*: Bei XING bin ich schon seit mehreren Jahren, habe aber dort gelegentlich auch mit Gruppenmitgliedern zu tun, die bloß eine kostenlose Beratung erhalten möchten. Das ist natürlich nicht das, was man sich wünscht.
>
> *Frage*: Wie sind Sie auf Social Media Marketing gekommen?
>
> *RAinBraun*: Erst in diesem Jahr, als ich im Unternehmerinnenverband eine Veranstaltung über Bloggen und Twittern besuchte und dort einige Erfolgsstorys erfuhr.
>
> *Frage*: Wie viel Zeit verbringen Sie mit Ihren Social Media-Aktivitäten?
>
> *RAinBraun*: Für mein Blog brauche ich eine halbe bis eine Stunde am Tag. Einen Beitrag schreibe ich in zehn bis zwanzig Minuten. Das geht so schnell, weil ich mich nicht quälen muss, im Gegenteil, es macht mir Spaß.

Frage: Auf welchen Plattformen sind Sie aktiv?

RAinBraun: Ich bin in der XING-Unternehmerinnengruppe, bei Facebook, Twitter und, aus alten Zeiten noch, im StudiVZ. Und mein Blog bei Blogspot ist auf meiner Homepage verlinkt.

Frage: Welche Ziele und Erwartungen verbinden Sie mit Social Media Marketing? Welche Strategie verfolgen Sie?

RAinBraun: Zunächst besuche ich aus Gründen der Fortbildung Social Media-Sites für Anwälte, suche den Kontakt mit Kollegen, um Fachfragen zu diskutieren. Und dann strebe ich natürlich auch ein hohes Ranking in Suchmaschinen an.

Frage: Wie beobachten Sie die Diskussionen in den Communities? Wie gehen Sie mit positiven und negativen Kommentaren in sozialen Netzwerken um? Wie reagieren Sie darauf?

RAinBraun: Es wird natürlich auch über mich diskutiert. Wenn ich mich selbst google, bin ich manchmal erstaunt, was an Diskussionen kommt, teilweise auch sehr negativer Art. Manche Kollegen lästern über mein Blog, aber damit habe ich gerechnet. Je nach Lage des Einzelfalls schalte ich mich ein und reagiere. Bei Mandanten finden keine Diskussionen statt.

Frage: Wie gehen andere in Ihrer Branche mit dem Thema Social Media um?

RAinBraun: In größeren Kanzleien ist es üblich, einen Referendar mit Bloggen zu beschäftigen.

RAINBRAUN

RECHTSANWÄLTIN UND STRAFVERTEIDIGERIN ALEXANDRA BRAUN AUS HAMBURG BLOGGT ÜBER ALLTÄGLICHES, KOMISCHES UND UNGEWÖHNLICHES AUS DER WELT DES RECHTS.

DIENSTAG, 9. NOVEMBER 2010

Mein schönster Fall

Sollte ich jemals einen Aufsatz "Mein schönster Fall" schreiben müssen, dann wird es - trotz aller Liebe zum Strafrecht - etwas Zivilrechtliches.

Im Referendariat ging es um einen Menschen, der in ein früheres Leben zurückreisen wollte. Ein Mann komischerweise, so etwas Esoterisches ist doch sonst eher Frauensache. Jedenfalls hat das nicht geklappt und er wollte nun sein Geld zurück. Verständlich. Wer etwas Tolles erwartet ("Ich war mal Julius Caesar!") und dann passiert nichts, der ist zurecht enttäuscht.

ÜBER MICH

RAINBRAUN
HAMBURG, HAMBURG,
GERMANY

Alexandra Braun
www.verteidigerin-
braun.de
Rechtsanwältin/Strafverteidigerin
Beim Schlump 58 20144 Hamburg

MEIN PROFIL VOLLSTÄNDIG ANZEIGEN

LESER

Abbildung 3.1: Hohes Ranking bei Google und Jurablogs: Rechtsanwältin (RAin) Braun.

Was kann man aus diesem Beispiel lernen?

1. **Fun sells.** Die Menschen möchten etwas zum Lachen haben. Die spaßigen und intelligenten Anekdoten, die Frau Braun auf ihr Blog postet, haben eine große Fangemeinde von regelmäßigen Lesern und sprechen junge Leute an. Allerdings ist Humor auch eine Gabe, die nicht jeder besitzt. Bleiben Sie auf jeden Fall authentisch und ringen Sie sich nicht qualvoll eine unechte Witzigkeit ab.

2. **Mut zur Lücke.** Nicht jeder Freiberufler oder Einzelunternehmer muss auf allen Kanälen gleichzeitig präsent sein. Vielleicht ist es auch für Ihre Zwecke ausreichend, eine Website, ein XING-Profil und ein Blog zu pflegen. Und vielleicht Ihre neuen Einträge darauf bei Twitter bekannt zu machen.

3. **Seien Sie individuell.** Die meisten Beiträge im Internet sind zum Gähnen langweilig, weil sie sich aber auch durch gar nichts von anderen unterscheiden. Die Besucher sehnen sich nach etwas Spaß und einer persönlichen Note. Ein Angebot, das Persönlichkeit und Individualität ausstrahlt, wird gerne angenommen, weil es fast immer auch einen Mehrwert für die Besucher bietet.

Und der Lohn der Mühe? Wenn Sie bei Google den Suchbegriff »Verteidiger Hamburg« eingeben, steht Frau Braun auf der ersten Seite der Suchergebnisse. Viele Mandate sind auf diese Weise bereits zu der humorvollen Rechtsanwältin gekommen.

Frau Braun hat ihren Weg gefunden, ihre Persönlichkeit sympathisch zu inszenieren und nicht im Einerlei des Internets unterzugehen. Kopieren kann man diesen individuellen Weg nicht, aber man kann es als Anregung und Ermutigung aufnehmen.

3.1.2 Nine Inch Nails – Music Goes Social

Trent Reznor, Kopf der Gruppe Nine Inch Nails, hat verstanden, wie Musik-Marketing im Social Web funktioniert. Statt über Musikdownloads und Datenpiraterie im Web zu lamentieren, veröffentlichte er schon 2008 selbst ein Album namens »The Slip« im Internet zum Herunterladen – und zwar kostenlos![4]

Aber wo bleibt da der Profit?

Das Kalkül von Reznor war so einfach wie genial: Je mehr Menschen seine Musik hören, umso bekannter wird er, und je bekannter er wird, umso besser werden seine Optionen, richtig Platten zu verkaufen. Nachdem »The Slip« 1,4 Millionen mal heruntergeladen worden war, gab er das Album auf CD als Limited Edition für zehn Dollar das Stück heraus[5]. Und verdiente auf diese Weise 2,5 Millionen Dollar, die nicht nur die Studio- und Produktionskosten, sondern auch einen netten Gewinn einbrachten.

Diese Aktion ist ein Lehrstück dafür, wie Musiker sich im Social Web intelligent vermarkten können, wenn sie sich nur auf die Spielregeln der Communities einlassen. Denn Reznor hat nicht nur der Community gedient, der er seine Musik kostenlos zur Verfügung stellte, sondern auch gezeigt, wie das Web 2.0 als kostenlose Promotion-Maschine funktioniert.

Seine eigene Website hat Reznor mit innovativen Features zu einem eigenen sozialen Netzwerk ausgebaut[6]. Die Fans finden dort Foren für den Meinungsaustausch, Möglichkeiten zum Upload eigener Bilder und Inhalte und zum Download von Apps für iPhone und iPod, die den Kontakt mit der Nine Inch-Community auch über mobile Geräte ermöglichen. Doch der Clou ist: Reznor lässt die Fans seine Songs auf einer eigenen Seite remixen und den Remix wieder in die Community zurückgeben.[7]

---

4   http://www.website-marketing.ch/5970-der-web-2-0-rockstar-trent-reznor/

5   http://theslip.nin.com/

6   http://www.nin.com/

7   Dieses schöne Beispiel wurde auf dem Blog Website-Marketing.ch von Philipp Sauber zitiert.

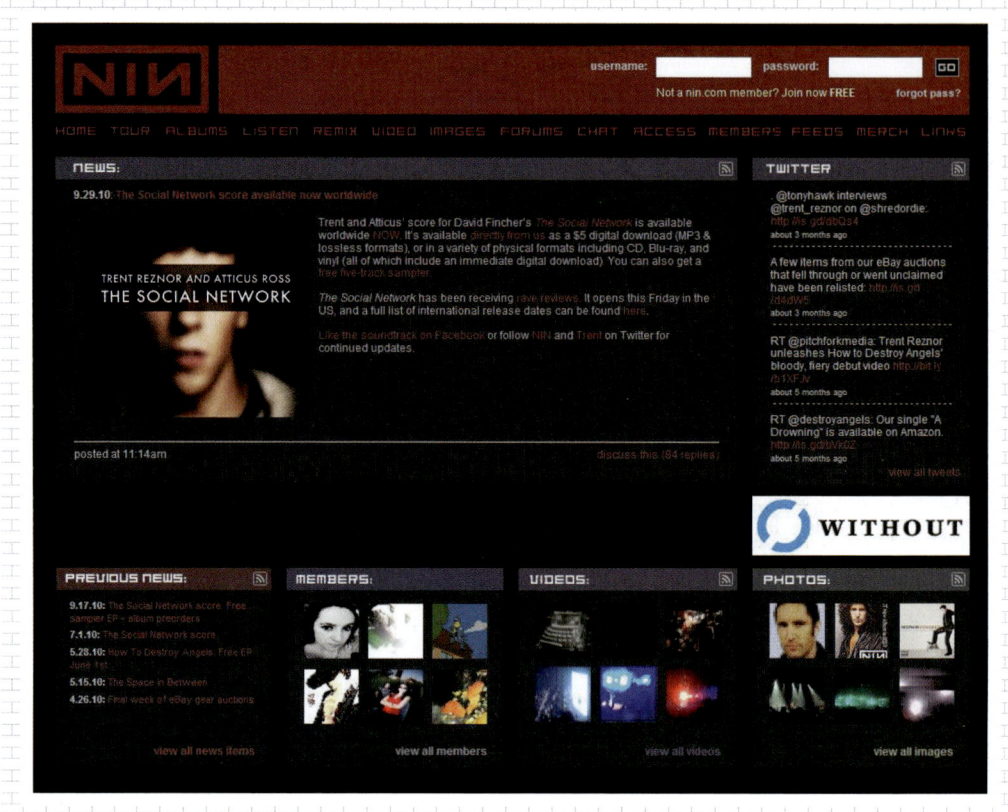

Abbildung 3.2: Geld verdienen mit kostenloser Musik: Nine Inch Nails.

Seit es das Web 2.0 gibt, pfeift Reznor auf Plattenfirmen und nutzt stattdessen die Distributionsplattformen im Web. Im Blog von Philipp Sauber wird er zitiert mit den Worten:

> *»Die Plattenfirmen haben keine Ahnung wie das Internet funktioniert und wie es genutzt wird. Sie können und wollen nicht verstehen, dass Musik heute kostenlos ist. Ob man will oder nicht, die Ära der CD ist vorbei. Statt Alternativen zu entwickeln, setzen sie die Preise für Tonträger absurd hoch und versuchen, die Treue eingeschworener Fans auszunutzen.«*[8]

3.2   Marketing für kleine Unternehmen

Es lohnt sich, einen Blick auf die US-Zahlen zu werfen, da erfahrungsgemäß die heutigen US-Trends mit einiger Zeitverzögerung auch in Europa und in Deutschland ankommen.

---

8   http://www.website-marketing.ch/5970-der-web-2-0-rockstar-trent-reznor/

Im dritten Quartal 2010 waren laut einer Studie der Universität Maryland rund ein Viertel der kleinen Unternehmen in den USA in Social Media engagiert, davon die weitaus meisten in Facebook[9].

Im Zentrum der Aktivität stehen Statusmeldungen und das Posten von Links. Darüber hinaus verfolgen die Unternehmen, was die Communities über sie reden, und reagieren gegebenenfalls darauf.[10]

Viele Unternehmen machen die Erfahrung, dass sich die Aktivitäten in sozialen Netzwerken besser zur Bestandskundenbindung als zur Akquisition von Neukunden eignen. Wer angetreten ist, um seinen Umsatz zu verdoppeln, sah sich meistens enttäuscht.

Positiv wurden folgende Aspekte bewertet[11]:

- Zwei Drittel der Unternehmen konnten in sozialen Netzwerken mit Kunden über ihre Marke sprechen.
- Die Marke wurde bekannter.
- Soziale Netzwerke wurden erfolgreich für die interne Kommunikation und Geschäftsabwicklung mit Zulieferern und Partnerbetrieben eingesetzt.
- Zur Suchmaschinenoptimierung eignen sich Social Media gut: Ein bis zwei Drittel der Unternehmen berichten, dass der Traffic auf ihren Webseiten zunahm, nachdem sie bei Twitter, LinkedIn und Facebook Beiträge eingestellt und Links gepostet hatten.
- Die Reputation wurde eher besser durch das Social Media-Engagement. Negative Folgen haben nur ein Prozent der Unternehmen erfahren.

Allerdings gab es auch Enttäuschungen:

- Die Neukundengewinnung blieb hinter den Erwartungen zurück.
- Das Engagement auf sozialen Plattformen verschlingt einiges an Zeit.

Es lohnt sich also auch für kleine Unternehmen, das Thema Social Media Marketing anzupacken. Wie das am besten funktioniert, zeigt die nachfolgende Strategie:

3.2.1   Eine Social Media Strategie für KMU

Der Blogger und Consultant Robi Lack aus der Schweiz schildert in seinem Blog beispielhaft, wie ein kleines Unternehmen vorgehen kann, um mehr Sichtbarkeit in den sozialen Medien zu erreichen, ohne sich einen unüberschaubaren Zeitaufwand aufzuhalsen[12].

Wichtig ist es, in den Vorarbeiten die Kernaussagen oder vielleicht gar die Alleinstellungsmerkmale zu überlegen. Nehmen wir zum Beispiel an, Sie haben ein Spielzeuggeschäft, das auf ökologisch hergestelltes, pädagogisch wertvolles Holzspielzeug spezialisiert ist. Das sind die Eigenschaften, die besonders herausgestellt werden sollten.

---

9   http://www.rhsmith.umd.edu/smf/

10   http://mashable.com/2010/03/02/small-business-stats/

11   Quelle: Network Solutions and the Center for Excellence in Service at the University of Maryland's Robert H. Smith School of Business, »The State of Small Business Report: June 2010 Survey of Small Business Success«, 10.09.2010

12   http://www.digiprodukte.ch/allgemein/social-media-praxis-beispiel-anhand-einer-kmu-teil-13/

Dann müssen Sie sich darüber klar werden, was Sie mit Social Media Marketing erreichen möchten. Mögliche Ziele sind:

- Mehr Bekanntheit erlangen
- Ihre Zielgruppe ansprechen
- Ihre Bestandskunden besser an das Unternehmen binden

Im Anschluss daran werden Konten bei ausgewählten Social Media-Kanälen eingerichtet und der Spaß kann beginnen.

Robi Lack empfahl seinem Kunden, ein WordPress-Blog, eine Facebook-Seite, ein Twitter-Konto und einen YouTube-Kanal einzurichten und einen Plan zu machen, in welchem Rhythmus Inhalte darauf gepostet werden sollen. Das könnte beispielsweise wie folgt aussehen:

- Schreiben Sie wöchentlich mindestens einen Blogbeitrag.
- Veröffentlichen Sie täglich mindestens zwei gute Beiträge auf Ihrer Facebook-Seite (Tipps, Neuheiten, Informationen, Lustiges und Skurriles aus dem Leben usw.).
- Schreiben Sie jeden Werktag mindestens drei interessante Tweets und folgen Sie außerdem anderen Twitter-Nutzern, um jeden Tag einige relevante Followings zu bekommen. (Wenn Sie eine gewisse Follower-Gemeinde aufgebaut haben, geht das irgendwann fast von selbst.)
- Im Idealfall sollte jede Woche ein neuer Clip hochgeladen werden. Er muss ja nicht wie aus Hollywood aussehen, Hauptsache, er ist informativ oder lustig.
- Suchen Sie Blogs zu Ihren Themen und kommentieren Sie die Beiträge.
- Schreiben Sie zwei bis drei Berichte pro Monat in Newsportalen oder Foren.

Ich finde, für manche ist dieses Vorgehen zu ambitioniert. Wenn Sie nur wenig Zeit übrig haben, ist es nicht leicht, auf allen Kanälen gleichzeitig aktiv zu werden. Um ein nachhaltiges Engagement durchzuhalten und eine eigene, authentische Stimme zu finden, sollten Sie sich überlegen, was Ihnen Spaß macht, und genau dieses zum Dreh- und Angelpunkt Ihrer Aktivitäten machen.

Vergessen Sie auch nicht, Ihre Mitarbeiter einzubeziehen. Vielleicht hat Ihre Verkäuferin ein Twitter-Konto und Sie wissen es nur noch nicht? Vielleicht ist die studentische Hilfskraft viel in sozialen Netzwerken unterwegs? Nutzen Sie doch einfach die Kompetenz, die Sie bereits im Hause haben!

> ෬ Falls Sie Ihre Mitarbeiter für Ihr Unternehmen twittern, bloggen oder Statusmeldungen veröffentlichen lassen möchten, stimmen Sie mit ihnen ab, was erlaubt ist und was nicht. Social Media Governance, das heißt Richtlinien für Ihr Engagement im Web 2.0, ist auch für kleine Unternehmen wichtig. Die Wirtschaftskammer Österreich hat Richtlinien für die Social Media-Nutzung von KMUs entworfen und ins Internet gestellt. Die Adresse: http://www.telefit.at/web20/wko-socialmedia-guidelines.pdf.

- Eine **Facebook-Seite**. Facebook ist das soziale Netzwerk mit der bei Weitem größten Reichweite und setzt sich in allen Altersgruppen zunehmend durch. Es ermöglicht eine sehr zielgruppengerechte Ansprache der Nutzer und eine Fülle von Möglichkeiten für Unternehmen, besonders wenn Sie im B2C-Bereich tätig sind: Sie können nämlich nicht nur Statusmeldungen, sondern auch Ihre Blogposts, Videos, Fotos und sonstigen Beiträge auf Facebook verbreiten. Wie in allen

Netzwerken sollten Sie allerdings auch aktiv darauf hinarbeiten, sich eine Community aufzubauen. Vernetzen Sie sich mit Ihren Kunden und knüpfen Sie neue Kontakte.

- **Twitter**: Richten Sie ein Twitter-Konto ein und twittern Sie alle neuen Inhalte, die Sie auf den anderen Social Media-Plattformen veröffentlichen. Dazu sollten Sie aber auch kleine Bonmots aus Ihrem bewegten Leben und Verweise auf interessante Inhalte anderer Leute twittern, sonst macht es den Eindruck, als wollten Sie über Ihr Twitter-Konto nur Links versenden.

- Schreiben Sie gerne? Dann sollten Sie ein **Blog** einrichten, in dem Sie über Ihr Geschäft, die Kunden, das Angebot, aber vielleicht auch über Lustiges und Skurriles rund um das Thema »Kinder und Familie« schreiben, oder auch über ökologische Themen oder Weihnachten oder, oder, oder. Der Fantasie sind keine Grenzen gesetzt. Achten Sie eben nur darauf, dass die Beiträge keine Werbung, sondern interessante Information sein sollten. Diese Beiträge sollten regelmäßig erscheinen. Machen Sie sich einen Plan und legen Sie los, mindestens einmal wöchentlich. Ganz wichtig: Stellen Sie den Lesern Fragen, um mit ihnen in einen Dialog einzutreten.

- **Fotografieren** Sie? Tun Sie es! Vielleicht können Sie Ihre Spielzeuge in besonderen Arrangements aufnehmen, etwa die Puppen in einer Puppenstube oder die Holz-Eisenbahnanlage. Veranstalten Sie bei den Kunden einen Fotowettbewerb à la »Wer baut die schönste Murmelbahn?« Und lassen Sie die Kunden darüber abstimmen. Der Sieger bekommt einen Gewinn.

- Sind Sie ein Hobby-Videofilmer? Dann ist **YouTube** das richtige Medium für Sie. Filmen Sie Ihre Spielzeuge in Aktion, oder noch besser: Filmen Sie Kinder und Erwachsene beim Spiel. (Die Akteure müssen natürlich damit einverstanden sein. Gesichter können Sie auch unkenntlich machen, wenn Sie die Clips ins Web laden.) Untermalen Sie die Clips mit Musik, oder erklären Sie, wie ein Spiel funktioniert.

Wenn Sie einen Kanal gefunden haben, der Ihnen zusagt, können Sie bei diesem ein Benutzerkonto einrichten und Ihre ersten Beiträge hochladen. Vergessen Sie nicht den Dreiklang:

- Zuhören,
- Testen,
- Machen.

Lesen Sie die Regeln der Community in Ihrem Medium der Wahl genau nach und schauen Sie sich an, welcher Umgangston dort herrscht, bevor Sie aktiv werden. In den meisten Fällen finden Sie am Fuß oder in der Navigationsleiste der Webseite einen Link namens NUTZUNGSBEDINGUNGEN, FORENREGELN oder Ähnliches. Manchmal verstecken sich die Verhaltensregeln auch in den FAQ (häufig gestellte Fragen) oder AGB (Allgemeine Geschäftsbedingungen), oder in der Hilfesektion. Bei Twitter klicken Sie beispielsweise unten auf der Seite auf HILFE und gelangen auf eine Seite, auf der ganz rechts unter der Rubrik ZUWIDERHANDLUNGEN der Punkt TWITTER REGELN aufgeführt wird.

Wenn Sie Unternehmenspräsenzen auf Social Media-Plattformen eingerichtet haben, machen Sie auf Ihrer Homepage auf diese Aktivitäten aufmerksam, verlinken die Homepage und Ihre Social Media-Konten untereinander und informieren alle Kunden und Freunde darüber.

Vergessen Sie nicht, Ihre Aktivitäten auf den verschiedenen Social Media-Kanälen in den einschlägigen Verzeichnissen einzutragen: Blogverzeichnisse, Google und so weiter. Weisen Sie in Ihrer E-Mail-Signatur, auf Ihren Visitenkarten und in Ihrer Homepage auf Ihre Benutzerkonten in den Social Media hin. Veranstalten Sie Wettbewerbe oder Spiele auf Facebook und geben Sie Kunden, die über Facebook neu zu Ihnen kommen, einen Gutschein oder eine sonstige Belohnung.

Für den lokalen Einzelhandel sind auch Bewertungsplattformen wie Qype, dooyoo und Co. eine gute Adresse. Sorgen Sie dafür, dass Ihre Produkte dort in den Katalog aufgenommen werden. Qype wird von vielen Verbrauchern genutzt, um Fachgeschäfte in ihrer Nähe zu finden. Ermuntern Sie zufriedene Kunden, eine Bewertung Ihres Geschäftes auf Qype oder anderen Plattformen abzugeben.

Aber übernehmen Sie sich nicht!

3.2.2   Fallbeispiele

Modeboutique: French Connection

Eine englische Modeboutique hat offensichtlich ihr Herz für Videos entdeckt: Das Unternehmen French Connection macht seit einiger Zeit Furore mit einem tollen YouTube-Kanal, der eine Art inter-aktiven, bewegten Bestellkatalog bildet. Schauen Sie doch einmal in http://www.youtube.com/frenchconnection hinein. Und damit der Name zur Plattform passt, wurde dafür die Bezeichnung »Youtique« aus der Taufe gehoben.[13]

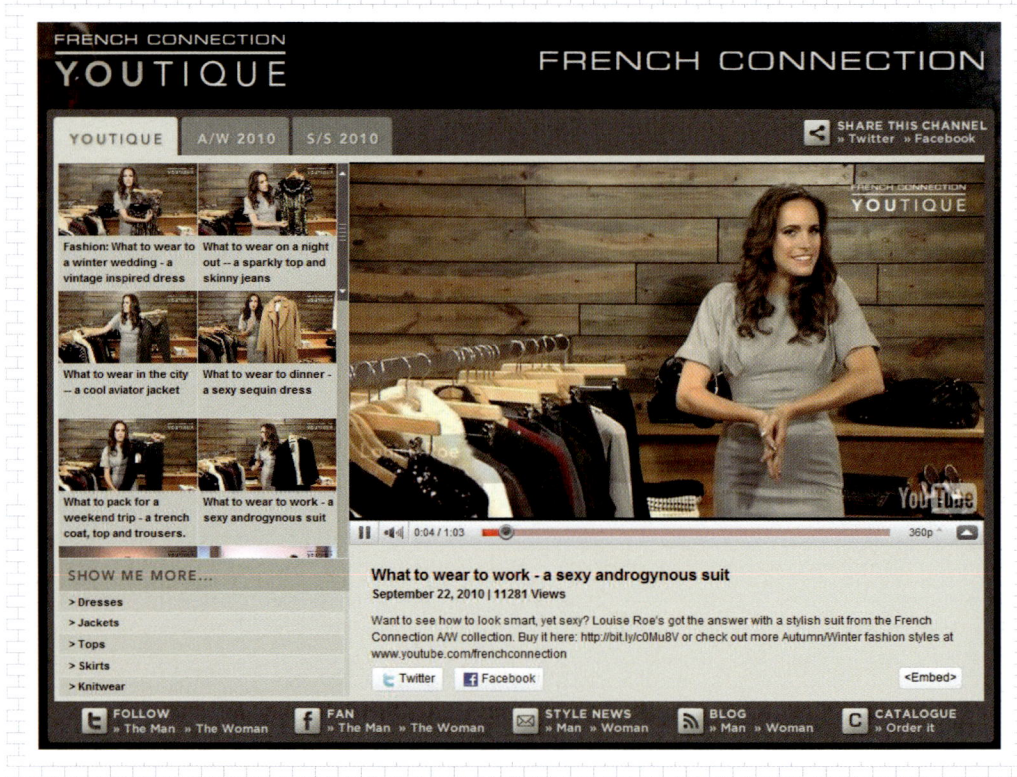

Abbildung 3.3: Tolle Promotion für eine Online-Boutique: French Connection.

---

13   Auch dieses schöne Beispiel habe ich im Blog Website-Marketing.ch von Philipp Sauber gefunden.

Die Kleidungsstücke können zwar nicht auf der YouTube-Plattform geordert werden, sind aber mit dem Online-Shop des Unternehmens so verlinkt, dass man per Mausklick auf dem Bestellportal der Firma landet.

Abgerundet wird das Ganze mit Präsentationen der Kollektion auf dem Laufsteg und Tipps, welche Styles mit welchen Accessoires zu kombinieren sind.

Der Online-Katalog als Laufsteg mit interaktiver Bestellfunktion und Community-Features: Auch für andere Firmen wäre ein solches Konzept vorstellbar. Tierbedarf, Wellness-Massagen, Sportartikel oder Fahrzeuge fallen mir da spontan ein.

Saftladen: Walthers.de

Ein äußerst gelungenes Corporate Blog in Deutschland findet man auf der Homepage der kleinen Saftkelterei Walther's in Arnsdorf. Das Unternehmen, das sich seit vier Generationen im Familienbesitz befindet, hat es verstanden, mit den veränderten Kommunikationsstrukturen des Web 2.0 mitzuhalten wie kaum ein anderes.

Abbildung 3.4: Kleines Unternehmen mit großer Web 2.0-Präsenz: Walther's.

Die junge Chefin Kirstin Walther, die seit 2003 zusammen mit ihrem Bruder Jens die Geschicke der Firma lenkt, hat ein besonderes Faible für Social Media. Ihr Firmenblog Saftplausch[14] wird allgemein gerühmt. Doch damit nicht genug: Auch bei Facebook und Twitter ist die dynamische Unternehmerin aktiv.

Hotel Kurfürst – Wellnesshotel an der Mosel

Stress? Burnout? Erschöpfung? Sie brauchen dringend einen Wellness-Urlaub. Wenn Sie dann noch an der schönen Mosel wohnen, geben Sie vermutlich die Suchbegriffe »Wellness Mosel« in Google ein. Sie bekommen dann folgendes Ergebnis:

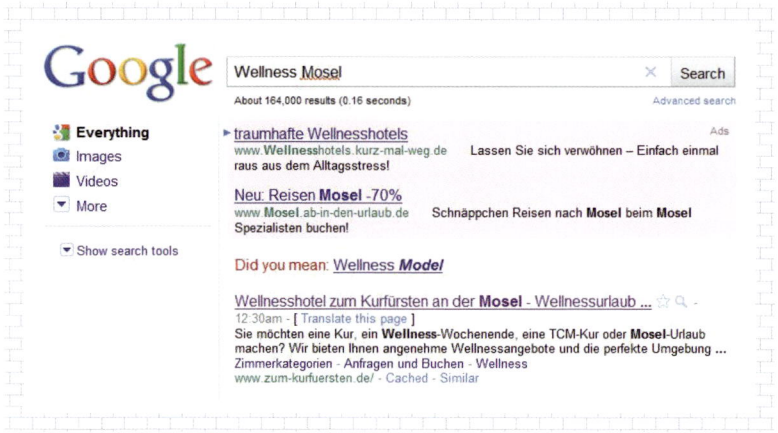

Abbildung 3.5: Top-Ranking bei Google – Wie macht der Kurfürst das?

Das erste Mal fiel mir das Wellnesshotel zum Kurfürsten bei YouTube auf. Das Haus hatte einige ziemlich erfolgreiche Videos hochgeladen. Der Clip, in dem eine Fußreflexzonenmassage vorgeführt wird, wurde gar über Tausendmal geladen. Das ist für ein mittelständisches Wellnesshotel schon ein ziemlich guter Wert. Doch damit nicht genug: Auf der Website des Unternehmens zeigt sich, dass der junge Privathotelier Heiner Buckermann, dem der »Kurfürst« gehört, auf mehreren Kanälen funkt und so ganz nebenbei auch noch ein aktiver Blogger ist.

Der Kurfürst ist auf Traditionelle Chinesische Medizin (TCM) spezialisiert. Zu diesem Thema befindet sich auf der Website des Hotels ein Multiple-Choice-Test und auch viele der Blogbeiträge ranken sich um dieses Thema. Auch einen Twitter-Account mit mehr als 2.000 Followern kann der Hotelier vorweisen.

> ✎ Hier zeigt sich wieder, dass auch Einzelkämpfer oder Inhaber von kleineren Unternehmen eine gute Präsenz in Social Media erreichen können.

---

14 http://www.walthers.de/saftplausch/saftblog/

Abbildung 3.6: Gut verlinkt: Website des Kurfürst mit Social Media-Koordinaten.

3.3 Marketing für Medienunternehmen

Medienunternehmen sind im Social Web überproportional stark vertreten. Kein Wunder: Schließlich stehen die Verbreitung von Medien und Nachrichten bei einem wie auch immer gearteten Publikum im Zentrum vieler Social Media-Plattformen, und der Dialog mit den Hörern, Lesern und Zuschauern ist für die Medienunternehmen ein wichtiges Mittel, um festzustellen, wie gut sie den Nerv ihrer Zielgruppen treffen.

3.3.1 Fachverlag Addison Wesley

Addison-Wesley ist ein Fachverlag, der Bücher und andere Medien für ein technisch orientiertes Publikum herstellt, vom Computerfreak bis hin zum Hobbyfotografen. Das Blog des Unternehmens (http://blog.addison-wesley.de/) ist Bestandteil seines regulären Internet-Auftritts und zeigt ein klares Layout, wobei in den Text auch Videobeiträge eingebunden sind (das Unternehmen produziert auch Video-Trainings).

In der rechten Seitenleiste haben nicht nur eine Suchfunktion und ein Kalender sowie die obligatorische Tag-Cloud Platz, sondern auch Kommentare, Trackbacks und ein Verweis auf die Facebook-Seite des Verlags.

Im Blog werden Neuerscheinungen vorgestellt, Tipps gegeben und Interviews mit interessanten Personen veröffentlicht. Die Social Media-Expertin des Verlags, Pia Kleine-Wieskamp befragt in ihrer Social-Media-Expertenrunde regelmäßig Praktiker und Einflussnehmer zu Themen rund um das Social Media-Marketing.

Neue Veröffentlichungen sind auch auf der Facebook-Seite des Unternehmens ein Thema, neben Verweisen auf Aktionen, die für Leser interessant sind, wie etwa zurzeit eine Seminartour eines Fachbuchautors über Photoshop. Insgesamt hat die Facebook-Seite bisher immerhin knapp 600 Fans eingesammelt. Unter dem Reiter Rᴇᴢᴇɴsɪᴏɴᴇɴ können Leser Besprechungen der Bücher von Addison-Wesley einstellen.

Dieselben Themen werden auch im Twitter-Konto des Verlags besprochen, natürlich mit Verweisen auf die entsprechenden Websites. Bei Twitter bringt es Addison-Wesley auf knapp 2500 Follower. Das ist nicht riesig, aber entscheidend ist ja, dass diese Follower ein echtes Interesse an den Informationen haben und als Multiplikatoren fungieren können.

Abbildung 3.7: Das Blog von Addison-Wesley ist mit Multimedia garniert und mit anderen sozialen Medien vernetzt.

Alle diese Aktivitäten werden regelmäßig gepflegt und die Informationen sind immer aktuell.

> **☙ Mobile City Walk – eine gelungene Kampagne**
>
> Eine gelungene Kampagne hatte Addison-Wesley mit dem Mobile City Walk im Sommer 2010 umgesetzt. Angemeldete Teilnehmer konnten in Echtzeit fotografieren, twittern und teilen, was das Zeug hält – und das in 16 Städten gleichzeitig. Der Clou: Die Teilnehmer betrachteten die Welt durch ihre Handy-Kameras und speisten die Ergebnisse ins Social Web ein. Die Fotos wurden auf Flickr veröffentlicht und die besten Bilder prämiiert.
>
> Die Initiatorin der Aktion war selbst überrascht ob der Eigendynamik, die die Aktion entwickelte. Für kurze Zeit stieg der Verlag dadurch zu einem Top-Influencer im Social Web auf. So macht Reputationsmanagement Spaß.

3.4 Marketing für die Finanzbranche

3.4.1 Social Banking: Smava

Smava ist die etwas andere Bank: Sie verleiht nicht selbst Geld, sondern stellt eine Plattform zur Verfügung, auf der Privatleute einander mit Geld aushelfen. Im Kern der Website steht ein Forum, in dem sich Anleger und Kreditnehmer treffen und für ganz konkrete Projekte Kredite aushandeln[15].

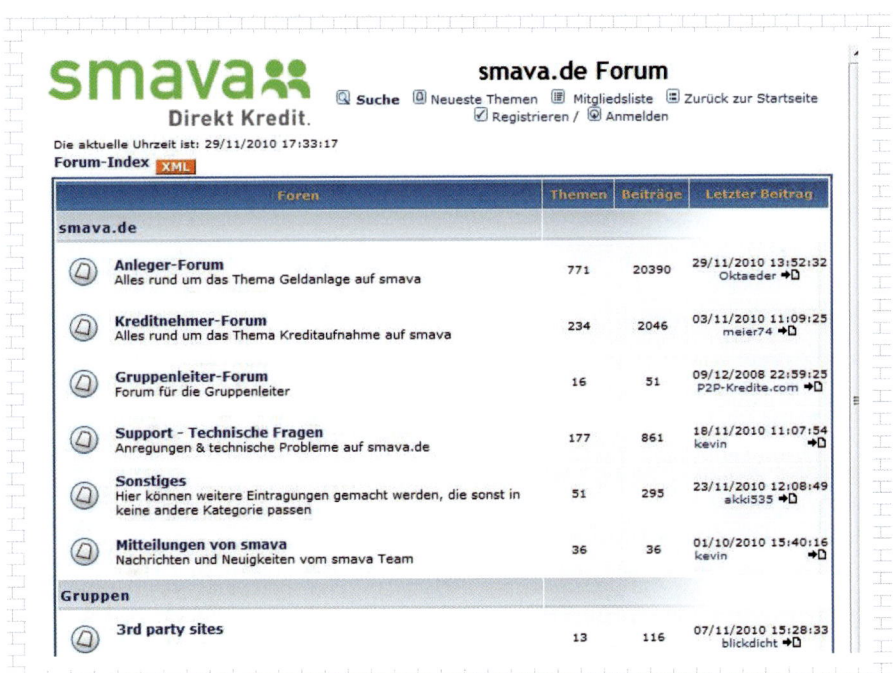

Abbildung 3.8: Smava-Foren sind eine Drehscheibe für Mikrokredite.

---

15   http://www.smava.de/

Kreditnehmer können auf der Smava-Plattform ihr Kreditprojekt einrichten und einen Betrag zu einem bestimmten Zins nachfragen. Nach Prüfung durch das Team von Smava wird der Kreditwunsch anonym in das Forum gestellt und Anleger, die den Betrag, den gebotenen Zinssatz und die Projektbeschreibung akzeptabel finden, finanzieren den Kredit.

Die gesamte Abwicklung übernimmt Smava selbst, sodass sich Anleger und Kreditnehmer gar nicht kennen lernen. Es kommt auch vor, dass mehrere Anleger einen Kreditwunsch bedienen oder dass ein Anleger mehrere Kredite finanziert. Die Zinsen sind durchaus attraktiv, auch wenn sich die Smava-Bank natürlich über eine Bearbeitungsgebühr finanziert – aber die fällt ja schließlich auch bei anderen Kreditinstituten an. Eine Restschuldversicherung tritt ein, wenn ein Kreditnehmer durch Tod, Krankheit oder unverschuldete Arbeitslosigkeit zahlungsunfähig wird.

Das Konzept geht auf. Im Jahr 2009 wurde bereits ein dreimal höheres Kreditvolumen wie im Vorjahr ausgewiesen. Eine durch und durch soziale Idee, die für alle Beteiligten nur Vorteile bringt – ohne Social Media aber nicht möglich wäre.

3.4.2 Geschäftsbanken

Deutsche Geschäftsbanken haben erst relativ spät ihre ersten Gehversuche in Social Media unternommen. Eigentlich ist das unverständlich, sind doch gerade Banken in besonderem Maße auf das Vertrauen ihrer Kunden angewiesen.

Andererseits auch wiederum logisch, dass die Kunden nicht gerne im Internet über ihre Privatfinanzen sprechen. Aber es muss ja in diesem Falle nicht unbedingt die Kundenberatung sein, die über Twitter und andere soziale Netzwerke abgewickelt wird.

Ich könnte mir eine Menge Möglichkeiten vorstellen, in Social Media bei der jungen, gebildeten Bevölkerung, die die besten Einkommenschancen hat, zu punkten. Es gibt doch sicherlich interessante und lustige Storys aus dem Bankenalltag zu erzählen, und in einem Forum könnte man Kunden und Beratern die Möglichkeit geben, fachliche Fragen zu klären. Ein Twitter-Konto kann nicht nur zur Verbreitung von Banalitäten und Salestalk eingesetzt werden, sondern auch zur Beantwortung von Fragen rund um die erste eigene Wohnung, die Immobilienfinanzierung oder den Kreditkauf von Konsumgütern.

Banken treten auch als Sponsoren für Musikveranstaltungen, Gesundheitsinstitutionen, Kinder- und Jugendarbeit, Bildung, Sport und vieles mehr auf – warum nicht in Social Media über diesen Hebel Dialoge anknüpfen?

Ein Positivbeispiel ist die Berliner Sparkasse mit ihrer Aktion Giro Challenge 2010. Im Rahmen dieser Aktion konnten Kandidaten auf die eigens eingerichtete Facebook-Seite des Unternehmens selbst gedrehte Videos laden. Eine Jury kürte die vier besten Filme und die Sparkasse schickte diese Kandidaten mit jeweils fünftausend Euro in der Tasche in ferne Länder, um dort Aufgaben zu lösen. Ziel war die Promotion des »Reisepaketes«, das die Sparkasse ihren Kunden bot.

Durch den Erfolg dieser Aktion ist die Sparkasse auf den Geschmack gekommen. Zurzeit wirbt sie auf ihrer Facebook-Seite Teilnehmer für ein Börsen-Strategiespiel an.

Gut gefallen hat mir der Themenmix auf der Facebook-Seite, aber auch der Umstand, dasss die Berliner Sparkasse einen sehr regen Dialog mit dem Publikum führt, von dem die Bank und ihre Kunden gleichermaßen profitieren. Zu diesem lebhaften Austausch gehören schnelle Reaktion auf die Beiträge der Besucher und viel Gespür für den richtigen Tonfall.

Abbildung 3.9: Berliner Sparkasse: Börsenspiel und Sicherheit im Onlinebanking.

3.5 Marketing im Einzelhandel

3.5.1 Hornbach Baumarkt

Durch die Social Media-Kampagne rund um »Das grenzenlose Haus« wurde ich (und nicht nur ich alleine) auf die Baumarktkette Hornbach aufmerksam. Nun sind Baumärkte ja eigentlich nicht wirklich sexy und die Präsentation von Schraubenschlüsseln bei YouTube und Flickr nicht unbedingt ein Publikumsmagnet – sollte man meinen. Wie es mit viel Humor und Kreativität auch anders geht, zeigt uns Hornbach, eine der deutschen Firmen, die Social Media Marketing wirklich verstanden haben.

Im eigenen Forum auf der Webseite beraten sich Interessierte über Renovierungs-, Bastel- und Gartentipps, so hat sich eine richtig lebendige Community mit vielen Stammgästen und häufigen, qualitativ hochwertigen Beiträgen im Hornbach-Forum gebildet. Das Unternehmen selbst hält sich dabei im Hintergrund. Untermalt wird das Forum durch Fotogalerien, in denen Kunden Fotos rund um ihre Projekte hochladen können.[16]

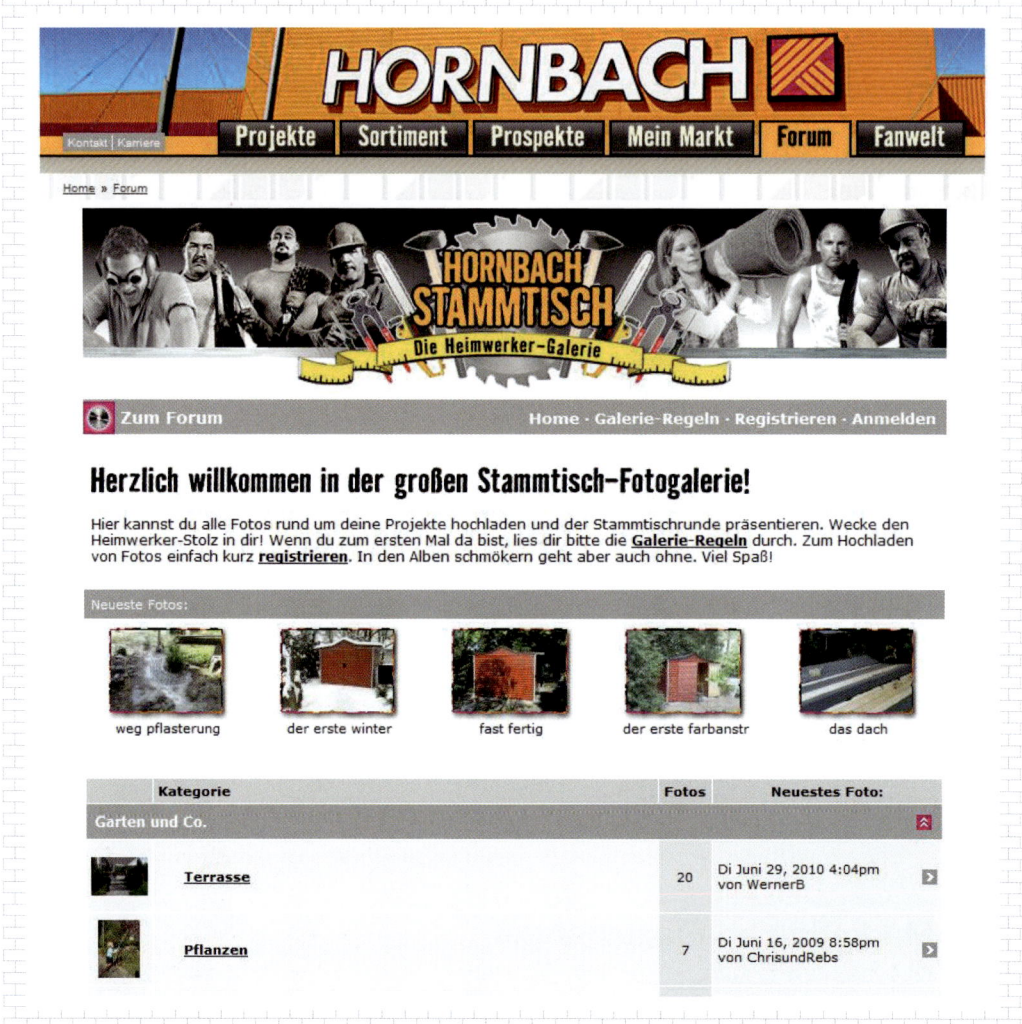

Abbildung 3.10: Der Foto-Stammtisch bei Hornbach: Viel besucht und promillefrei.

---

16   http://www.hornbach.de/cms/de/de/stammtisch_2/stammtisch.html?page=http%3A//forum.hornbach.de/forum/showthread.php%3Ft%3D3812

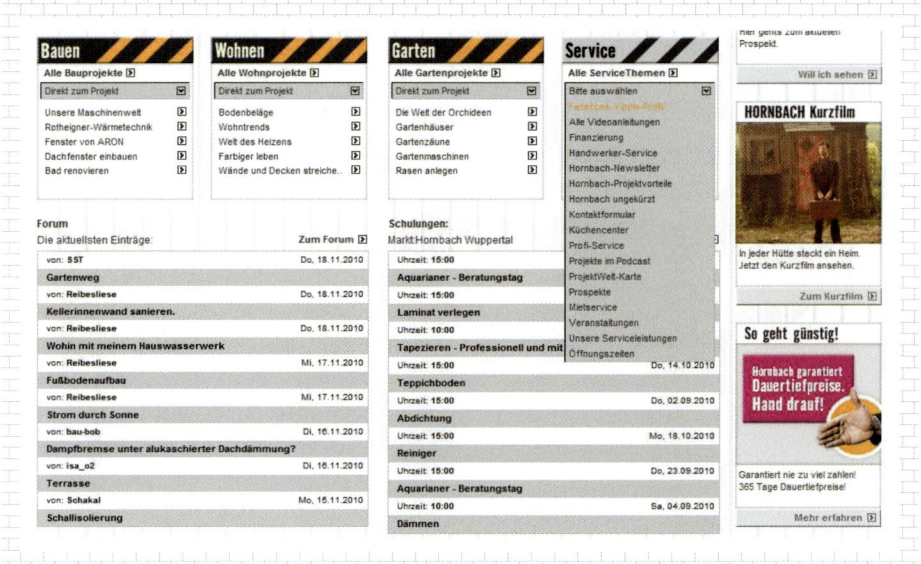

Abbildung 3.11: Forum, Film, Facebook, Podcasts, Kundenservice per Blog: Die Homepage als Kommunikationsinstrument.

✍ Eine 1 für Kundenkommunikation[17]

Hornbach zeigt, wie es geht. Ein Blogeintrag von »Frau Mutti« (so heißt das Blog wirklich!) vom 17. November 2010 berichtet eine charmante Geschichte:

Vaters Akku-Bohrschrauber war kaputt und die Frage stand im Raum: Kaufe ich nun einen neuen Akku für ein altes Gerät, oder leiste ich mir was fesches Neues? Dieser Frage ging der Vater in seinen sozialen Netzwerken nach.

Da klingelte eines Tages der Postbote und brachte der Familie ein Pakte von Hornbach. Mit einem Akku-Bohrschrauber und einem persönlichen Brief, der aussagte, man habe im Blog gelesen, dass für die Renovierungsarbeiten ein solches Gerät fehle, und mal eben schnell Weihnachtsmann gespielt.

Im Dezember startet Hornbach seinen Online-Versand und schickt bis dann unter dem Motto »Hornbach kommt heim« jeden Tag einem Facebook-Fan einen Artikel nach Hause. So macht man Markenevangelisten.

Dazu bietet Hornbach auf der eigenen Website Video-Anleitungen, die zeigen, wie Sie eine Vliestapete kleben, einen Waschtisch einbauen, Trocken-Estrich oder Bodenfliesen verlegen und vieles mehr. Dieser Teil der Website ist die »Meisterschmiede«.

---

17   http://www.frau-mutti.de/eintrag/8804.html

Abbildung 3.12: Hornbach-Meisterschmiede.

Aufwändig sind die Auftritte der Baumarktkette bei Facebook und YouTube. Die Kurzfilme mit blind-wütig drauflos hämmernden Heimwerkern sind längst Kult. Und das Schöne daran: Sie lassen sich beliebig auch auf anderen Plattformen einbinden und posten.

Der Hintergedanke der neuen Kampagne von Hornbach ist, die Kunden ins Internet zu ziehen, weil das Unternehmen im Dezember 2010, pünktlich zu Weihnachten, sein Online-Shop-Geschäft startet. Ich denke, mit einer derartigen Social Media-Präsenz wird der Coup bestimmt gelingen.

Bei Facebook läuft zurzeit ein Spiel, das ansprechend und interaktiv aufgemacht ist. Es werden drei Bilder zur Auswahl angeboten, auf denen sich die Besucher mit der Funktion »Jemanden auf diesem Foto markieren« selbst eintragen können. Eines der Bilder zeigt Gegenstände, die im Online-Baumarkt erhältlich sein werden. Wer zu den ersten 50 Leuten gehört, die jeweils die richtigen Gegenstände markiert haben, kann sich auf ein Geschenk des Baumarktes freuen: Zu ihm (oder ihr) kommt Horn-bach »heim«. Eine schöne Idee und ein Beispiel dafür, wie Sie durch Freigebigkeit und interessante, interaktive Angebote Nutzer aktivieren und zu Kunden konvertieren können.

Auch bei Twitter ist Hornbach täglich aktiv, und was das Beste ist: Die meisten Tweets sind Antwor-ten, das heißt, sie beginnen mit dem @-Zeichen. Das ist ein Hinweis darauf, dass auf diesem Twitter-Account Dialoge ablaufen und nicht nur Selbstdarstellung betrieben wird. Daneben wird in eigener Sache Spannung aufgebaut und per Link auf die Facebook-Seite das oben beschriebene Ratespiel beworben. Die Community soll tippen, zu wem Hornbach wohl als Nächstes nach Hause kommen wird.

> ♺ Höflich bedanken sich die Hornbach-Twitterati für jede Empfehlung, die sie von anderer Seite bekommen.

Es erübrigt sich fast zu sagen, dass auch eine Vielzahl von Hornbach-Mitarbeitern bei XING zu finden sind, und dass neben den Profis auch Angestellte des Konzerns twittern. In den Niederlanden öffnete jüngst ein großer Hornbach-Baumarkt seine Pforten und die Twitter-Welt zwitscherte darüber aus allen Kanälen.

Fazit: Hornbach zielt direkt in die Mitte der Web 2.0-Communities – die Konsumenten. Das Unternehmen schafft eine sehr gute Vernetzung seiner Aktivitäten, bringt immer etwas Neues, hat Witz und Pepp und beherscht die Kommunikation mit den Internet-Usern. Durch Foren, Facebook und Filme werden verschiedene Nutzer, Altersgruppen und Wahrnehmungskanäle angesprochen. Viel Interaktion und wertige Gratisgaben sorgen dafür, dass die Marke positiv im Gedächtnis haften bleibt. Die Kampagne hat eine sehr gute Breitenwirkung und möbelt die Reputation des Unternehmens auf.

3.6 Marketing für große Unternehmen und Marken

Große Unternehmen haben naturgemäß mehr Ressourcen für ihr Social Media Marketing zur Verfügung, müssen aber auch sehr genau überlegen, wie sie ihre Strategie ausrichten, um ihre unterschiedlichen Ziele in Social Media zu erreichen. Viele Großunternehmen arbeiten mit Agenturen oder stellen eigene Community Manager ein. Im Trend sind zurzeit Social Media-Newsrooms, die auf den Webseiten der Firmen zunehmend an die Stelle des klassischen News- und Pressebereichs treten.

Der Amerikaner Todd Defren, der den Social Media Newsroom erfand, betont, dass die Mitarbeiter der Firmenkommunikation heute persönliche Beziehungen zu den Medienkonsumenten aufbauen sollten. Mit einer Presseerklärung an die »üblichen Verdächtigen« ist es heute nicht mehr getan. Vorbei sind auch die Zeiten, da sich Firmen ausschließlich an Journalisten wandten, die dann ihre Botschaften mehr oder weniger gefiltert weiter verbreiteten. Journalisten haben ihre Gatekeeper-Funktion verloren. Nachrichten aus dem Unternehmen stehen allen Interessenten in Echtzeit zur freien Verfügung. Und im günstigsten Fall sind auch die Ansprechpartner in Unternehmen einfach und schnell zu erreichen, sei es per E-Mail, Twitter oder auf anderen Kanälen.

Sehen Sie in den folgenden Abschnitten, wie verschiedene große Firmen und Marken das Thema Social Media Marketing anpacken.

3.6.1 Dell – aus Fehlern gelernt

Im Kapitel »Expertenrat« habe ich die Firma Dell bereits vorgestellt. Zur Erinnerung: Der Social Media-Verantwortliche von Dell, Manish Mehta, referierte darüber, wie sich das Social Media-Engagement bei Dell durch die gesamte Firma zieht. 800 Mitarbeiter bloggen, twittern und chatten für den Arbeitgeber, weitere 1000 werden zurzeit in der hauseigenen Social Media-Universität ausgebildet, denn ohne eine intensive Schulung in Policy und Kundenkommunikation will Dell niemanden auf die Menschheit loslassen.

Nachdem Dell 2005 wegen einer Kundenrevolte im Internet ein PR-Desaster erlebt hatte, engagiert sich die Firma heute in einem laufenden Dialog und Meinungsaustausch mit ihren Kunden. Das geht weit über Kundendienst und Beschwerdemanagement hinaus; mittlerweile nimmt Dell auch Anregungen von Kunden auf, um sie in neue Produkte umzusetzen oder bestehende Produkte weiterzuentwickeln. Sogar die Bonuszahlungen für Produktentwickler orientieren sich inzwischen daran, wie die Produkte im Internet von der Kundschaft bewertet werden.

Täglich registriert Dell im Netz rund 35.000 Beiträge, die sich ausschließlich mit dem Unternehmen beschäftigen. Mit Filtern und Monitoring-Tools wird ständig auf solche Beiträge gelauscht. Das von Dell verwendete System kann sekundenschnell auf einen Eintrag bei Twitter oder Facebook reagieren, indem es Kontakt zu dem Autor aufnimmt und den zuständigen Servicemitarbeiter benachrichtigt.

Mehta verspricht sich natürlich auch steigende Umsätze und Gewinne von dieser Strategie, schnell auf Kundenwünsche zu reagieren. Er ist überzeugt, dass »Social Commerce« eine zukunftsweisende Strategie ist. Im Gespräch mit der Kundschaft kommt eben alles zusammen: Support für den Kunden, Reputations-Management für das Unternehmen, Sichtbarkeit, Empfehlungsmarketing und nicht zuletzt zusätzliche Geschäftsmöglichkeiten.

Zurzeit setzt Dell über Twitter 6,5 Millionen Dollar um – gemessen an den 53 Milliarden Gesamtumsatz im Konzern mag das wenig sein, aber als absolute Zahl doch recht eindrucksvoll.

Abbildung 3.13: Dell engagiert sich gegen Brustkrebs (Ausschnitt aus der Facebook-Pinnwand von Dell).

3.6.2 Daimler – B2B und B2C

Ich habe Daimler als Fallbeispiel aufgenommen, weil das Unternehmen B2B-, B2C-, Marketing- und Recruiting-Aktivitäten miteinander verzahnt und die verschiedenen Zielgruppen jeweils auf unterschiedlichen Kanälen erreicht.

> ✆ Daimler mag nicht in den einschlägigen Best Practice-Aufstellungen enthalten sein, aber mir gefällt das Social Media-Engagement dieses Unternehmens, weil es in die Unternehmenskommunikation gut eingebunden ist und nicht darauf abzielt, möglichst viele Links durch den virtuellen Raum zu funken. Die verschiedenen Kanäle weiß Daimler professionell zu nutzen:
>
> ■ Der Social Media Newsroom ist gepflegt und aktuell.
> ■ Die Daimler-Blogs sprechen die Interessen von Privat- und Firmenkunden ebenso an wie die von Stellenbewerbern.

- Auf Facebook sucht Daimler nach jungen Bewerbern.
- Bei XING existiert eine Daimler-Gruppe, in der sich verschiedene Angehörige des Unternehmens präsentieren.
- Bei Twitter werden Wettbewerbe inseriert, Messeberichte gegeben und Produkt-News veröffentlicht. Hier könnte noch mehr Kundendialog stattfinden.
- Die interessanten Videos, die Daimler bei YouTube eingestellt hat, sind auf Facebook und in Blog-Beiträgen verlinkt.

Die Firma Daimler hat einen Social Media Newsroom eingerichtet, in den Facebook, Blogs, Twitter und YouTube eingebunden sind. Darüber hinaus bündelt das Unternehmen mittels Friendfeed alle seine Social Media-Aktivitäten in Echtzeit und leistet damit natürlich allen Interessenten sowie Wirtschaftsjournalisten, die sich für die Zahlen und Presseerklärungen des Unternehmens interessieren, einen nützlichen Dienst.

Abbildung 3.14: Daimler hat einen Social Media-Newsroom als Drehscheibe für alle seine Aktivitäten im Social Media Marketing eingerichtet.

Auf der übersichtlichen Webseite Daimler im Web 2.0 finden die Nutzer Verweise auf die verschiedenen Social Media-Kanäle sowie unter anderem ein Video-Archiv, einen Download-Link, eine Bookmarking-Funktionalität sowie die Möglichkeit, Inhalte per RSS-Feed zu abonnieren.

Schauen wir einmal hinter die Kulissen dieses durchgestylten Angebots.

3.6.3 Daimler auf Facebook

Die Facebook-Seite von Daimler dient dem Recruiting. Folgerichtig ist sie auch unter der Überschrift Daimler Career eingerichtet. Die Überlegung, die dahinter steht ist einfach: Hole die Leute da ab, wo sie stehen. Fast jeder junge, qualifizierte Mensch hat ein Facebook-Profil und zudem ist dieses Netzwerk international aufgestellt, ermöglicht also auch die Ansprache von Menschen, die nicht unbedingt nur in Deutschland leben.

An geeigneten Stellen bindet Daimler Videos ein, die Stelleninteressenten einen Einblick in die Berufswelt des Unternehmens geben. Die Videos sind professionell gedreht, aber mit echten Menschen, will sagen: einer leibhaftigen Maschinenbau-Ingenieurin. Das ist eine deutlicher Hinweis, dass sich auch junge Damen bei dieser Firma in technischen Berufen bewerben können.

Abbildung 3.15: Daumen hoch, nicht nur für diesen Beitrag: Die Daimler Career-Seite bei Facebook hat 4.700 »Likes«.

Der Ton ist freundlich und persönlich, aber immer auch sachlich-korrekt. Das passt zum seriösen Image des Unternehmens. Die Leser werden mit sehr kurzen, fast twittertauglichen Texten angesprochen und mit Tipps und Links versorgt. So fragt zum Beispiel eine junge Master-Absolventin nach Job-Optionen und erhält postwendend die freundliche Antwort: »Für Januar 2011 ist jetzt der richtige Zeitpunkt, sich zu bewerben. Folgende Stelle erfüllt Ihre Kriterien: ...«

Aufgelockert wird der Stream durch Rätselbilder unter der Überschrift »What do you see?«, eine Möglichkeit, auch mit Usern in Interaktion zu treten, die jetzt gerade keine Stelle suchen oder sich (noch) nicht trauen, den Karriereberatern von Daimler auf der Pinnwand eine Frage zu stellen.

3.6.4   Daimler in Blogs

Daimler ist mit mehreren Blogs vertreten[18]: Das offizielle Daimler-Blog bringt Unterhaltsames und Informatives aus dem Unternehmen; die Beiträge sind oftmals mit YouTube-Videos verlinkt. Auf der Startseite des Blog-Bereichs können verschiedene Themen aufgeblättert werden und auf der Seitenleiste befinden sich die üblichen Möglichkeiten, Feeds zu abonnieren, den Link auf anderen Social Media-Kanälen per Buttonklick zu teilen, Themen aufzuschlagen und zu diskutieren.

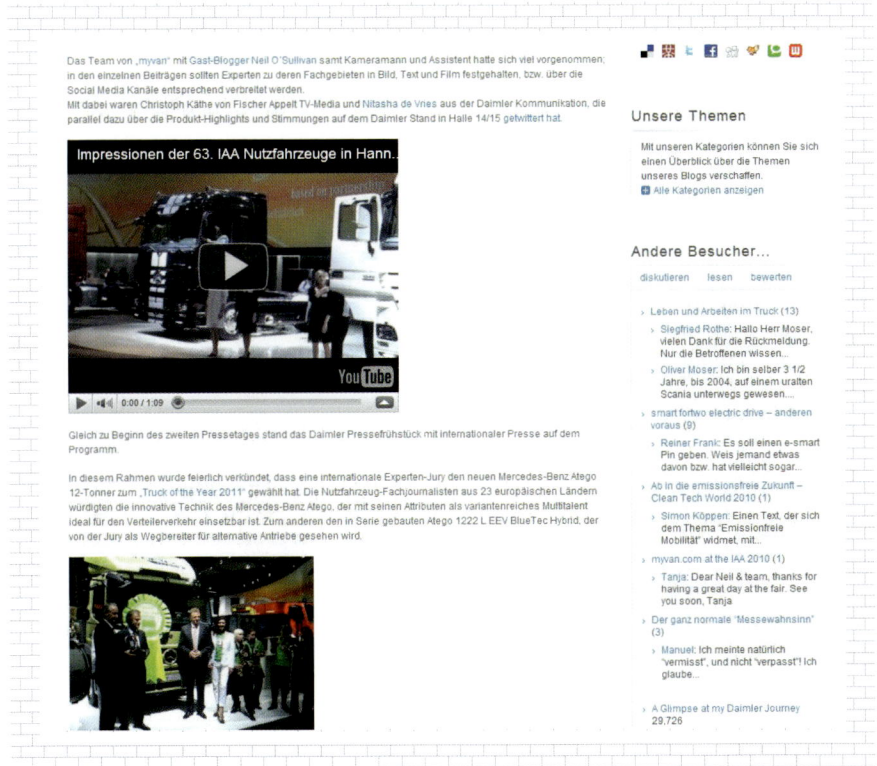

Abbildung 3.16: Videos, Bilder, Diskussionen, Bookmarking, Themen – im Blog-Bereich von Daimler wird es niemandem langweilig.

---

18   http://blog.daimler.de/

Ein interessanter Zug der Blogging-Philosophie von Daimler offenbart sich unter dem viel verspre-
chenden Reiter Hier bloggen Mitarbeiter. Wer hier in der Hoffnung auf prallvolle Technik-Blogs auf Weiter-
lesen klickt, wird nicht mit Techies, sondern mit der Blogging-Policy des Unternehmens konfrontiert.
Diese ist ein äußerst professioneller Leitfaden, der Mitarbeitern und anderen die Regeln des Unterneh-
mens-Blogging erläutert, ohne sie thematisch über Gebühr einzuengen. Regel Nummer eins: Jeder
spricht im eigenen Namen, nicht für die Firma. Von Mensch zu Mensch. So sollte es sein.

Die Mitarbeiter des Unternehmens bloggen regelmäßig, bedienen die verschiedenen Interessengruppen, locken mit einem attraktiven Medienmix und fordern Leser ihrer Blogs auf, Kommentare zu
schreiben – sehr gelungen in meinen Augen. Nicht so gelungen finde ich, dass in den Blogs keine
expliziten Fragen an die Leser gestellt werden. So ist es auch nicht verwunderlich, dass die Kommentare eher spärlich eintreffen.

3.6.5 Daimler bei Twitter

Daimler hat unterschiedliche Twitter-Accounts für unterschiedliche Zielgruppen eingerichtet[19]. Einen
großen Raum nehmen auch hier die Recruiting-Aktivitäten ein, die mit dern zugehörigen Facebook-
Seite verzahnt sind. Gleich drei Accounts kümmern sich um »Daimler als Arbeitgeber«, »Daimler-Stellen-
angebote« und »Praktika und Werkstudenten«. Der Twitter-Account »Daimler News« ist für Journalisten
und andere an Medien und Nachrichten Interessierten gedacht, enthält aber für meinen Geschmack zu
viel Eigenlob des Konzerns, ebenso wie die Tweets von Daimler Veranstaltungen. Als Frage- und Ant-
wort-Tool oder als Plattform für einen echten Kundendialog wird Twitter von Daimler nicht genutzt.

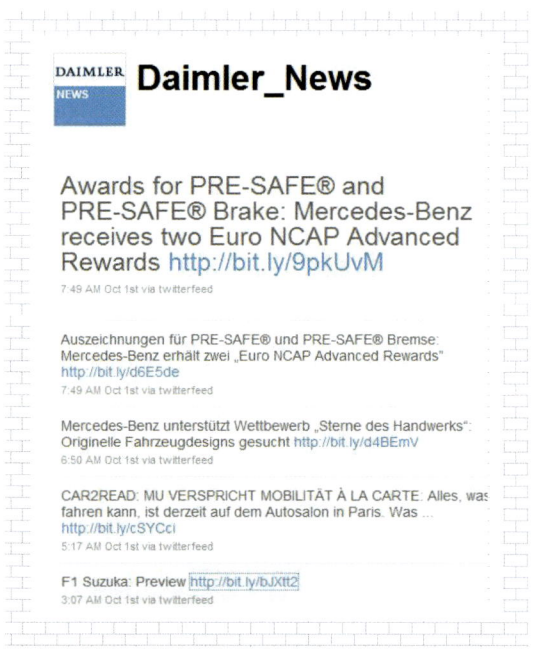

Abbildung 3.17: Viel Selbstlob und wenig Diskussion auf der Twitter-Seite von Daimler.

---

19   http://twitter.com/#!/who_to_follow/search/daimler

3.6.6 Beck's Bier

Seit Juni 2010 realisiert die Werbeagentur coma AG eine umfangreiche Social Media-Kampagne für die Marke Beck's Bier mit Aktivitäten auf Facebook, studiVZ, meinVZ und der Website von Beck's unter www.becks.de. Die Kampagne läuft unter dem Motto »The beer for a fresh generation« und ist vor allem rund um eine Facebook-Anwendung zentriert. Darin wird alles umgesetzt, was die Literatur zu Social Media-Initiativen empfiehlt. Die Benutzer werden aufgerufen, ihre Meinungen zu posten und können dabei selbst bestimmen, um was es geht. Wer ein Voting oder einen Kommentar abgibt, kann Preise gewinnen.

Die Applikation für die sozialen Netzwerke meinVZ und studiVZ richtet sich an ein jüngeres Publikum: Die Anwendung gibt den Nutzern die Möglichkeit, ihr Profilbild durch verschiedene Gimmicks oder trendige Produkte zu stylen. Verknüpft der Benutzer sein Profilbild mit dem Beck's-Edelprofil, kann er ebenfalls coole Produkte gewinnen.

Diese Konzeption hat mich interessiert, und so spürte ich den Beck's Seiten einmal nach. Die Facebook-Seite sieht folgendermaßen aus:

Abbildung 3.18: Dreh- und Angelpunkt: Beck's Seite bei Facebook.

Die Website von Beck's unter www.becks.de empfängt den Besucher zurzeit (Ende 2010) mit Rockmusik, sollte also besser nicht am Arbeitsplatz aufgerufen werden. Der Grund: Die derzeit laufende Aktion heißt »Beck's Music Experience 2010« und wirbt mit einem Gratis-Musikdownload für jedes gekaufte Beck's. Außerdem wird ein Rockkonzert und ein Band-Wettbewerb beworben. Wer auf den Wettbewerb klickt, gelangt auf eine rein englischsprachige Seite bei MySpace (http://www.myspace.com/becksmusic) auf der sich Bands um eine Teilnahme bewerben können. Hoffnungsvolle Nachwuchsmusiker werden aufgefordert, einen Link auf ihren besten Song zu setzen und ihre Freunde für sich abstimmen zu lassen.

Auch das Twitter-Konto von Beck's ist sehr aktiv und mit 6.600 Followern und täglichen Tweets auch gut eingeführt. Die Sprache ist Englisch, der Tonfall, nach US-amerikanischem Vorbild informell locker.

Abbildung 3.19: Yeah, guys, check it out. Beck's Twitter-Account nach US-Vorbild.

3.7 NGOs

Gemeinnützige Organisationen und das Social Web passen gut zusammen, denn NGOs

- haben eine Botschaft
- machen auf Missstände aufmerksam

- wollen Aufmerksamkeit erregen
- setzen interessante Projekte um
- sind Communities
- möchten ihr Netzwerk erweitern
- sammeln Spenden
- appellieren an das Gute im Menschen
- sind häufig finanziell und personell nicht auf Rosen gebettet.

Für Kampagnen sind Social Media wie geschaffen. So sah man unlängst, wie sich die Gegner des umstrittenen Bahnhof-Neubaus Stuttgart 21 bei Facebook und im Internet formierten, ebenso wie die Blockierer der Castor-Transporte ins Wendtland.

Abbildung 3.20: Wenn es um die gute Sache geht, funktioniert virales Marketing bei Facebook hervorragend. Hier eine Aktion gegen Nazis.

Seit einiger Zeit läuft auf Facebook auch eine Kampagne gegen Neonazis. Die Mobilisierung von Menschen, die ihrer Meinung Ausdruck verleihen oder Gutes tun möchten, ist allemal leichter als die Mobilisierung von Kunden.

3.7.1 Greenpeace contra Nestlé

Ein häufig zitiertes Beispiel, wie eine gemeinnützige Organisation im Web Furore machte, ist der Kampf von Greenpeace gegen den internationalen Lebensmittelmulti Nestlé.

Die Greenpeace-Kampagne gegen Nestlé im Social Web

Kennen Sie Kitkat? Der Schokoriegel aus dem Schweizer Nestlé-Konzern hat es in sich: nämlich Palmöl, das auf den Flächen abgeholzter tropischer Regenwälder gewonnen wurde. Schlimmer noch: Es handelte sich um die Heimat der letzten wild lebenden Orang-Utans in Indonesien. Greenpeace fand das heraus und deckte Anfang 2010 diesen Skandal auf und forderte den Nestlé Konzern in Social Media öffentlich auf, in seinen Produkten keine Rohstoffe mehr zu verwenden, die durch Umweltzerstörung gewonnen werden.

Die hochgradig virale Kampagne auf Facebook und YouTube gipfelte in einem Video, das zeigte, wie beim Aufreißen einer Kitkat-Packung ein Finger eines Orang-Utans zum Vorschein kam. »Have a break? Give Orangutans a Break« forderte Greenpeace in Parodie auf die bekannte Kitkat-Werbung. Aus dem Kitkat-Schriftzug bastelte die Umweltorganisation ein Killer-Logo.

Abbildung 3.21: Greenpeace-Videozur Anti-Nestlé-Kampagne.

Nestlé nahm den Protest anfangs nicht ernst und veranlasste die Entfernung des lästigen Videos. Greenpeace forderte daraufhin zum Angriff auf die die Facebook-Seite von Nestlé auf, woraufhin Nestlé wiederum drohte, alle Kommentare von seiner Facebook-Seite zu löschen, die den Killer-Schriftzug enthielten. Damit unterschätzte der Konzern allerdings die Macht und virale Ausbreitung der Community, die solche Zensurversuche gar nicht liebt. Der Sturm der Entrüstung brach jetzt erst richtig los und das Greenpeace Video wurde 1,5 Millionen Mal aufgerufen. Im Frühjahr musste der Konzern zurückrudern. Am 17. Mai 2010 berichtete Mashable, dass Nestlé nunmehr eine Null-Abholzungs-Politik verfolge und eine Kooperation mit »The Forest Trust«, einer Waldschützerorganisation, eingegangen sei.

3.7.2 WWF rettet Tiger

Der WWF (World Wildlife Fund) hat sich vorgenommen, die Zahl der wild lebenden Tiger, zurzeit nur noch circa 6.200, bis zum Jahr 2022 zu verdoppeln – und stampfte dafür eine Social Media-Kampagne aus dem Boden, die den deutschen Social Media-Preis 2010 erhielt. Die Elemente der Kampagne waren:

- Eine Facebook-Petition unter dem Motto: »Tu's für den Tiger« sammelte mehr als 60.000 Unterschriften gegen das Aussterben der Großkatzen. Die insgesamt 250.000 Unterschriften, die in aller Welt zusammengekommen waren, wurden auf dem Tiger-Gipfel in Sankt Petersburg übergeben[20].
- Die besten Bilder der Tiger-Petition wurden auf der Foto-Sharing-Plattform Flickr veröffentlicht[21].
- Eine Reihe von Videos bei YouTube problematisierte die Zerstörung der Lebensräume von Tigern und die Jagd auf die Großkatzen.

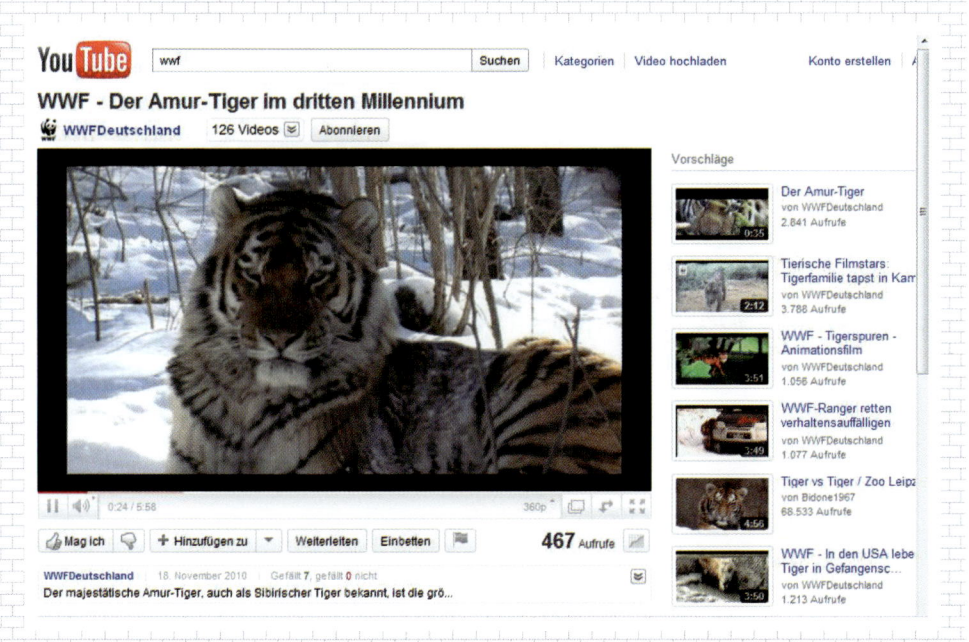

Abbildung 3.22: Vorläufig noch lebendig: Amur-Tiger im WWF-Video.

---

20 http://socialmediapreis.twittwoch.de/wwf-tiger-petition-auf-facebook/

21 http://www.flickr.com/photos/wwf_deutschland/5189181519/

■ Ein interaktives Spiel bei YouTube, das mit Facebook-Daten vernetzt wurde, ließ den Benutzer spüren, wie es sich anfühlt, wenn man vom Aussterben bedroht ist.

Der Clou an der Kampagne: Die Menschen, die diese Petition unterstützten, wurden damit zugleich auch Fans des WWF Deutschland und erhalten nunmehr Informationen über alle aktuellen Kampagnen. So sichert sich der WWF eine breite Interessentenbasis und baut sie über Social Media kontinuierlich aus.

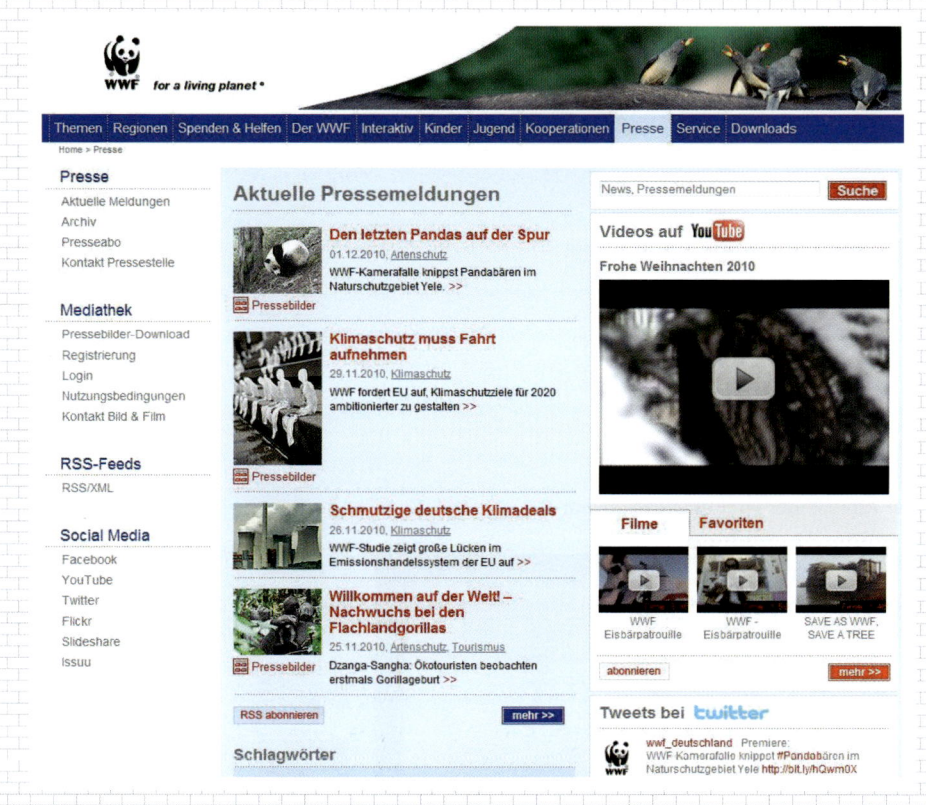

Abbildung 3.23: Pandas, Klimaschutz, Gorillas: Wer für Tiger unterzeichnet, ist auch diesen Themen nicht abhold.

Für eine optimale Vernetzung der Social Media-Aktivitäten der Umweltorganisation sorgen darüber hinaus Twitter-Konten und Veröffentlichungen bei Slideshare.

> ◌ℨ NGOs sollten sich mit Social Media Marketing befassen. Sie können dort einfacher Anhänger finden als die kommerziellen Unternehmen.

4 Social Media Governance

An mehreren Stellen in diesem Buch rate ich Unternehmern, die Social Media-Kompetenz und das Engagement ihrer loyalen Mitarbeiter zu nutzen, um in sozialen Netzwerken präsenter zu sein.

Wenn Sie die Menschen gefunden haben, die in Ihrem Unternehmen in sozialen Netzwerken verkehren, können Sie diesen Personen klare Richtlinien an die Hand geben, um das Social Media-Engagement, soweit es Ihre Firma betrifft, zu steuern.

> ⤴ Nutzen Sie niemals Ihre Machtposition als Arbeitgeber, um Untergebene zur Abgabe von Beiträgen zu nötigen, die Ihr Unternehmen und Ihre Produkte in einem positiven Licht darstellen. Früher oder später kommt das heraus und die Rache der Community wird furchtbar sein.

4.1 Social Media-Integration im Unternehmen

Es kann gefährlich werden, wenn alle Unternehmensabteilungen mit Eifer, aber ohne Abstimmung, einfach drauflos twittern.

Ohne Governance droht ein PR-Debakel[1]

Als der Blogger Jason Roe einen Beitrag über einen Fehler im Buchungssystem der Fluglinie Ryanair veröffentlichte, brach von Seiten der Ryanair-Mitarbeiter ein Sturm der Entrüstung über ihn herein. »Idiot« und »Lügner« waren noch die mildesten Beschimpfungen, denen er sich ausgesetzt sah. Solche PR-Desaster kommen häufiger vor, als Sie denken, auch wenn sie nicht so oft von der breiten Öffentlichkeit wahrgenommen werden. Verständlich, dass viele Öffentlichkeitsarbeiter in Unternehmen große Bedenken haben, Mitarbeiter in sozialen Netzwerken persönliche Meinungen im Namen der Firma veröffentlichen zu lassen.

Es ist schon vorgekommen, dass ein Mitarbeiter einer Fastfood-Kette Bilder ins Internet stellte, die ihn mit nacktem Unterkörper in der Spüle des Restaurants sitzend zeigten. Oder dass ein Mitarbeiter einer Handelskette vertrauliches Zahlenmaterial in sein Blog postete, ohne sich darüber im Klaren zu sein, dass alle

---

1   Quelle für die Beispiele: http://www.handelsblatt.com/unternehmen/strategie/wenn-mitarbeiter-zu-mitteilsam-sind

Welt dieses lesen konnte. Oder dass Angestellte ausführlich über private Aktivitäten twittern, die sie während ihrer Arbeitszeit unternehmen. Klaus Eck hat in seinem Buch »Karrierefalle Internet« noch weitere Beispiele parat.

Was allen diesen Fällen gemeinsam ist: Die Mitarbeiter haben keine Ahnung, was sie anrichten, und die Marketingabteilungen haben keine Ahnung, was die Angestellten in sozialen Netzwerken so treiben. Dabei ist jeder Mitarbeiter, der sich für Ihre Firma äußert, Pressesprecher, Markenbotschafter und Multiplikator Ihrer Botschaft.

> ✍ Glauben Sie nicht, Sie könnten die Botschaften Ihrer Mitarbeiter jederzeit unter Kontrolle halten.

Im Social Web ist es unmöglich, Ihre Botschaft so zu steuern und zu kontrollieren wie früher in den traditionellen Medien. An die Stelle des Kontrollzwangs muss eine neue Transparenz treten, gepaart mit klaren Richtlinien zur Social Media-Nutzung, die allen Mitarbeitern zugänglich und für alle verbindlich sind. So gelangt Ihr Unternehmen rasch zu einem professionellen Umgang mit dem Social Web, die Mitarbeiter können sich engagieren und Ihr PR-Chef bekommt keine Albträume.

Abbildung 4.1: Funktioniert heute nicht mehr: Maulkorb für Mitarbeiter.

> ✂ Das Telekommunikationsunternehmen Vodafone hat die Herausforderung angenommen und schult alle seine 15.000 Mitarbeiter im Umgang mit Social Media. Das Ziel: Jeder soll zwar nach wie vor auf seine Weise und mit seiner authentischen, persönlichen Stimme sprechen, aber einen gewissen Standard sollten die Beiträge der Mitarbeiter im Netz dennoch einhalten. Schließlich möchte das Unternehmen keine Negativ-Publicity.

Social Media Governance beginnt mit der Definition Ihrer Strategie und ist mit der Auswertung Ihrer Erfolge noch längst nicht zuende, weil Sie Ihre Vorgehensweise anhand der gewonnenen Erkenntnisse und der permanent sich ändernden Bedingungen in diesem jungen Markt immer wieder anpassen werden.

> ✂ Verpflichten Sie Ihre Mitarbeiter, eine klare Social Media Governance-Richtlinie einzuhalten. So verhindern Sie PR-Desaster und geben Ihrem Unternehmen eine sympathische, persönliche Note.

Wenn Sie in Ihrem Unternehmen Social Media Governance einführen, können Sie sich zunächst an folgendem Grobraster orientieren:[2]

1. Ziele definieren: Diese hängen natürlich von der Größe und Art Ihres Unternehmens und von Ihrer Mission ab. Möchten Sie unterhalten, informieren oder kooperieren? Möchten Sie neue Mitarbeiter gewinnen oder Ihre Reputation stärken? Bedienen Sie Unternehmen oder Verbraucher? Setzen Sie auf Bestandskundenbindung oder auf Neukundenakquisition ?

2. Strategie festlegen: In welchem Sprachstil kommunizieren Sie mit der angestrebten Zielgruppe? Auf welchen Kanälen erreichen Sie diese? Welche Mitarbeiter übernehmen welche Rollen und Zuständigkeiten? Wählen Sie nur Mitarbeiter aus, die freiwillig und gerne in sozialen Netzwerken kommunizieren. Social Media bedeuten Beziehungen zu knüpfen und persönliche Gespräche zu führen – etwas, das man nicht von oben anordnen kann.

3. Richtlinien definieren: Dabei können Sie sich an Modellen orientieren, die bereits im Internet stehen. Chris Boudreaux stellt auf seiner Website unter http://socialmediagovernance.com/ eine Datenbank mit 160 Muster-Policies zur Verfügung, darunter Beispiele für B2C, B2B, NGOs und öffentlich-rechtliche Institutionen. Doch auch deutsche Beispiele sind im Internet verfügbar. Weiter unten sage ich noch mehr zu diesem Thema.

> ✂ Besprechen Sie Ihre Richtlinien mit den Bloggern und Twitterern aus Ihrem Unternehmen. So bekommen Sie wertvollen Input für Ihre persönliche Kommunikationsstrategie und die Akzeptanz bei der Belegschaft steigt.

4. Benennen Sie eine oder einen Social Media-Verantwortlichen, der die Fragen der Mitarbeiter beantwortet, Feedback entgegennimmt und an die geeigneten Stellen weiterleitet und ein Auge darauf hat, dass die Richtlinien eingehalten werden. Je nachdem, wie groß Ihr Unternehmen und wie aufwändig Ihr Engagement in Social Media ist, sollten Sie einen hauptamtlichen Community-Manager einstellen, denn die Koordination aller Social Media-Aktivitäten kann viel Zeit verschlingen.

5. Damit sind wir bei dem Thema Ressourcen: Legen Sie Zeitrahmen für die Aktivitäten der Mitarbeiter in sozialen Netzwerken fest. Gerade bei jungen Leuten ist sonst die Versuchung groß, übers Ziel hinauszuschießen und die reguläre Arbeit zu vernachlässigen. Verlangen Sie aber von niemandem, dieses Engagement zusätzlich oder während der freien Zeit zu bewältigen, sondern sorgen Sie dafür, dass es in der regulären, bezahlten Arbeitszeit machbar ist.

---

2   Ich danke Astrid Listner für ihren Input zu diesem Thema.

> ℭ℥ Die Zeitrahmen sollten nicht zu starr sein. Man kann keinem Menschen Montags Morgens von neun bis zehn Uhr Kreativität verordnen. Und es ist auch nicht zielführend, wenn Mitarbeiter Banalitäten in die Welt setzen, weil sie sich verpflichtet fühlen, irgendeinen Content zu produzieren.

6.   Schulen Sie Ihre Mitarbeiter auf der Grundlage Ihrer Richtlinien und Unternehmensphilosophie im richtigen Umgang mit sozialen Netzwerken. Bringen Sie ihnen bei, auf welchen Kanälen welche Gepflogenheiten gelten und wie sie interessante Themen und den richtigen Ton treffen und wie sie – etwa durch Fragen – Dialoge anknüpfen können. Notfalls müssen Sie sogar Nachhilfe in Rechtschreibung erteilen. Das schönste Social Media-Engagement bringt nichts, wenn es zu Ihrer Unternehmenskommunikation und Marke nicht passt.

7.   Drei Grundsätze beherrschen alle Ihre Social Media-Aktivitäten: Ehrlichkeit, Freundlichkeit und Natürlichkeit. Helfen Sie den Mitarbeitern, ihre eigene Stimme in Social Media zu finden und ihre kommunikativen Schwächen zu beheben und Stärken auszubauen.

8.   Beobachten Sie Ihre Erfolge und Misserfolge: Informieren Sie sich mithilfe von Monitoring-Tools, wo im Web was über Sie und Ihre Produkte geredet wird. Im Kapitel »Erfolgsmessung und Monitoring« erfahren Sie mehr über die gängigen Tools. Mit Google Alerts können Sie sich benachrichtigen lassen, wenn irgendwo im Internet Ihr Name fällt. Für Twitter gibt es Twitter Search, Hootsuite, TweetScan oder Twitturly. Einen Überblick über verschiedene Plattformen liefern Ihnen sind addict-o-matic.com, socialmention.com oder HowSociable.com. Bei den englischsprachigen Plattformen sollten Sie Deutsch als Sprache einstellen, um brauchbare Ergebnisse zu bekommen.

Abbildung 4.2: Nur wer Spaß an Social Media hat, kann Ihr Unternehmen im Web 2.0 angemessen vertreten.

4.2 Social Media-Richtlinien

Die Richtlinien für Ihr Unternehmen sollten folgende Aspekte regeln[3]:

■ Kommunikationsgrundsätze: Jeder spricht für sich. Die Mitarbeiter äußern sich persönlich, sagen aber offen, für welches Unternehmen sie arbeiten. Sie dürfen niemals lügen und sie dürfen niemals werben.

> ✍ Als kürzlich in den Niederlanden ein neuer Hornbach-Baumarkt eröffnet wurde, hatte die Geschäftsleitung den Mitarbeitern offensichtlich gesagt, sie sollten über dieses freudige Ereignis twittern, was das Zeug hält. Die Folge: Twitter wurde von einer Flut fast gleichlautender Tweets überschwemmt, die alle auf den neuen Betrieb hinwiesen. Auch so kann man seinen Ruf bei der Online-Community ruinieren.

■ Abstimmung mit Vorgesetzten: Mitarbeiter sollten sich nicht ohne die Erlaubnis ihres Vorgesetzten in Social Media für ihr Unternehmen engagieren. In besonders sensiblen Fragen sollten die Beiträge, die sie auf sozialen Netzwerken posten, auch dem Vorgesetzten zur Kenntnis gegeben werden.

■ Schutz vertraulicher Informationen: Natürlich dürfen Mitarbeiter keine Geschäftsgeheimnisse verraten, aber was genau sind Geschäftsgeheimnisse? Sicher gehören dazu vertrauliche Zahlen, Strategien, Interna, Marktbeobachtungen, Neuentwicklungen, Personalangelegenheiten und juristische Fragen. Und was noch? Unternehmen gehen unterschiedlich mit ihren Informationen um, manche sind äußerst freigebig, andere restriktiv. Schulen Sie Ihre Mitarbeiter, damit diese wissen, was sie preisgeben dürfen und was nicht.

■ Respektvoller Umgang: Niemand darf die Persönlichkeitsrechte irgendwelcher Personen verletzen oder gar sein Unternehmen in den Schmutz ziehen. Solche Verstöße wirken sich übel auf die Reputation Ihrer Firma aus. Daher ist es wichtig, nur loyale Mitarbeiter mit dem Social Media-Engagement zu betrauen. Auch eine korrekte Rechtschreibung gehört zum respektvollen Umgang – mit dem Leser.

■ Juristische Fragen: Urheberrecht, Wettbewerbsrecht, Markenrecht, Datenschutz, Haftung: Auch diese Aspekte gehören in die Mitarbeiterschulung. Jeder muss sich über seine haftungsrechtliche Verantwortung und mögliche Fallstricke im Klaren sein, insbesondere dann, wenn er in seinen Beiträgen Fotos oder andere Materialien verwendet, die von Dritten stammen, oder wenn er gegen Wettbewerbsrecht verstößt.

■ Umgang mit Presse und Medienvertretern: Die Pressekontakte sollten normalerweise der Pressestelle oder Abteilung für Unternehmenskommunikation vorbehalten sein. Wenn sich aufgrund der Mitarbeiter-Beiträge in Social Media Medienvertreter melden, sollten sie an die kompetenten Stellen weitergeleitet werden.

4.3 Fallbeispiel: Blogging-Policy

Ein hervorragendes Beispiel für eine klar formulierte Blogging-Richtlinie, die alle wichtigen Aspekte abdeckt, ist die Blogging-Policy der Daimler AG, die auf der Webseite des Konzerns öffentlich zugänglich ist. Ich habe die Erlaubnis eingeholt, sie hier zu zitieren[4]:

---

3   Teilweise adaptiert von einem Beitrag von Susan Heathfield bei http://humanresources.about.com/od/policysamplesb/a/blogging_policy.htm

4   Danke, Herr Knaus und Kollegen!

❧ Die Daimler Blogging Policy[5]

Grundsätzliches

1. Wer im Daimler-Blog schreibt, spricht von sich und in seinem eigenen Namen. Niemand spricht dort für die Daimler AG. Keiner wird von seinem Vorgesetzten aufgefordert zubloggen.

2. Wir vermeiden jede »wir«-Formulierung und schreiben »ich«, wenn wir eine Meinung vertreten. Meinungen sind ausdrücklich erwünscht.

3. Wir denken nach, bevor wir etwas schreiben. Wir bedenken mögliche Folgen und handeln so, dass wir es mit reinem Gewissen vertreten können.

4. Wir schreiben nichts, was wir nicht auch Außenstehenden sagen dürfen und würden, denn wir verraten keine Betriebsgeheimnisse und halten uns an die entsprechenden Passagen unseres Arbeitsvertrags.

5. Wir beleidigen niemanden und argumentieren sachlich.

6. Wir schreiben nicht negativ über Wettbewerber oder ihre Produkte.

7. Wenn wir uns unsicher sind, wie wir Beiträge oder Kommentare formulieren sollen, fragen wir einen Kollegen, oder lassen es vor Veröffentlichung gegenlesen.

8. Wir halten uns an die Gesetze – insbesondere verwenden wir kein urheberrechtlich geschütztes Material.

Worüber soll ich bloggen?

9. Bloggen ist grundsätzlich zu allen Themen, die im Zusammenhang mit Daimler und seinen Marken stehen, möglich.

10. Wichtig ist der Informations- oder Unterhaltungswert.

11. Die Themen, die über das Daimler-Blog einer breiten Öffentlichkeit zugänglich gemacht werden, können vielfältig sein: Vom Hintergrundwissen zu technischen Themen über soziale Projekte der Mitarbeiter, Veranstaltungen rund um Daimler und seine Marken bis hin zu lesenswerten Einblicken in den Arbeitsalltag oder in die kulturelle Vielfalt im Konzern. Dabei stellen diese Inhalte nicht die offizielle Unternehmensmeinung dar, sondern bieten ganz individuelle Einblicke hinter die Kulissen des Unternehmens.

Wie sage ich es?

12. Mehr Mensch – weniger Corporate: Sei du selbst, sprich subjektiv und verbindlich, wiedu es auch einem Freund erzählen würdest. Vermeide Fach- und Firmensprache.

13. Echte Einblicke – keine Key Messages: Keiner will in einem Blog Pressemitteilungen oder Marketingtexte lesen. Schreibe deshalb immer mit einem subjektiven Bezug. Spannend ist, was du zu einem Thema zu sagen hast, wo du einen Einblick in das Unternehmen anbieten kannst. Sage »ich«, wann immer möglich.

14. Bescheiden bleiben: Auch in Blogs sind Angeber nicht gern gesehen (auch wenn es für Außenstehende manchmal anders aussieht). Bescheidenheit ist sympathisch, wenn sie mit Selbstbewusstsein einhergeht. Zu Schwächen oder Fehlern zu stehen, wenn einer dich darauf aufmerksam macht, auch.

---

5   http://blog.daimler.de/wp-content/uploads/2009/07/daimler-blogging-policy.pdf

15. Dialog, Dialog, Dialog: Bloggen heißt Dialog mit den Lesern. Kommentare können sowohl nett als auch rüde ausfallen – aber sie sind immer erwünscht. Ermuntere deine Leser auch ruhig zu Kommentaren.

Negatives Feedback – und nun?

16. Beim Kommentieren immer Ruhe bewahren. Nicht im Affekt antworten!

17. Beobachten – vielleicht verteidigt dich ein anderer Leser, das ist ideal.

18. Nachdenken und mit einem Kollegen oder dem Blog-Moderator diskutieren, ob sich eine Reaktion lohnt und ob sie sinnvoll ist. Beobachten – vielleicht verteidigt dich ein anderer Leser, das ist ideal.

19. Wenn einer pöbelt um des Pöbelns willen, reagieren wir nicht. Im Internet gilt die Regel: »Don't feed the Trolls«. Entsprechende Kommentare werden wir aber auch nicht löschen, außer sie verstoßen gegen unsere Kommentarrichtlinien.

20. Bei inhaltlicher und höflicher Kritik nehmen wir das Feedback ernst – auch wenn die Kritik zu einem Thema kommt, das nicht im eigentlichen Blogeintrag behandelt wurde. Wenn wir antworten, so tun wir das spätestens am Vormittag des folgenden Arbeitstages.

21. Wir antworten immer, wenn ein Kommentar uns zeigt, dass der Autor es ernst meint – ob er mit uns diskutieren will, eine Anregung hat oder eines unserer Produkte oder unseren Service kritisiert. Mindestens ein »Ich habe es gelesen und kümmere mich« ist notwendig.

22. Bei Unsicherheit gilt das »Vier-Augen-Prinzip«.

Unter dem Schirm dieser Richtlinien hat sich auf der eigenen Blogging-Plattform von Daimler eine eifrige Blogger-Szene entwickelt. Dort können Sie nachlesen, wie ein Bus entsteht, was beim Abschleppen von LKW zu beachten ist und wie Azubis ihren ersten Tag im Unternehmen erlebten.

> ☏ Stellen Sie doch auch Ihre Social Media-Policy ins Internet. So schaffen Sie Transparenz und Transparenz schafft Vertrauen. Gute Grundsätze muss man nicht verbergen.

Eine weitere deutschsprachige Quelle sind die Social Media Guidelines für KMU der Wirtschaftskammer Österreich, die unter der Adresse http://www.telefit.at/web20/wko-socialmedia-guidelines.pdf im Internet abgerufen werden können.

4.4 Kein Social Media Marketing ohne Offenheit

Wer eifersüchtig auf jedem noch so kleinen Informationsschnipsel sitzt, der in seinem Unternehmen produziert wird, wird sich mit Social Media schwerlich anfreunden können.

Kürzlich berichtete mir ein Bekannter von einem mittelständischen Unternehmen, das äußerst restriktiv mit seinen Informationen umging. Außer der Marke durfte nichts an die Öffentlichkeit dringen. Das Unternehmen selbst blieb vollständig im Hintergrund verborgen. Kein Bild, kein Name (auch nicht von den Vorständen), keine Zahl und keine Meldung sollte die heiligen Hallen verlassen. Selbst Medienvertreter wurden abgeschmettert.

Dann kamen die Studenten.

Abbildung 4.3: Tratsch kann man nicht verbieten – aber steuern.

Eine Gruppe junger Leute trat im Rahmen ihres Studiums ein Betriebspraktikum in just diesem Unternehmen an. Schon am Abend des ersten Tages hatten die Youngster eine öffentliche Facebook-Gruppe eingerichtet, in der sie sich fleißig über ihre Erfahrungen und ihre Einblicke in die Firma austauschten und Fotos hin- und herschickten, die sie tagsüber von ihren Arbeitsplätzen aufgenommen hatten.

Für die Verantwortlichen im Unternehmen war das der GAU. Ich frage mich: Warum? Niemand hatte Geheimnisse ausgeplaudert oder irgendetwas strafrechtlich Relevantes geäußert. Die Kommentare der jungen Leute waren durchweg positiv. Das Unternehmen ließ eine gute Chance verstreichen, seine Reputation aufzumöbeln und einige hervorragende Markenbotschafter für sich zu gewinnen.

> ✑ Heute können Sie jungen Leuten die Kommunikation in sozialen Netzwerken nicht mehr verbieten. Anstatt sich daran zu stören, sollten Sie lieber versuchen, die Aktivitäten durch eine vernünftige Policy in die richtige Richtung zu lenken und mit Rat und Tat zu begleiten. Etwas Besseres als ein paar junge Leute, die bei Facebook ein Loblied auf Ihre Firma singen, kann Ihnen doch gar nicht passieren!

5 Marketing und Social Media

Wie bereits im Vorwort gesagt wurde, machen viele Unternehmen heute noch den Fehler, sich relativ unüberlegt in ihre Social Media-Aktivitäten zu stürzen und darüber andere Aspekte des Marketings zu vernachlässigen. Dabei sind Social Media nur ein Teil Ihrer Unternehmenskommunikation, wenn auch ein wichtiger. Die Aktivitäten, die Sie in sozialen Netzwerken unternehmen, sollten zu Ihrem Firmen-Image passen und ein integraler Bestandteil Ihrer Marketing-Bestrebungen sein. Ihre Außenwirkung kann nur dann nachhaltig von Social Media Marketing profitieren, wenn Sie eine klare Strategie verfolgen. Das heißt: Sie müssen sich über Ihre Ziele klar sein und dann die Mittel definieren, mit denen Sie diese Ziele verfolgen.

Marketing umfasst alle Aktivitäten, die ein Unternehmen auf seinen Markt ausrichtet. Dazu gehört als Erstes eine Strategie, die langfristig und nachhaltig darauf ausgerichtet sein sollte, Ihr Image am Markt zu positionieren. Ausgehend von der Strategie definieren Sie die Mittel, mit denen Sie dieses Image etablieren, das heißt Produkte, Preise, Vertriebswege und, um den Bogen zum Social Media Marketing zu schlagen: die Kommunikation mit Ihrer Zielgruppe.

Früher verlief dieser Prozess unidirektional, weil das unmittelbare, ungefilterte Feedback vom Kunden fehlte. Sie konnten Marktforschung betreiben, Fragebögen verschicken oder den Erfolg Ihrer Kommunikations- und Werbestrategie schlicht an den Umsätzen ablesen, aber Sie konnten keinen Dialog führen.

Heute, im Web 2.0, verläuft die Kommunikation multidirektional: Sie sind nicht nur Sender, sondern auch Empfänger von Botschaften über Ihr Unternehmen – und das Gleiche gilt für alle Community-Mitglieder, die auf den Kanälen des Web 2.0 über Sie und Ihre Produkte und Leistungen reden. Das gibt Ihnen die Möglichkeit, in sozialen Netzwerken unmittelbares Feedback von Ihren Kunden einzusammeln und in Ihre Strategie zu integrieren. Und das Beste ist: Der Dialog, der sich dadurch entspinnt, wirkt nicht nur nach innen, in Ihre Firma hinein, sondern auch nach außen, auf die gesamte Community.

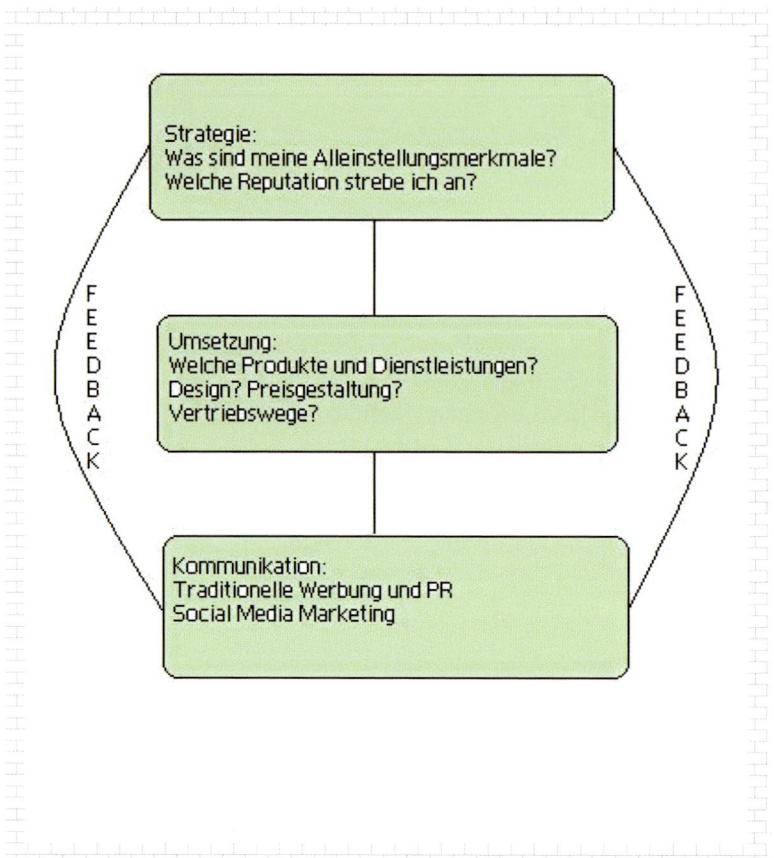

Abbildung 5.1: Durch das unmittelbare Feedback im Web 2.0 ist die Kommunikation multidirektional geworden.

Man kann auch sagen: Aus der ursprünglichen One-to-Many ist eine Many-to-Many-Kommunikation entstanden.

5.1   Targeting

Moderne Unternehmen richten ihre gesamte Strategie an ihrem Zielmarkt aus, denn dieser ist die Quelle, aus der sie schöpfen. Wird ein Unternehmen vom Markt angenommen, lebt es; wird es vom Markt abgelehnt, stirbt es. Der Markt ist jedoch kein monolithisches Gebilde. Abstrakt ausgedrückt ist er eine Plattform, auf der Anbieter und Kunden interagieren. Diese Interaktion beruht auf der Tatsache, dass die Kunden etwas benötigen, das die Anbieter ihnen geben können. Die Anbieter geben ihren Kunden etwas und werden dafür belohnt. Aus diesen Überlegungen lassen sich folgende Schlussfolgerungen ableiten:

■ Anbieter und Nachfrager bewirken gemeinsam, dass ein Markt überhaupt zustande kommt. Sie nehmen am Markt teil, indem sie Informationen austauschen. Der Kunde sagt, was er braucht, und der Anbieter sagt, was er tun kann, um die Bedürfnisse des Kunden zu befriedigen. **Märkte sind Gespräche**, wie schon das berühmte Cluetrain-Manifest von 1999 konstatierte.[1]

Abbildung 5.2: Märkte sind Gespräche und Gespräche sind Zuwendung.

■ So wie sich Gespräche entwickeln, so entwickeln sich auch Märkte. Sie sind inhärent **flexibel und dynamisch**. Diese Dynamik wird von den Bedürfnissen der Nachfrager, den technischen Entwicklungen Ihrer Branche, den Aktivitäten des Wettbewerbs und den Ideen Ihrer eigenen Firma angetrieben. Ein Markt kann entstehen, wachsen, schrumpfen oder sterben, aber niemals stillstehen.

■ Kunden dürfen zu Recht verlangen, dass Anbieter ihnen einen **Mehrwert verschaffen**. Nur deshalb werden sie ja Kunden, und nur deshalb sind sie bereit, Geld auf den Tisch des Hauses zu legen. Anbieter müssen sich also konsequent bei allen ihren Aktivitäten fragen: Was kann ich dem Kunden geben?

---

1   Das Cluetrain-Manifest wurde 1999 von Rick Levine, Christopher Locke, Doc Searls und David Weinberger formuliert. Es ist eine Sammlung von 95 Thesen, die im Kern feststellen, dass das Internet die Märkte intelligenter, vernetzter, kommunikativer und menschlicher macht. Die deutsche Übersetzung steht unter http://www.cluetrain.de/ im Netz.

- Marketing muss in die Gesamtstrategie des Unternehmens eingebettet sein. Manche Marketing-Spezialisten gehen sogar so weit, Unternehmensstrategie mit Marketingstrategie gleichzusetzen. Nur durch **konsequente strategische Ausrichtung** am Markt lässt sich der Fortbestand eines Unternehmens sichern.

- **Jeder Mitarbeiter eines Unternehmens ist Marketingtreibender**, weil jeder für sein Unternehmen arbeitet, spricht, handelt und auftritt. Wenn wir die Feststellung, dass Märkte Gespräche sind, zuende denken, dann ist nicht das Unternehmen am Markt, sondern die Stimmen der Menschen, die für es sprechen.

Der aufmerksame Leser hat natürlich festgestellt, dass alle diese Feststellungen auf das Marketing in sozialen Netzwerken verweisen. Tatsächlich sind die Gespräche in der Online-Welt ein sehr gutes Mittel, um mit Kunden in Kontakt zu treten, die Reputation Ihrer Firma zu stärken und auf vielfältige Weise Sympathien und Interesse zu erwecken.

Doch schauen wir einmal genauer hin:

Wie oben gesagt, geht es im Marketing darum, ein Unternehmen konsequent an seinem Markt auszurichten, damit es sich erfolgreich gegen den Wettbewerb behaupten kann. Nur so kann es nachhaltig sein Überleben sichern.

Dazu müssen folgende Überlegungen angestellt werden:

- Was ist mein Absatzmarkt?
- Was ist meine Zielgruppe innerhalb dieses Marktes?
- Welche Produkte oder Leistungen biete ich an?
- Wie kommuniziere ich dieses Angebot in den Markt hinein?
- Wie setze ich das Feedback des Marktes um?

5.1.1 Marktdefinition und Marketingstil

Wegen der Dynamik und Innovationsfreudigkeit von Märkten ist es wichtig, auch die Marktdefinition flexibel zu halten. Um Ihren Markt zu definieren, müssen Sie wissen, wo Ihre Stärken liegen, wer die Nachfrager sind, welche Zielgruppe Sie anvisieren und was der Wettbewerb macht.

Bietet Ihr Unternehmen Konsumgüter oder Dienstleistungen für einen Massenmarkt an?

In diesem Fall betreiben Sie vermutlich Massenmarketing und sind darauf angewiesen, Ihre potenziellen Kunden auf möglichst breiter Front anzusprechen. Möglicherweise betreiben Sie auch Markenpflege, und mit einer gewissen Wahrscheinlichkeit sind Sie ein B2C-Unternehmen (Business-to-Consumer). Massenmarketing kommt jedoch auch bei bestimmten Investitionsgütern vor, die sich an eine breite Kundschaft richten oder sowohl für Unternehmen wie auch für Private angeboten werden, etwa Computer, Betriebssysteme, Handwerkszeuge und Automobile.

> ✿ Im Massenmarketing können Social Media Ihnen helfen, die Reputation Ihrer Marke zu stärken, Ihre Botschaften viral zu verbreiten und viel Aufmerksamkeit zu erregen. Im Mittelpunkt dieser Art von Marketing stehen die Massenmedien des Web 2.0, wie zum Beispiel Twitter, Facebook und YouTube.

Oder bietet Ihr Unternehmen spezielle Produkte und Dienstleistungen für einen eher begrenzten Markt an?

In diesem Fall können Sie Individualmarketing betreiben, das mit einer sehr gezielten, individuellen Kundenansprache und nicht selten auch mit einer individuellen Preisgestaltung einhergeht. Wenn Ihr Produkt erklärungsbedürftig ist, benötigen Sie ein Forum, um dem Kunden die benötigten Erklärungen zu liefern. Wahrscheinlich betreiben Sie B2B-Marketing (Business-to-Business) oder richten sich an eine klar definierte Gruppe von Konsumenten, die Ihr Produkt vielleicht für ein Hobby benötigt, etwa Modellbauer oder Musiker.

5.1.2 Marktsegmentierung

Um eine solche Zielgruppe zu definieren, müssen Sie Ihren Markt segmentieren. Beispiele für **Segmentierungskriterien im B2B-Marketing** sind:

- Ihre Branche
- Die Merkmale der Unternehmen, die Sie ansprechen möchten (Umsatz, Mitarbeiterzahl, Standort...)
- Die technischen Merkmale Ihrer Zielgruppe
- Die Beschaffungsstrukturen innerhalb Ihrer Zielgruppe
- Regionale Kriterien

Angenommen, Sie bieten eine Buchhaltungssoftware für kleine und mittlere Einzelhandelsbetriebe an. Ihre Branche ist dann der Einzelhandel, die Unternehmensgröße liegt bei einem bis zehn Mitarbeitern und einem Jahresumsatz von bis zu zwei Millionen Euro. Die Unternehmen sind mit handelsüblichen Windows-PCs ausgestattet und die Kaufentscheidungen werden vom Inhaber getroffen. Weitere potenzielle Käufer der Software sind Steuerberatungskanzleien, in denen ebenfalls der Inhaber entscheidet, mit welcher Software die Buchführung der Mandanten ausgeführt wird.

Sie haben also zwei Zielgruppen, nämlich Ladeninhaber und Steuerberater, die wohl mehrheitlich zwischen 30 und 50 Jahren alt sind. Wahrscheinlich sind mindestens drei Viertel davon Männer. Die Ladeninhaber haben nicht unbedingt studiert, aber die Steuerberater haben häufig einen akademischen Hintergrund. Beide Gruppen sind kommunikativ, denn sie müssen sich um Kunden und Mandanten bemühen, aber in ihrer Eigenschaft als Geschäftsleute sind sie auch nüchterne Rechner und nicht unbedingt spaßorientiert. Sie brauchen eine andere Art von Ansprache als beispielsweise jugendliche Konsumenten von Softdrinks. Und nicht jeder von ihnen beherrscht die englische Sprache.

> ∿ Je besser Sie Ihren Markt analysieren und segmentieren, umso wirkungsvoller können Sie sich auf Ihre Zielgruppen ausrichten (Targeting).

Soziale Netzwerke bieten Ihnen die Möglichkeit, auf diese Menschen gezielt zuzugehen, mit ihnen in einen Dialog zu treten, ihnen bei der Lösung ihrer Buchführungsprobleme zu helfen und mit Ihrem Produkt einen Mehrwert zu verschaffen.

Das funktioniert aber nicht, indem Sie einfach nur eine Facebook-Seite und einen Twitter-Account einrichten und auf Fans und Follower warten. Sie müssen sich schon die Mühe machen, in Gruppen und Foren zu untersuchen, was die Menschen aus Ihrer Zielgruppe umtreibt, welche Funktionen sie sich von einem Buchführungsprogramm erhoffen und aus welchen Gründen sie sich für ein bestimmtes Programm entscheiden. Vielleicht wünschen sich die Ladeninhaber zusätzlich zur Buchhaltungsfunktionalität eine Lagerverwaltung und ein System für Rechnungstellung und Mahnwesen.

Nachdem Sie eine Weile zugehört haben und die Kommunikationsstrukturen in den Gruppen verstehen, können Sie selbst aktiv werden. Sie könnten zum Beispiel kostenlose Versionen herausgeben, von Interessenten testen lassen und anhand des Feedbacks, das Sie bekommen, ein Programm stricken, das Ihre Kunden wirklich zufriedenstellt.

Wenn Sie das geschickt anfangen, können Sie Ihre Marke etablieren und die Tester Ihrers Programms zu Markenbotschaftern machen, die die Vorzüge Ihrer Software (hoffentlich) auch in ihrem Freundeskreis rühmen. Ihr guter Ruf verbreitet sich und Ihre Marke wird bekannter. Wenn Sie es dann noch schaffen, einen individuellen Support per Twitter oder auf Ihrem Blog zu leisten, statt die Ratsuchenden in einer Telefon-Warteschlange verhungern zu lassen oder mit einer seelenlosen Maschinenstimme abzuspeisen, dann haben Sie die Sympathien rasch auf Ihrer Seite.

Abbildung 5.3: Die Datev hat's verstanden: Social Media-Präsenz für Steuerberater und Selbstständige.

Dieses Beispiel lässt sich auch auf andere Märkte und Zielgruppen übertragen. Wichtig ist dabei, dass Sie ganz genau überlegen:

- Welche Menschen möchten Sie ansprechen?
- Wie können Sie diese Menschen motivieren, mit Ihnen in Interaktion zu treten?

> ☞ Soziale Netzwerke sind ein idealer Ort, um persönliche, individuelle Kontakte mit Kunden und Multiplikatoren zu knüpfen. Wenn Sie auf Ihrem Fachgebiet besonders kompetent sind, können Sie sogar zum Meinungsführer aufsteigen. Im Mittelpunkt dieser Art von Marketing stehen die spezialisierteren Medien des Web 2.0, etwa Blogs, Fachforen und Verbraucherportale.

Manche Dinge lassen sich besser mit einem Video oder einer Präsentation erklären als mit einem Text. Diese Ressourcen können Sie zum Beispiel bei YouTube oder Slideshare hochladen und dann zusätzlich auf allen möglichen anderen Plattformen bereitstellen oder verlinken: Ihrer Website, der Facebook-Seite, den Twitter-Konten, dem Blog und weiteren Kanälen, auf denen Sie ein Benutzerkonto unterhalten.

Sehr beliebt sind auch Tutorials oder Videos auf YouTube.

Abbildung 5.4: Tutorials bei YouTube werden gerne weiterempfohlen.

5.1.3 Marktanalyse

Um Ihren Markt genau zu überblicken, müssen Sie verschiedene Bereiche im Auge behalten:

- **Marktvolumen:** Wie groß ist Ihr Markt überhaupt? Für Brancheninformationen gibt es eine Vielzahl von Quellen. Viele Daten sind kostenlos auf den Webseiten von Verbänden, großen Marktforschungsagenturen, Unternehmensberatungen, Themenforen im Internet oder dem Statistischen Bundesamt verfügbar. Wer Geld investiert, kann zusätzliche Daten erheben oder erheben lassen.

- **Wettbewerb:** Informieren Sie sich über die Konkurrenz und beobachten Sie sehr genau, welche Marketingaktivitäten diese unternimmt. Versuchen Sie, Alleinstellungsmerkmale zu definieren. Der unmittelbare Dialog mit Kunden in sozialen Netzwerken kann Ihnen Aufschluss darüber geben, was die Nachfrager bei den anderen Anbietern vermissen. Je besser Sie die Stimmungen der Nachfrageseite aufnehmen und in konkretes unternehmerisches Handeln umsetzen, umso kompetenter können Sie sich als Problemlöser in Szene setzen.

- **Marktverteilung:** Bringen Sie in Erfahrung, wie die Marktanteile in Ihrer Zielgruppe verteilt sind. Wer sind die wichtigsten Player auf Ihrem Markt und was können Sie von diesen lernen? Wo sehen Sie die Chance, aufgrund Ihrer spezifischen Stärken Marktanteile hinzuzugewinnen?

- **Marktentwicklung:** Beobachten Sie genau, wie sich das Umfeld entwickelt. Im Lebensmittelhandel wächst zurzeit der Markt für Halal-Produkte, die von gläubigen Muslimen genossen werden. Die Branche der regenerativen Energien befürchtet indessen Einbrüche aufgrund der aktuell laufenden Überlegungen zur Verlängerung der Restlaufzeiten von Atomkraftwerken. Die sozialen, politischen, kulturellen, wirtschaftlichen und technischen Bedingungen sind einem permanenten Wandel unterworfen. Je dichter Sie das Ohr am Markt haben, umso besser können Sie Zukunftsvisionen entwickeln, Nicht reagieren, sondern vorausdenken!

> ✍ Verlassen Sie sich nicht zu sehr auf Wikipedia, wenn Sie über den Wettbewerb recherchieren. Da jeder an Wikipedia mitschreiben kann, sind die Firmeninformationen darin nicht immer ganz objektiv und zuverlässig.

Der Wettbewerb und die Marktentwicklung sind die beiden Analyseaspekte, bei denen die sozialen Netzwerke Ihnen zu Gute kommen können.

Marktentwicklung

Betreiben Sie Feldforschung in Social Media, indem Sie gezielt nach Ihren Wettbewerbern suchen und deren Social Media-Engagement analysieren. Was hat funktioniert, und was ist gescheitert? Welche Aktivitäten halten Sie für nachahmenswert, welche Fehler können Sie diagnostizieren? Können Sie Daten zur Werbewirksamkeit der Kampagne finden? Soziale Plattformen verfügen über Analysetools, mit denen Sie zum Beispiel anhand der Klickrate die ungefähre Besucherzahl ermitteln können. Aus den Fehlern der anderen zu lernen ist nicht so schmerzhaft, wie aus eigenem Schaden klug zu werden.

Es gibt Analyse-Tools, die Ihnen bei der Erhebung relevanter Daten helfen können. Viele Tracking- und Monitoring-Tools habe ich im Kapitel über Social Media Governance bereits vorgestellt. Darüber hinaus finden Sie im Internet verschiedene Angebote für kostenfreie oder kommerzielle Programme zur Analyse der Werbewirksamkeit Ihrer Aktionen.

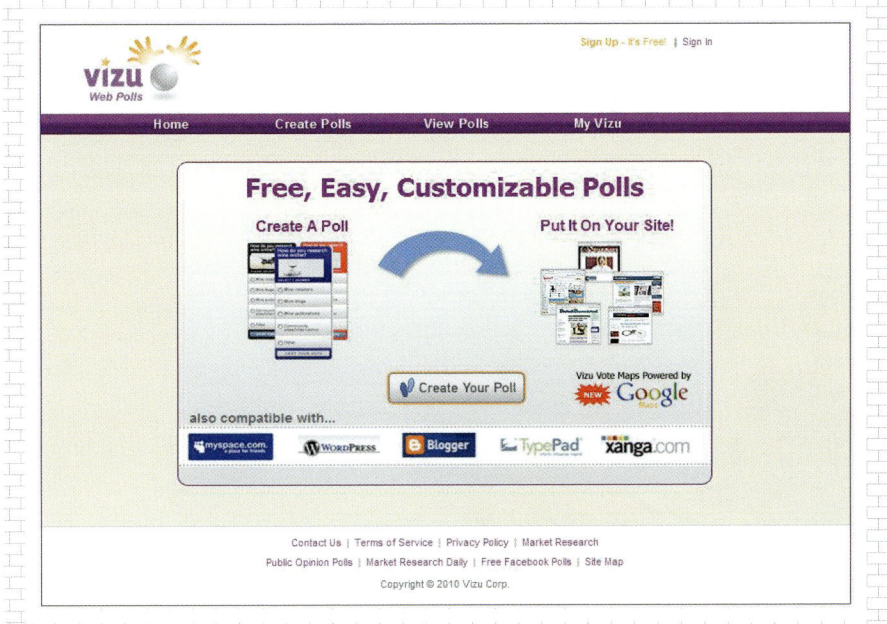

Abbildung 5.5: Vizu Web Polls[2] verfügen über Social Media Integration.

Versuchen Sie nicht, eine interessante Kampagne eines Wettbewerbers zu kopieren! Filtern Sie vielmehr die starken Aspekte der Kampagne heraus und fragen Sie sich, ob diese zu Ihrer eigenen Firmenkultur passen könnten. Ist das der Fall, so überlegen Sie sich etwas Eigenes, das diese Aspekte aufnimmt, aber die unverwechselbare Handschrift Ihres Unternehmens trägt.

Marktforschung

Online-Befragungen mit Formularen sind ein alter Hut. Mit diesem unpersönlichen und wenig motivierenden Instrument locken Sie kaum einen Kunden hinter dem Ofen hervor. Warum führen Sie keine Online-Diskussionen und interaktiven Spiele durch, um Ihrer Kundschaft auf den Zahn zu fühlen? Mit einer Gruppendiskussion können Sie besser feststellen, was die Menschen aus Ihrer Zielgruppe brauchen und wie sie sich verhalten.

> ❧ Wenn Sie es schaffen, mit den Nutzern Ihres Produktes oder Ihrer Leistung ins Gespräch zu kommen, dann können Sie in einem zweiten Schritt versuchen, diese Menschen zu Markenbotschaftern zu konvertieren. Das gelingt umso besser, je mehr es für die Angesprochenen dabei zu gewinnen gibt. Nützliches Feedback können Sie zum Beispiel durch eine kostenlose Version Ihres Produktes oder ein attraktives Giveaway belohnen. Online-Gewinnspiele sind ein motivierendes Instrument, um die Menschen aus Ihrer Zielgruppe zur Interaktion zu bewegen. Sie appellieren an den Spieltrieb, machen Spaß und stellen eine Belohnung in Aussicht.

---

2   www.vizu.com

Hüten Sie sich vor Verallgemeinerungen. Die Reaktionen einzelner Nutzer können immer nur ein Schlaglicht werfen; sie sind keine statistisch sicheren Ergebnisse. Am besten ist es, wenn Sie zusätzlich zu Ihrem Social Media-Engagement auch andere, traditionellere Kanäle der Kundenansprache nutzen, und zwar umso mehr, je traditioneller Ihre Zielgruppe denkt und handelt. Auch wenn Menschen von 30 bis 50 Jahren die am schnellsten wachsende Nutzergruppe in Medien wie Facebook ist, können beispielsweise Hersteller von Haftcreme für Zahnprothesen nicht damit rechnen, einen Großteil Ihrer Käuferschicht in den Online-Communities zu erreichen.

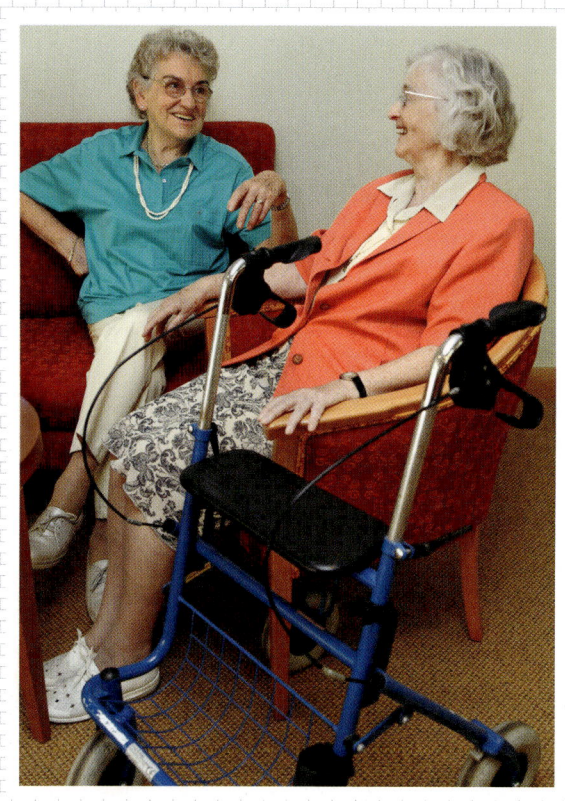

Abbildung 5.6: Noch erreichen Sie nicht jede Zielgruppe im Social Web.

6 Erfolgsmessung

Lassen sich Beziehungen in Geld quantifizieren? Das ist die Frage, wenn es an die Erfolgsmessung von Social Media-Aktivitäten geht. Und was ist überhaupt Erfolg? Legen Sie quantitative oder qualitative Maßstäbe an?

6.1 Den ROI messen

Christina Warren hat in einem Beitrag in dem Social Media-Blog Mashable sehr gut geschildert, wie Unternehmen vorgehen können, um zu ermitteln, welchen Profit ihre Social Media-Aktivitäten tatsächlich einbringen.[1] Eine kurzweilige und nützliche Einführung gibt darüber hinaus die Präsentation »Basics of Social Media ROI« von Olivier Blanchard.[2]

Die Überlegungen gehen davon aus, dass auch das beste Social Media-Engagement für Ihr Geschäft nur dann Sinn macht, wenn es auch finanziell etwas einbringt. Der Return on Investment (ROI), also die Rendite Ihres Engagements, muss belegbar und quantifizierbar sein. Sonst wird Ihre Geschäftsleitung Ihnen langfristig kein Budget dafür bewilligen.

Sie benötigen also eine strukturierte Vorgehensweise und eine klare Vorstellung, was Sie erreichen möchten. Hierzu schlagen Warren und Blanchard folgende Methode vor:

1. Den Ist-Zustand ermitteln

Hierzu müssen Sie zunächst einmal wissen, wo Sie stehen. Welche Umsatz- und Gewinnzahlen erzielen Sie vor Beginn der Maßnahme? Wie viel davon entfällt auf den E-Commerce-Umsatz und wie viel realisieren Sie im stationären Handel? Wie viele Zugriffe verzeichnet Ihre Website durchschnittlich pro Woche oder pro Monat?

2. Klare Ziele setzen

Angenommen, Sie möchten zunächst einmal Ihre Kosten einspielen und einen kleinen Gewinn erzielen. Wenn Sie Personalkosten und technische Ausstattung im Gegenwert von 19.000 Euro investiert haben, möchten Sie, dass Ihnen diese Investition eine Gewinnsteigerung von mindestens 20.000 Euro einbringt. Den Zeitrahmen dafür setzen Sie auf ein Jahr an.

---

1   http://mashable.com/2009/10/27/social-media-roi/

2   http://www.slideshare.net/thebrandbuilder/olivier-blanchard-basics-of-social-media-roi

Wenn Ihre Umsatzrendite 20 Prozent beträgt, müssen Sie folglich eine Umsatzsteigerung von 100.000 Euro erzielen, die direkt Ihren Social Media-Aktivitäten zuzurechnen ist.

3. Aktivitäten messen

Mit den am Ende dieses Kapitels beschriebenen Tools können Sie diejenigen Zahlen ermitteln, die für Sie von Interesse sind. Das können beispielsweise die Follower und Fans bei Twitter und Facebook sein, die Zahl der Retweets Ihrer Botschaften, die positiven und negativen Erwähnungen Ihrer Marke, die Zahl der Kommentare, die Ihre Blogbeiträge erzielen, die Zahl der Produkttester, die Sie über Social Media mobilisieren konnten, und die Produktbesprechungen dieser Probanden. Achten Sie genau darauf, zu welchen Zeitpunkten die Besucheraktivität auf Ihren Kanälen zunimmt.

4. Die Daten nutzbar machen

Versuchen Sie, Trends und Korrelationen ausfindig zu machen. Ist die Zahl der Besucher Ihres Online-Shops oder Ihres Geschäfts nach einer Facebook-Kampagne von Ihnen in die Höhe geschnellt? Das kann ein Hinweis darauf sein, dass sich dieser Beitrag für Sie rentiert hat. Verzeichnet Ihr Forum einen Anstieg der Nutzerzahlen und haben parallel dazu die Bestellungen zugenommen?

Blanchard hat dieses Vorgehen schematisch wie folgt dargestellt:

Investition $\Rightarrow$ **Aktion** $\Rightarrow$ **Reaktion** $\Rightarrow$ **allgemeiner Erfolg** $\Rightarrow$ **finanzieller Erfolg**

Der ROI kann erst ganz zum Schluss gemessen werden, nämlich in der Phase, in der sich finanzieller Erfolg einstellt. Der gesamte Vorlauf ist zwar ebenfalls sehr wichtig, aber eben nur die Ursache, die letztlich zu der angestrebten Wirkung führt.

Je mehr Aktivitäten Sie verfolgen, umso schwieriger kann es sein, Erfolge einzelnen Maßnahmen zuzurechnen. Besonders knifflig wird diese Zuschreibung dann, wenn außer den Social Media-Aktivitäten auch noch die traditionellen Marketing-Aktivitäten geändert werden, zum Beispiel, wenn Maßnahmen zurückgefahren werden, um Gelder für ein Social Media-Budget abzuzweigen. Deshalb gilt: Je genauer Ihre Analyse ist, umso mehr Aussagekraft besitzt sie.

Betrachten Sie also genau und zeitlich präzise jede einzelne Ihrer Aktivitäten und alle daraus resultierenden Reaktionen des Marktes.

Auf diese Fragen versuchen die folgenden Abschnitte, Antworten zu finden.

6.2 Erfolgsfaktoren bei Social Media-Aktivitäten

Wie will man einen Erfolg im Social Media Marketing messen? Schließlich geht es in den sozialen Netzwerken um Gespräche, um den Austausch von Informationen und Meinungen sehr unterschiedlicher Art und Qualität. Und nicht jedes Unternehmen strebt dasselbe an. Der eine möchte möglichst viele Links auf seine Website oder Produkte bekommen, dem anderen geht es um Relevanz oder Meinungsführerschaft.

> ### 🕮 Relevanz messen im Social Web
>
> Jeden Tag, ja beinahe jede Stunde, erscheinen 'zig Millionen Statusmeldungen, Tweets, Blog-beiträge, Bewertungen und Kommentare auf den Plattformen des Social Web. Da fällt es nicht leicht, die Spreu vom Weizen zu trennen und die relevanten Posts herauszufiltern. Google-Chef Eric Schmidt räumt ein, dass das Filtern der Inhalte von Social Media eine gewaltige Herausforderung sei.[3]
>
> Der Twitter-Suchalgorithmus @TopTweets und die Google-Suche sind so implementiert, dass sie nicht nur auf die Zahl der Follower, sondern auch auf die Qualität der Beziehungsgeflechte im Social Web schauen, um den Nutzern möglichst relevante Antworten auf ihre Suchanfra-gen zu liefern. Das PageRank-System von Google zählt, wie viele Links auf eine Webseite ver-weisen – auch eine Art von Empfehlungsmarketing.
>
> Das kalifornische Unternehmen Klout.com hat einen »Klout-Score« entwickelt, der den Einfluss eines Twitterers auf einer Skala von 1 bis 100 anzeigt. Doch nach wie vor tüfteln die Experten an den Algorithmen.

Wie immer ist auch im Hinblick auf die Erfolgsmessung Ihre Strategie der bestimmende Faktor. Was möchten Sie mit Ihrem Engagement in Social Media bezwecken? Mögliche Ziele könnten beispiels-weise folgende sein:

- Ein höheres Ranking in Suchmaschinen erzielen
- Die Reputation Ihres Unternehmens oder Ihrer Marke stärken
- Einen schnellen und effizienten Kundendienst leisten
- Mehr Kunden erreichen
- Crowdsourcing nutzen
- Nachhaltigkeit
- Meinungsführerschaft und Einfluss gewinnen

Hierzu hat der Social Media-Spezialist Roland Fiege[4] eine Social Media Balanced Scorecard entwickelt, die verdeutlicht, welche strategischen Ziele sich in welche Metriken umsetzen lassen. Diesen Ansatz möchte ich Ihnen im Folgenden darstellen.

6.3 Die Social Media Balanced Scorecard

Als Instrument für die Erfolgsmessung von Social Media Marketing-Initiativen eignet sich die Balan-ced Scorecard deswegen so gut, weil sie speziell entwickelt wurde, um auch weiche Faktoren in die Leistungsmessung von Unternehmen und Organisationen mit einzubeziehen. »Balanced«, also »aus-gewogen«, ist die Betrachtung eines Unternehmens aus mehren Perspektiven und die Tatsache, dass neben den klassischen finanziellen Aspekten des Unternehmens auch nicht-finanzielle Messgrößen mit einbezogen werden, wie zum Beispiel Kundenzufriedenheit, Mitarbeiterqualifikation oder Mar-

---

3   http://faz-community.faz.net/blogs/netzkonom/archive/2010/05/03/der-menschliche-algorithmus-wie-relevanz-im-social-web-gemessen-wird.aspx

4   http://rolandfiege.com/social-media-balanced-scorecard-smbc/

kenpräsenz. Roland Fiege hat zu den klassischen Perspektiven der Balanced Scorecard, nämlich die Kunde, interne Prozesse, Finanzen und Mitarbeiterentwicklung, noch eine weitere hinzugefügt: Das Social Media Marketing.

> ### ⚓ Was zeichnet gute Metriken aus?
>
> Gute Metriken sind Kennziffern, die sich einfach erfassen, als Zahlen- oder Prozentwerte genau angeben und objektiv erheben lassen, und die konkret genug sind, um als Entscheidungsgrundlage herangezogen zu werden. So können Sie zum Beispiel eine Klickrate oder Anzahl von Backlinks zweifelsfrei und exakt mit einfachen Methoden feststellen. Dagegen kann beispielsweise die Qualität eines Beitrags allenfalls als »gut«, »mittel« oder »schlecht« eingestuft werden, wobei das Urteil sehr stark von der subjektiven Sicht des Lesers abhängt.

> ✍ Legen Sie zuerst Ihre Ziele fest, und überlegen Sie anschließend, mit welchen Kennziffern Sie die Zielerreichung messen könnten. Vor der Frage »Was sollen wir messen?« steht die Frage: »Was wollen wir wissen?«

Es ist wichtig, dass Sie die Ziele, auf die sich die Metriken beziehen sollen, im Voraus festlegen. Sonst erheben Sie Zahlen, die für Ihr Unternehmen letztlich gar nicht von Bedeutung sind. Auch eine nachträgliche Optimierung der Datenerhebung ist nur möglich, wenn von Anfang an die Richtung stimmt. Denn die Verbesserung einzelner Aspekte einer Social Media-Kampagne ist nur möglich, wenn die Zahlen nicht nur relevant, sondern auch vergleichbar sind.

Wie aber können diese Ziele konkret aussehen? Albert Pusch führt in seinem Social Media-Blog folgende Beispiele an[5]:

■ Mehr Web-Traffic

Hier könnten Sie untersuchen, wie viele verschiedene Besucher (Unique Visitors) Ihr Blog pro Monat anzieht. Mit Google Analytics[6] können Sie diesen Wert ermitteln. Darüber hinaus liefert Ihnen Facebook Insights verwertbare Analysen[7].

■ Aufbau einer Brand-Community (Facebook)

Hier wäre zu hinterfragen, wie stark Ihre Facebook-Seite innerhalb eines gegebenen Zeitraums angewachsen ist. Auch darüber gibt das Facebook-Analysetool Insights Aufschluss.

■ Wachstum der Brand-Community (Twitter)

Twitter gibt Ihnen täglich Auskunft darüber, um wie viele Follower Ihre Gemeinde gewachsen ist.

■ Reichweite

In diesem Zusammenhang ist die Zahl der RSS- und Newsletter-Abonnenten Ihres Blogs interessant. Das Analysetool Feedburner ermittelt für Sie diese Zahlen.

---

5   http://www.socialmedia-blog.de/tag/monitoring/

6   http://www.google.com/intl/de/analytics/

7   Zu den Features von Facebook-Insights finden Sie einen ausführlichen Artikel unter http://facebookmarketing.de/features/facebook-insights-kleines-update

- Dialog mit der Community

Sehr wichtig wäre es, zu wissen, wie viele Kommentare pro 100 Besucher auf allen von Ihnen bedienten Kanälen zusammenkommen. Setzen Sie also die Anzahl der Kommentare ins Verhältnis, um den Grad der Interaktion zu ermitteln.

Kennziffern für Social-Media Aktivitäten sind heute immer noch Neuland. Es gibt noch keine international verbindlichen Standards. Wenn Sie eine individuelle Lösung für Ihr Unternehmen anstreben, sollten Sie zunächst Ihre Ziele anhand der Mission und strategischen Ausrichtung Ihrer Firma definieren und dann die entsprechenden Instrumentarien auswählen, um diese Ziele zu erreichen. Tatsächlich setzen die meisten Marketingmanager sich keine konkreten Ziele, weil sie zum Teil auch gar nicht wissen, was mit Social Media Marketing erreichbar ist und was nicht. Und trotz der bestehenden Analysewerkzeuge in den verschiedenen Social Media-Kanälen analysieren sie auch nicht tief genug, was sie erreicht haben. So kann keine belastbare Grundlage für eine seriöse Entscheidungsfindung entstehen.

Als Beispiele für KPIs[8] für Social Media-Initiativen würden sich zum Beispiel der Gesamtumsatz, der durchschnittliche Auftragswert, die Zahl der Sessions je Besucher und der Prozentsatz des eingehenden Twitter-Traffics anbieten. Als Benchmarks, die erreicht werden sollten, eignen sich Vergleichswerte früherer Jahre, Branchenzahlen, Vergleichszahlen des Wettbewerbs und Prognosen. Darüber hinaus ist es eine Überlegung wert, welche Änderungen im Marketingmix, in der Ressourcenzuweisung, in den genutzten Kanälen und im Content angestrebt werden sollen.

6.3.1 Kennziffern für Social Media Marketing definieren

Fiege gibt in seinem Paper verschiedene Beispiele, wie strategische Ziele in Maßnahmen, Maßnahmen in KPIs und KPIs in Berechnungsformeln umgesetzt werden können. In der Praxis kann das folgendermaßen aussehen:[9]

Strategische Ziele	Maßnahmen	KPIs	Kennziffern
Markenpflege und Markenpräsenz	Dialog beleben	Anteil eines Themas am Gesamtvolumen der Konversationen	Erwähnungen meiner Marke / Gesamte Markenerwähnungen
	Markenbotschafter fördern	Aktive Markenbotschafter pro Periode	Aktive Markenbotschafter (30 Tage) / Gesamte Markenbotschafter
Kundenzufriedenheit	Kundendienst verbessern	Zahl der gelösten Kundenanfragen	Gelöste Anfragen / Gesamtzahl der Anfragen
Innovationsführerschaft	Innovation fördern	Tonalität pro Periode	Positive : neutrale : negative Markenerwähnungen / gesamte Markenerwähnungen

Tabelle 6.1: Beispiele für die Umsetzung von strategischen Zielen in Kennziffern, nach Roland Fiege.

---

8   KPIs sind Key Performance Indicators, also Kennziffern, die messen, welche betriebswirtschaftlichen Ziele oder Erfolge in welchem Maße erreicht werden.

9   Quelle: http://rolandfiege.com/social-media-balanced-scorecard-smbc/

Wenn die strategischen Ziele und die zugehörigen KPIs definiert worden sind, kann daraus eine Balanced Scorecard entwickelt werden.

Strategische Ziele	Maßnahmen	KPIs	Zielvorgaben/Benchmarks
Markenpflege und -präsenz	Dialog beleben (Foster Dialog)	Anteil eines bestimmten Themas am Gesamtvolumen der Konversationen (Share of Voice) in % pro Periode pro Marke/Kampagne	20% der Konversationen entfallen pro Periode auf unsere Marke/Kampagne
		Interaktionsgrad pro Beitrag (Audience Engagement)	1% der Fans interagieren durchschnittlich pro Beitrag durch "like", Kommentare, teilen
		Reichweite potentieller Leser pro Beitrag (Conversation Reach)	100.000 potentielle Leser pro Beitrag in 6 Monaten
Kundenzufriedenheit garantieren	Förderung von Markenbotschaftern (Promote Advocacy)	Aktive Markenbotschafter pro Periode (Active Advocates)	10% der Fans sind aktive Markenbotschafter, d.h. posten, "liken", kommentieren und teilen 10x pro Woche (auf Pinnwand, Twitter, eigenem Blog o.ä.)
		Einfluß der Markenbotschafter (Advocate Influence)	#Fans x 100 werden durch die Markenbotschafter erreicht
		Wirkung der Markenbotschafter (Advocacy Impact)	10% der Fans werden durch Markenbotschafter zur Konversion animiert (Op-In, Kauf, Download eines White-Papers o.ä.)
Innovationsführerschaft	Innovation fördern (Spur Innovation)	Thematische Trends / diskutierte Kernthemen pro Periode (Topic Trends)	Top 10 im Ranking der diskutierten Themen pro Woche
		Tonalität gegenüber Marke/Produkt in einer Periode (Sentiment Ratio)	Verhältnis nicht negativer Beiträge und Kommentare im Verhältnis zur Gesamtanzahl der veröffentlichten Meinungen zur Marke pro Periode
		Resonanz auf neue Produktideen (Idea Impact)	Verhältnis der Interaktionen aufgrund der Verbreitung neuer Produktideen im Verhältnis zur Gesamtzahl der Interaktionen mit der Marke in %

Roland Fiege - www.rolandfiege.com

Abbildung 6.1: Beispiel für eine Social Media Balanced Scorecard nach Roland Fiege.

Um diese Analysemethode in die Praxis umzusetzen, sind drei Grundbedingungen zu erfüllen:

- Sie müssen aus der Mission Ihres Unternehmens Ihre strategischen Ziele entwickeln.
- Sie müssen diese Ziele in eine Strategy Map umsetzen (siehe unten).
- Sie benötigen geeignete Benchmarks. Wenn Sie keine Zahlen aus dem eigenen Unternehmen verwenden, sondern Daten der Branche oder des Wettbewerbs heranziehen, dann ist die KPI Library (http://kpilibrary.com/) ein guter Ausgangspunkt, um sich Orientierung zu holen. Zwar gibt es noch nicht viele auf Social Media zugeschnittene KPIs, aber es ist nur eine Frage der Zeit, bis dieser Mangel behoben wird. Eine Alternative: Sie schauen sich die Statistiken, Fan-Zahlen, Zugriffe und Seitenaufrufe der Wettbewerber an. Auch daraus lassen sich geeignete Benchmarks generieren.

Wenn Sie so weit gekommen sind, können Sie daran gehen, individuelle KPIs und Kennziffern für Ihre Bedürfnisse zu entwickeln. Es ist gut, bei dieser Arbeit auf eine Fachabteilung für Online Marketing zurückgreifen zu können.

Zur Umsetzung dieser Betrachtungsweise im Betrieb benötigen Sie Monitoring-Tools wie sie im folgenden Abschnitt genauer beschrieben werden. Diese Tools sind leider nicht so weit ausgereift, dass sie sich ohne weiteres auf die KPIs individueller Balanced Scorecards anpassen lassen. Sie analysieren in der Regel nur Konversationen im öffentlichen Teil des Internet und liefern zurzeit eine Erkennungsraten von 50–70 Prozent bei der Bewertung von Äußerungen als positiv, neutral oder negativ. Oftmals halten die Produkte nicht, was die Hersteller versprechen.

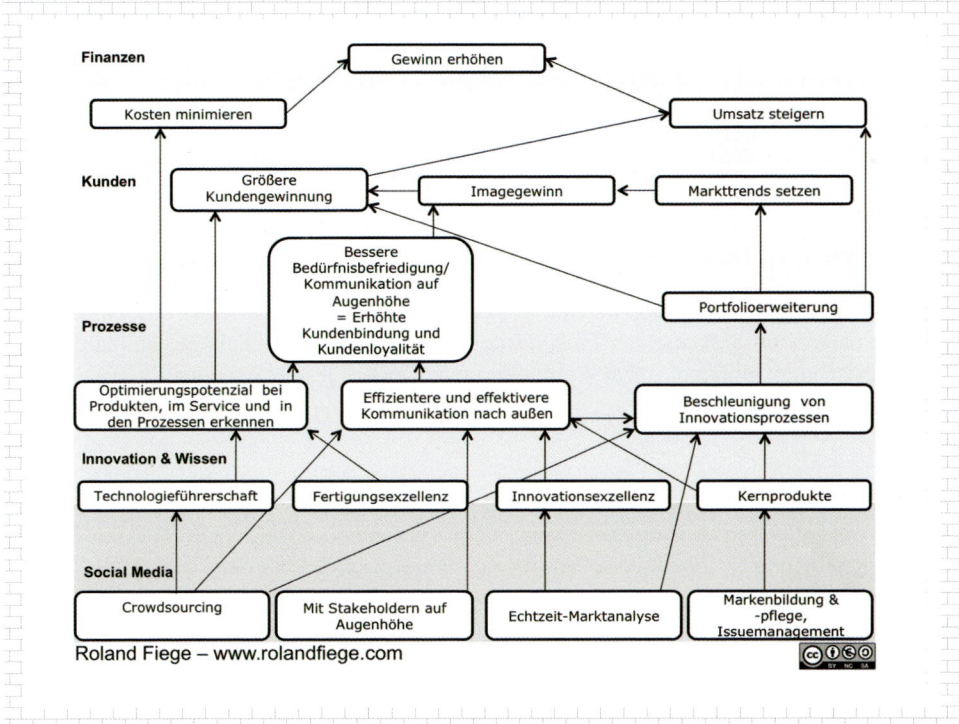

Abbildung 6.2: Beispiel einer Strategy Map.[10]

Einzelne soziale Netzwerke verfügen darüber hinaus über Statistikfunktionen, mit denen Sie Aufschluss über Seitenaufrufe und vieles mehr bekommen können.

6.4   Tracking und Monitoring

Wenn Sie sich ernsthaft dafür interessieren, wer was im Web über Sie, Ihre Marke oder Ihre Firma sagt, benötigen Sie Mittel und Wege, diese vielfachen und sehr unterschiedlichen Beiträge zu beobachten und auszuwerten. Darüber hinaus ist das Monitoring ein Instrument zur Risikominimierung von Kampagnen. Diese Risiken sind im Einzelnen:

- ■ Ignorieren oder schlechte Verarbeitung von Feedback
- ■ Verlust der Kontrolle über die Konversationen
- ■ Unangemessenes Kommunikationsverhalten seitens der Firma und/oder der Nutzer
- ■ Verbreitung negativer Informationen durch die Nutzer

---

10   Quelle: Roland Fiege in Anlehnung an Gentsch, P.; Zahn, A., 2010, S. 104

Dagegen kann Ihnen ein gutes Monitoring der Online-Konversationen folgende Vorteile bescheren:

- Sie hören, was wann wo über Sie gesprochen wird.
- Sie erkennen Trends und Stimmungen der Nutzer-Community.
- Sie können neue Zielgruppen ausfindig machen.
- Sie lernen, wer die Influencer oder Meinungsführer in Ihrer Szene sind.
- Sie können schnell und angemessen auf negatives Feedback reagieren (Stichwort »Krisenkommunikation«).
- Sie erfahren, was die Konkurrenz macht.

6.4.1 Kostenlose Tools

Es gibt durchaus Mittel, die Konversation im Web zu beobachten, ohne Geld investieren zu müssen. Im Wesentlichen handelt es sich dabei um Tools, die von den Betreibern der Social Media-Portale sowie von Suchmaschinenanbietern selbst kostenfrei zur Verfügung gestellt werden.

Steve Farnsworth hat in seinem Blog eine Liste der wichtigsten freien Monitoring-Tools zur Verfügung gestellt.[11] Dazu gehören:

- **Google Alerts** (Gebrauchsanweisung siehe unten) – Dieses Tool von Google benachrichtigt Sie, wann immer die von Ihnen angelegten Stichwörter im Web erwähnt werden. Ein Manko ist, dass es nicht in geschlossene Netzwerke wie Facebook eindringen kann. Aber dafür gibt es andere Tools.
- **Google Blogsearch** – Dieses auf der Google-Plattform zugängliche Tool durchsucht Blogs nach relevanten Einträgen.
- **Technorati** (www.technorati.com/search?advanced) – Das größte Blogverzeichnis liefert relevante Einträge aus fast allen Blogs.
- **Boardtracker** (http://www.boardtracker.com/) – Ein Tool, das Foren nach Nennungen Ihrer Marke oder Ihres Namens oder anderen von Ihnen definierten Stichworten durchsucht.
- **iTunes Podcast Search** (www.itunes.com) – Durchsucht Podcasts in aller Welt.
- **Twitter Search** (search.twitter.com) – Liefert Ihnen die aktuellen Trends und alle Stichwort-Nennungen in Twitter.
- **Delicious** – Das Social Bookmarking Tool gibt Ihnen Aufschluss darüber, wo Ihre Suchbegriffe mit Lesezeichen versehen wurden.
- **Monitor This** (http://monitorthis.77elements.com/) – Diese Metasuchmaschine sucht Einträge Ihrer Suchbegriffe in Blogs, Bookmarking-Plattformen, Foren, Google und vielen anderen Plattformen.
- **Icerocket** (http://www.icerocket.com/) – Das Tool durchsucht mehrere Plattformen im Web nach Ihren Vorgaben.
- **Socialmention** (http://www.socialmention.com/) – Dieses Programm bietet eine Echtzeitsuche in Social Media an und benachrichtigt Sie mit einem ähnlichen Verfahren wie Google Alerts über Erwähnungen Ihrer Suchbegriffe. Darüber hinaus stellt es Ihnen ein praktisches Widget zur Verfügung, um die Gespräche der Communities auf Ihre Website oder Ihr Blog zu übernehmen.

---

11 http://stevefarnsworth.wordpress.com/2010/03/16/20-free-social-media-monitoring-tools-to-find-your-brand%E2%80%99s-social-mentions/

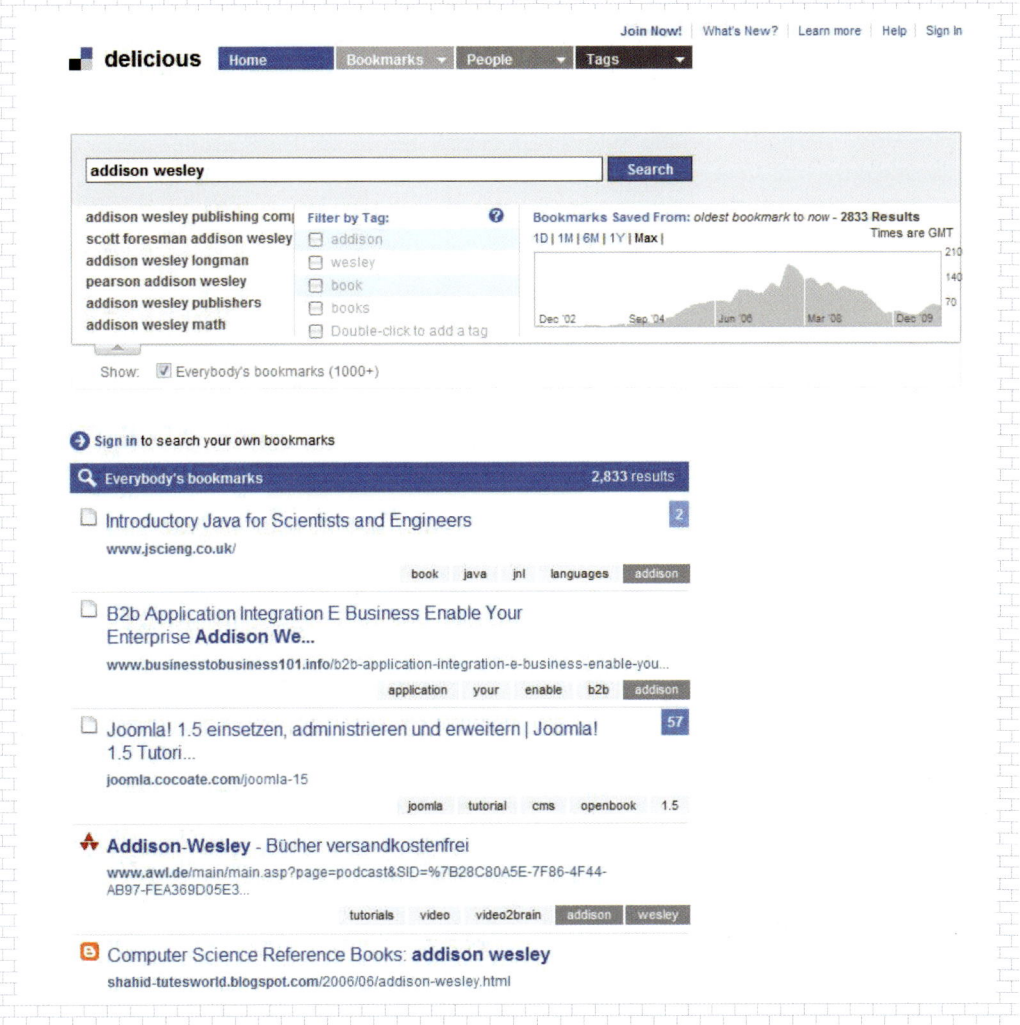

Abbildung 6.3: Bookmarks auf Addison-Wesley in Delicious.

- **Digg** (http://digg.com/) – Auch das Nachrichtenportal Digg und sein deutschsprachiger Ableger Yigg eignen sich, um aktuelle Nennungen eines Suchbegriffes nachzuvollziehen.
- **Social Media Firehose**, Conventional and Social Media Tracker und Social Site Submission Watch Dog (Yahoo Pipes) – Diese Tracking-Tools von Yahoo sind für Social Media Marketing relevant.
- **Twingly** (http://www.twingly.com/) – Dieses Tool durchsucht Blogs und Microblogs, und zwar nicht nur Twitter, und gilt als schneller und zuverlässiger als die hauseigene Twitter-Suche, zumal es seine Daten selbst sammelt, und nicht über die Twitter-API.

- **Backtweets** (http://backtweets.com/) – Dieses Monitoring-Tool verfolgt Links auf Twitter und schickt E-Mail Alerts, was in Anbetracht der verkürzten URLs gar nicht so einfach ist.
- **Tweetdeck** (http://www.tweetdeck.com/) – Ein übersichtlicher Client für Twitter und andere soziale Netzwerke, der auch eine Tracking-Funktion bietet.

Weitere Tracking-Tools finden Sie unter http://www.netzpiloten.de/2010/04/19/social-media-monitoring-tools/ und unter http://rolandfiege.com/social-media-monitoring/.

6.4.2 Google Alerts

Am Anfang des Social Media Monitoring steht Google: Die einfachste und billigste Möglichkeit, zu verfolgen, was über Sie, Ihre Firma oder Ihr Produkt im Web gesprochen wird, ist ein Abonnement der so genannten »Google Alerts«. Bei Google Alerts können Sie Suchbegriffe eingeben und werden dann benachrichtigt, wenn diese Begriffe irgendwo im Web auftauchen.

Google untersucht dabei auch Nachrichtenartikel, Videokommentare, Blogs und seine eigenen Foren und Groups. Um einen Google Alert einzurichten, verfahren Sie wie folgt:

1. Klicken Sie auf der Google-Startseite auf MEHR und dann auf UND NOCH MEHR.
2. Klicken Sie auf ALERTS.
3. Dann geben Sie Ihre Suchbegriffe ein und wählen unter TYP aus, worüber Sie benachrichtigt werden möchten: Alles, News, Blogs, Statusupdates oder Diskussionen.

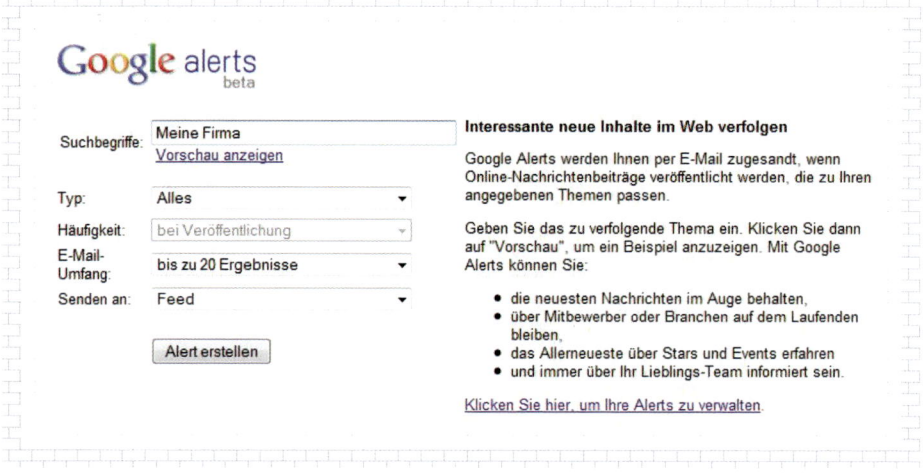

Abbildung 6.4: Google Alerts sind einfach, kostenlos und effizient.

Als Stichwort für ein Monitoring eignet sich nicht nur Ihr Firmenname. Auch Ihr eigener Name, die Namen Ihrer Produkte und Marken sowie Ihrer Mitarbeiter, Kunden und Wettbewerber oder Ihre Werbeslogans liefern als Suchbegriffe aufschlussreiche Ergebnisse.

> ✍ Der Bundesverband Digitale Wirtschaft (BVDW) plant eine vergleichende Untersuchung der zurzeit gängigen Monitoring-Tools. Wenn Sie sich dafür interessieren, schauen Sie doch gelegentlich einmal auf die Homepage des Verbandes, vielleicht gibt es ja zu dem Zeitpunkt, da Sie dieses lesen, schon ein Ranking der Monitoring-Lösungen.

Abbildung 6.5: Viele Monitoring Lösungen stehen bereits zur Verfügung.

6.4.3 Kommerzielle Monitoring-Tools

»Was nichts kostet, taugt auch nichts« sagt der Volksmund. So diskutabel diese Aussage in den Zeiten von Social Media auch sein mag: Im Kern stimmt es, dass manche kostenpflichtigen Tools mehr Leistung bringen als die Gratis-Angebote auf dem Monitoring-Markt. Deshalb gehe ich im Folgenden auch auf einige der renommierteren kostenpflichtigen Tools ein, ohne damit ein Präjudiz gegen andere Programme zu verbinden, die Ihnen vielleicht sympathischer sind.

- **Radian6** (http://www.radian6.com/) – Dieses Tool kostet zurzeit in der billigsten Version 600 US-Dollar pro Monat. Der Preis wird aufgrund der Anzahl der Posts errechnet, die sich auf Ihren Profilen ansammeln; dafür haben Sie unbegrenzte Keywords frei und können Ihre Daten so lange archivieren, wie Sie möchten. Radian6 beobachtet mehr als 150 Millionen Social Media Sites und aggregiert die gesammelten Daten und Analysen in einem übersichtlichen Dashboard. Viele große Unternehmen schwören auf das Tool.

- **Trackur** (http://www.trackur.com/) – Dieses nützliche Programm kann in unterschiedlichem Funktionsumfang abonniert werden, wobei die Basisversion für 18 US-Dollar pro Monat bereits umfangreiche Tracking-Funktionen besitzt. Praktisch finde ich das Sentiment-Tagging. Sie können Kennzeichnungen vergeben, ob ein gemeldeter Beitrag als positiv, negativ oder neutral einzustufen ist. Auf diese Weise behalten Sie im Blick, wer positiv über Sie redet und wer Ihre Reputation angreift.

- **Socialyzer** (http://www.metapeople.com/leistungen/socialyzer.html) – Diese Monitoring-Plattform rechnet nach Kosten pro Klick (Cost per Click, CPC) ab und schließt individuelle Verträge mit ihren Kunden, zu denen auch Schwergewichte wie Telekom, C&A und andere Firmen ähnlichen Kalibers gehören. Dafür bekommt der Kunde in Echtzeit einen Überblick über sämtliche Kanäle (einschließlich XING, das von den amerikanischen Tools noch stiefmütterlich behandelt wird), nebst Aggregatorfunktion, Errechnung von Score-Werten, Excel-Tabellen der relevanten Daten und Cross-Channel-Beobachtung Ihrer Besucherströme.

7 Social Media-Plattformen

In den verschiedenen Social Media-Plattformen ist vieles in Bewegung geraten. Die Integration und Konvergenz der sozialen Plattformen schreitet voran. Facebook erleichtert zunehmend das Hochladen von Videos und Fotos, Twitter bemüht sich gleichfalls um mehr Multimedia und auf Flickr kann man inzwischen auch Videos hosten. Kurze Statusmeldungen, die mit Tweets vergleichbar sind, existieren längst in allen sozialen Netzwerken. Die Grenzen zwischen Videos und Präsentationen verwischen. Google will Facebook mit Google Buzz Konkurrenz machen und bietet seinen Nutzern des Weiteren Google-Groups, Videos auf YouTube, Foto-Upload bei Picasa und Blog-Hosting mittels Blogger, Google-Bookmarks – alles unter einem Dach.

Zugleich findet ein Verdrängungswettbewerb statt, so hat Facebook im Feld der sozialen Netzwerke dem älteren Anbieter MySpace endgültig den Rang abgelaufen und macht auch den anderen Netzwerken zunehmend das Leben schwer.

Die Krefelder Agentur Compass Heading analysiert regelmäßig die Nutzerzahlen sozialer Netzwerke in Deutschland und sieht für das Jahr 2010 Facebook als einzigen Gewinner an. Alle anderen sozialen Netzwerke haben Nutzer verloren oder bestenfalls, wie Twitter, das Vorjahresniveau halten können.[1]

Dem gegenüber gibt es auch Untersuchungen, nach denen die Zahl der deutschsprachigen Accounts bei Twitter im Jahre 2010 um mehr als hundert Prozent gestiegen sei.[2] Es ist jedoch schwierig zu sagen, ob damit auch die Zahl der deutschsprachigen Nutzer steigt, da einerseits viele Deutsche auf Englisch twittern, andererseits aber auch viele User gleich mehrere Twitter-Konten betreiben.

Der Trend, immer mehr Möglichkeiten der sozialen Interaktion unter einem Dach zu vereinen könnte auch irgendwann dazu führen, dass alle versuchen, alles zu können, und der Konzentrationsprozess sich verschärft. Vielleicht wachsen ja auch die großen Netzwerke irgendwann zusammen oder bieten zumindest eine eingebaute Dashboard- oder Newsroom-Funktionalität.

---

1   http://www.compass-heading.de/cms/

2   http://webevangelisten.de/twitternutzerzahlen-wuchsen-in-einem-jahr-um-142-auf-jetzt-460-000/

Das alles ist zurzeit noch Zukunftsmusik. Wer heute, im Jahre 2011, Social Media Marketing betreibt, sollte auf verschiedenen Kanälen unterwegs sein, auch wenn sich diese mithilfe spezieller Tools integrieren lassen.

In den folgenden Abschnitten stelle ich die wichtigsten Kanäle vor, die Sie für Ihr Social Media Marketing nutzen können. Ich gehe dabei selektiv vor und präsentiere für jeden Typus von Netzwerk nur die wichtigsten Beispiele, werde aber von Fall zu Fall auch andere erwähnen, die Sie dann nach Lust und Laune ausprobieren können.

Davon ausgenommen sind die Fachforen, was diese betrifft, muss natürlich jede Firma und jede Branche selbst recherchieren, welche Communities für ihren individuellen Ansatz die wichtigsten sind. Ich werde Beispiele für Fachforen beschreiben, aber naturgemäß nicht jede Branche und Unternehmensgröße dabei berücksichtigen können.

Wenn Sie erst einmal einen Einstieg haben, können Sie noch weitere Communities ausprobieren. Die Natur des World Wide Web ist Evolution. Alles ist permanent im Werden, nichts ist jemals fertig – auch Ihr Internetauftritt nicht! Wer weiß, welche Netzwerke in ein oder zwei Jahren an Bedeutung gewonnen oder verloren haben? Google und Facebook sind gesetzt, aber selbst Twitter hat bis heute noch kein Geschäftsmodell zur Monetarisierung seines Services gefunden.

7.1   Die elf wichtigsten Social Media Marketing-Kanäle

Um die richtigen Kanäle für Ihr Social Media Marketing auszuwählen, müssen Sie natürlich zuerst an Ihre Strategie und Ihr Targeting denken. Wenn diese Überlegungen abgeschlossen sind, können Sie daran gehen, Ihre Strategie zu implementieren. Nur wo? Meiner Meinung nach sind die folgenden Kanäle für Ihr Marketing zurzeit die wichtigsten:

1. Facebook
2. LinkedIn und XING
3. Twitter
4. YouTube
5. Blogs und Wikis
6. Slideshare
7. Flickr
8. Yigg
9. Fachforen und Verbraucherportale
10. Frage-und-Antwort-Portale
11. Social Bookmarking-Dienste

Ich möchte diese Kanäle bewusst nicht in eine Rangfolge stellen, weil sie je nach Ihrem individuellen Ziel und Targeting unterschiedliche Bedeutung haben. Beschaffen Sie sich aktuelle Analysen, welche Menschen in welchen Communities überhaupt erreicht werden können. Da hier zurzeit sehr viel in Bewegung ist, kann ich Ihnen nicht voraussagen, wie sich die Nutzergemeinden zu der Zeit, da Sie dies lesen, entwickelt haben werden.

In früheren Kapiteln bin ich ja bereits ausführlicher auf die Fragen der Strategie und Zielgruppenansprache eingegangen. Daher nur noch einmal in aller Kürze einige Tipps zur richtigen Auswahl Ihrer Marketing-Instrumente im Web 2.0:

1. Überlegen Sie sich, wen Sie auf welchem Kanal am besten erreichen können. Twitter mag als Nachrichtenportal oder Frage- und Antwort-Site gut geeignet sein und erreicht viele, vornehmlich junge User, insbesondere in der IT und im Marketing, schafft es aber momentan noch nicht, sich zum Mainstream zu mausern.

2. Für den Online-Kundendienst sind Blogs eine gute Wahl. Behalten Sie auch XING- und Linked-In-Gruppen (für B2B-Marketing), Fachforen und entsprechende Verbraucherportale sowie Frage- und Antwort-Sites im Blick, um gegebenenfalls auf Fragen, die Ihre Produkte und Dienstleistungen betreffen, rechtzeitig antworten zu können.

3. Geht es Ihnen vor allen Dingen um eine Steigerung des Traffics und eine Erhöhung Ihres Suchmaschinenrankings, sollten Sie auf möglichst vielen Kanälen vertreten sein. Missbrauchen Sie diese aber nicht als Link-Schleudern! Denken Sie immer daran, einen guten Mix aus Information, Unterhaltung, Multimedia, Links zu fremden Seiten und Links zu eigenen Seiten zu präsentieren. Zu SEO-Zwecken sind auch die Social Bookmarking-Sites und Wikipedia wichtige Plattformen.

4. Für die Anwerbung von qualifizierten Berufseinsteigern und jungen Fachleuten eignen sich Facebook und StudiVZ. Fast alle jungen Leute sind hier vertreten und die informelle, verspielte und offene Atmosphäre sowie der auf Facebook-Seiten mögliche Medienmix sprechen diese Zielgruppe an. Berufserfahrene Experten finden Sie eher auf XING, das sogar spezielle Funktionen für Recruiter[3] hat, und auf LinkedIn, wenn Sie sich auf internationalem Parkett bewegen. Allerdings überschneiden sich die Nutzergruppen immer stärker: Während Facebook zunehmend von älteren Semestern entdeckt wird, sinkt der Altersdurchschnitt bei XING.

5. Wenn Sie sich an Medienvertreter, Blogger und andere Multiplikatoren wenden, ist die Einrichtung eines Social Media Newsrooms eine gute Idee. Dieser ist auf Ihrer Website verlinkt und bildet den Dreh- und Angelpunkt aller Ihrer Social Media-Aktivitäten. Sie können darin auf Ihre Blogs, Twitter-Accounts, Facebook-Seiten, Flickr-Alben, YouTube-Channels, Slideshare-Präsentationen und anderes mehr verweisen. Eine solche Plattform ist insbesondere bei mittleren und großen Unternehmen im Trend. Kleine Firmen und Einzelkämpfer können einstweilen darauf verzichten. Eine Tag-Cloud erleichtert dem Leser die Orientierung und zeigt auf den ersten Blick Ihre Themenschwerpunkte an.

Wenn Sie konservative Zielgruppen anvisieren, wie zum Beispiel Einkäufer im Maschinen- und Anlagenbau oder Verbände, dann ist es besonders wichtig, Ihr Social Media Marketing gut mit den traditionelleren Formen der Kundenansprache zu verzahnen. Sie müssen Ihrer Zielgruppe dann auch auf geeignetem Wege mitteilen, wo Sie im Web zu finden sind und welche Vorteile sich für die Kunden daraus ergeben.

---

3   Als Recruiter werden die Menschen bezeichnet, die in Unternehmen oder Agenturen mit der Personalbeschaffung betraut sind.

7.2   Richtig einsteigen

Für alle Netzwerke gilt, dass sie in erster Linie Communities sind. Das bedeutet, dass Sie nicht einfach hineingehen und Ihre Marketingbotschaften in alle Winde streuen können. Damit würden Sie sich nur selbst schaden, denn die anderen Mitglieder der Netzwerke werden ein solches Verhalten als Spamming missbilligen. Für alle Communities gilt grundsätzlich dieselbe Vorgehensweise:

- Zuhören
- Verstehen
- Testen
- Interagieren

Zuhören bedeutet, dass Sie sich zunächst mit dem jeweiligen Kanal vertraut machen müssen: Seiner Nutzerstruktur, seiner Reichweite, seiner Netikette, seinen Themen. Durchforsten Sie die Gruppen und Profilseiten und suchen Sie nach Beispielen, denen Sie nacheifern können. Bemühen Sie sich, nicht nur zu nehmen, sondern auch zu geben. Das Community-Prinzip beruht auf echten Kontakten mit echten Menschen, die sich nicht gerne langweilen. Gehen Sie grundsätzlich davon aus, dass die Nutzer zwei Arten von Inhalten besonders zu schätzen wissen:

- Unterhaltung
- Information

Beides hat seinen Platz. In Fachforen und Blogs werden eher Informationen ausgetauscht, bei YouTube, Flickr und Facebook steht häufig der Spaß im Vordergrund. Trotzdem geht es auch anders herum, wie das humorvolle Blog von Rechtsanwältin Braun und die Social Media-Vortragsreihe von Philipp Sauber bei YouTube zeigen. Wie überall im Leben gilt: Erlaubt ist, was (Ihrer Zielgruppe) gefällt.

Im Fallstudien-Kapitel finden Sie Beispiele dafür, wie verschiedene Firmen erfolgreich mit unterschiedlichen Inhaltstypen arbeiten und diese vernetzen, um viral und nachhaltig im Web 2.0 zu agieren.

8 Freundesnetzwerke – Facebook

Ich werde mich in meiner Besprechung der Freundesnetzwerke auf Facebook konzentrieren, weil dieses Netzwerk weltweit mit großem Abstand Marktführer dieser Plattformen ist. Ende 2010 musste sogar das einstmals dominierende Netzwerk MySpace gegenüber Facebooks Marktmacht kapitulieren. Seitdem kooperieren die beiden Unternehmen. Anfang 2011 hat Facebook rund 580 Millionen Nutzer weltweit[1] und 21 Millionen – davon rund 15 Millionen aktive – in Deutschland[2].

Nach Erkenntnissen der Marktforschungsagentur Hitwise registriert Facebook mittlerweile sogar mehr Seitenaufrufe als Google und Yahoo. In der zweiten Novemberwoche 2010 zog Facebook in den USA fast 25 Prozent aller Seitenaufrufe auf sich, gefolgt von YouTube mit 6,4 Prozent und Google mit 5,3 Prozent.[3] Ganz so schlimm sieht es aber für Google nicht aus: In puncto Traffic und Reichweite ist Google führend und steht damit immer noch auf Platz 1 des Alexa-Rankings der meistfrequentierten Internet-Plattformen.[4] Durch die zunehmende Evolution des Internet hin zum Web 2.0 und die beherrschende Marktstellung von Facebook könnte es allerdings schon bald so aussehen, dass die Nutzer auch ihre Suchaktivitäten von Google auf Facebook verlagern.

Inzwischen ist Facebook sogar zum Frontalangriff auf Googlemail übergegangen. Ein neuer Messaging-Dienst soll Chat, SMS und E-Mail mit den Facebook-Botschaften verschmelzen und über individuell einstellbare Kanäle an den jeweiligen Empfänger zustellen – inner- und außerhalb der Nutzergemeinde von Facebook – und den Googlemail-Service obsolet machen. Denn der neue Facebook-Service soll auch Nachrichten an Nicht-Mitglieder von Facebook versenden können.

Bei Facebook können Sie rund um die Welt Beziehungen zu anderen Menschen knüpfen. Sehr viele Beziehungen. So hat zum Beispiel die Computerfirma Dell fast eine Viertelmillion Fans auf Facebook und Coca Cola bringt es sogar auf 20 Millionen.[5]

1   http://www.econtrolling.de/201101/facebook-nutzer-statistik-2011/

2   Ich übernehme hier die Zahlen und Definition, die Philipp Roth und Jens Wiese in ihrem Blog Facebookmarketing.de. Als aktiver Nutzer gilt dort jemand, der sich innerhalb der letzten 30 Tage mindestens einmal bei seinem Facebook-Benutzerkonto angemeldet hat. Vgl. http://facebookmarketing.de/userdata/

3   http://www.internetworld.de/Nachrichten/Medien/Zahlen-Studien/Statistik-zu-Seitenaufrufen-Jeder-vierte-Page-View-fuer-Facebook-33803.html

4   http://www.alexa.com/siteinfo/google.com

5   http://www.socialbakers.com/facebook-pages/40796308305-coca-cola

> ❧ Tue Gutes und rede darüber: Wenn Sie sich für einen guten Zweck engagieren oder besondere Verantwortung als Global Citizen übernehmen, dann berichten Sie ruhig darüber, und zwar nicht nur auf Ihrer Website, sondern auch bei Facebook und Twitter, in Ihrem Blog und überall, wo dieses Engagement von Interesse ist.

Abbildung 8.1: Kundenberatung und Krebshilfe: Auf einer Facebook-Seite haben viele Aktivitäten Platz.

Der Funktionsumfang von Facebook ist erstaunlich und erweitert sich ständig. Auf den generischen oder selbst definierten Reitern einer Facebook-Seite können Sie Statusmeldungen à la Twitter veröffentlichen, mit Besuchern ins Gespräch kommen, Videos einbinden, Fotos hochladen (auf Facebook stehen mehr Fotos als auf jedem Fotoportal im Internet!), chatten, Diskussionen anstoßen, spielen, Umfragen durchführen und Veranstaltungen planen.

Facebook behält sich allerdings sehr weitgehende Rechte an dem Content vor, der auf dieser Plattform gehostet wird.[6]

6　http://www.facebook.com/pages/Privacy-Control-NOW/109792305718295?v=info#!/terms.php

Relativ neu ist die Möglichkeit, Facebook-Gruppen einzurichten. Das sind eigene, abgeschottete Communities, die in Facebook integriert sind. Wer keine Angst vor Hackern und keine Datenschutzbedenken hat, kann solche Gruppen auch für die interne Kommunikation einrichten, zum Beispiel für Projekte oder Arbeitsgruppen in einem Unternehmen. In den USA richten Mütter Facebook-Gruppen ein, um Kindergeburtstage oder Schulfeste zu planen.

☙ Nutzerzahlen sozialer Netzwerke 2010[7]

Compass Heading meldet für das Jahr 2010 folgende Nutzerzahlen für die sozialen Netzwerke in Deutschland:

- Facebook liegt mit 21 Millionen Nutzern bei stark steigender Tendenz mit großem Abstand an der Spitze[8].

- Danach folgt Wer-kennt-wen mit 5,1 Millionen.

- Die Schulfreunde-Plattform Stayfriends bringt es nach deutlichen Verlusten nur noch auf 4,2 Millionen.

- SchuelerVZ hat 3,8, MeinVZ 3,5 und StudiVZ 2,8 Millionen Mitglieder. In der Summe erreichen die VZ-Netzwerke, die von Holtzbrinck kontrolliert werden, noch 10,1 Millionen Nutzer bei rückläufiger Entwicklung.

- Von den Business-Netzwerken hat XING 2,6 und LinkedIn 0,8 Millionen Mitglieder in Deutschland.

8.1 Fans und Suchmaschinen-Rankings

Die meisten Unternehmen legen es bei Facebook darauf an, möglichst viele Fans zu bekommen. Fans sind Besucher, die auf Ihrer Seite den »Gefällt mir«-Button anklicken.

Das hat für die Besucher zur Folge, dass ihnen fortan alle Statusmeldungen Ihrer Firma auf die eigene Pinnwand gepostet werden. Wenn Sie Beiträge für Ihre Facebook-Seite formulieren, sollten Sie sich also immer fragen, ob Ihre Kunden und Fans das wirklich lesen möchten.

Regelmäßig geistert durch die Social Media-Blogs die Vorstellung, man könne den Wert eines Facebook-Fans in Geld beziffern. In letzter Zeit lagen die Schätzungen der Experten zwischen 136,38[9] und 3,60[10] US-Dollar pro anno. Alle diese Schätzungen sind empirisch begründet. Hier zeigt sich einmal mehr wie schwierig es ist, Kontakte zu monetarisieren.

Hinter diesen Versuchen steht die Hypothese, dass jedes Facebook-Mitglied im Durchschnitt 60 »Freunde« im Netzwerk hat und jede Statusmeldung, die auf der Zeitleiste dieses Mitglieds erscheint, auch an diese 60 »Freunde« weitergeleitet wird – ein Schneeball-Effekt. Das ist die Grundlage, auf der virales Marketing basiert.

---

7   http://www.compass-heading.de/cms/tag/nutzerzahlen/

8   Davon gelten nach den Kriterien von Facebookmarketing.de ca. 15 Millionen als Aktive, d.h., sie haben sich in den letzten 30 Tagen mindestens einmal bei Facebook betätigt, vgl. http://facebookmarketing.de/userdata/.

9   http://t3n.de/news/social-media-facts-facebook-fan-13638-us-dollar-wert-273893/

10 http://www.adweek.com/aw/content_display/news/digital/e3iaf69ea67183512325a8feefb9f969530

Für ein hohes Suchmaschinen-Ranking ist natürlich die Zahl Ihrer Fans nicht unerheblich. Die »Gefällt mir«-Wertungen, mit denen sich Besucher Ihrer Seite zu Ihren Fans erklären, entsprechen in der Suchmaschinen-Terminologie den so genannten »Backlinks«. Je mehr Fans Sie haben, umso höher ist in den Augen der Suchmaschine Ihre Relevanz, und je mehr »Shares« Sie einsammeln (immer dann, wenn ein Besucher auf »Teilen« klickt, um einen Inhalt weiterzugeben), umso höher steigen Sie in der Achtung. Weitere Faktoren, die Ihr Ranking beeinflussen, sind das Alter Ihrer Seite (dasselbe gilt übrigens auch für Ihre Website), und die Häufigkeit und Relevanz der Beiträge, die Sie posten.

Facebook wird mittlerweile auch in den Suchmaschinenergebnissen von Google berücksichtigt, ebenso wie in denen der Microsoft-Suchmaschine Bing. Im Oktober 2010 haben Facebook und Bing ein Abkommen geschlossen, um die »Gefällt mir«-Wertungen (»Likes«), die in Facebook vergeben werden, graduell in die Suchergebnisse von Bing einzubeziehen. Das Projekt startet zunächst in den USA, wird aber vielleicht auch in Deutschland bereits Realität sein, wenn dieses Buch erscheint.

8.2   Wen erreichen Sie mit Facebook?

Die hier zitierten Daten zur Zahl und demographischen Verteilung der Nutzer von Facebook sind natürlich nur eine Momentaufnahme. Im Jahre 2010 hat Facebook einen beispiellosen Aufschwung genommen und sich in Deutschland zum Mainstream entwickelt. Trotz anhaltender Kritik an den Datenschutzmängeln von Facebook kann kein deutsches Netzwerk auch nur annähernd mit der Popularität dieser Plattform mithalten. Weltweit sind mehr als eine halbe Milliarde Menschen angemeldet; in Deutschland waren es Mitte Oktober 2010 rund zwölf Millionen, mit einer Steigerung um eine Million alleine in den letzten beiden Wochen.[11]

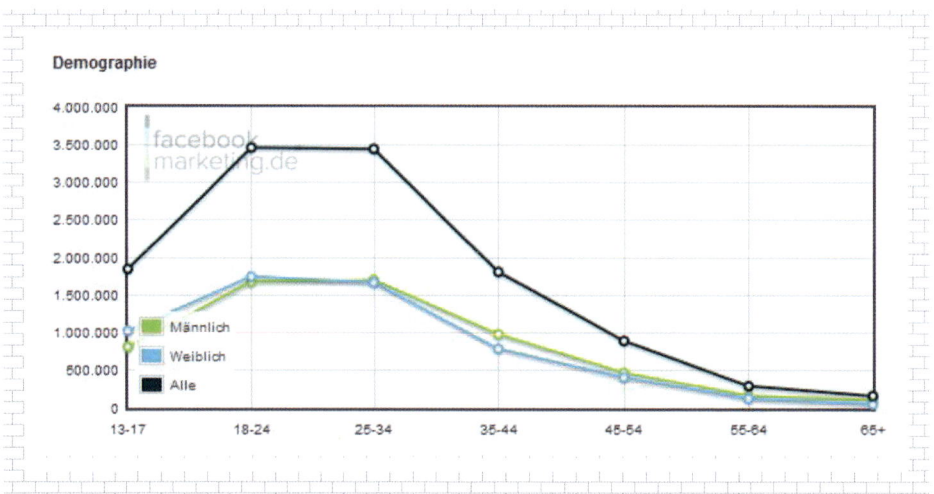

Abbildung 8.2: Die demographische Verteilung der Facebook-Nutzer in Deutschland[12].

---

11   Daten von 18.10.2010 laut http://facebookmarketing.de/userdata/

12   Grafik mit freundlicher Genehmigung entnommen aus http://facebookmarketing.de/tag/demographie

Männer und Frauen sind in der Facebook-Community in etwa gleich stark vertreten und der weitaus größte Teil der Nutzer ist 13 bis 35 Jahre alt. In der Altersgruppe 45 plus erreichen Sie bei Facebook gemessen an der Gesamtbevölkerung nur noch einen relativ geringen Anteil.[13]

Der Anteil der Senioren könnte sich jedoch schon bald ändern. Wenn man bedenkt, dass Deutschland in der Nutzung von Facebook hinter den USA noch um einige Jahre zurückliegt, ist es denkbar, dass die Älteren schon bald zahlenmäßig aufholen. In Amerika sind sie die am schnellsten wachsende Gruppe. Kein Wunder: Wenn die körperliche Mobilität eingeschränkt ist und die Sozialkontakte spärlicher werden, können soziale Netzwerke im Internet dafür sorgen, dass ältere Menschen nicht so stark vereinsamen.

Darüber hinaus erreichen Unternehmen, die international aufgestellt sind, bei Facebook natürlich nicht nur Deutsche, sondern auch noch andere Nationalitäten.

8.3 Private Profile und Unternehmensseiten

Am 10. Dezember 2008 schrieb Tamar Weinberg in ihrem Blog Techipedia das zum damaligen Zeitpunkt ultimative Handbuch zur Social Media-Etikette. Unter »Facebook« steht da zu lesen:

> »Machen Sie nicht Ihr Profil zu einem Werbeauftritt, um Geschäft über Ihre Facebook-Freunde zu generieren. [...] In Facebook geht es um richtige Freundschaften und nicht ums Geschäft.«[14]

Das war einmal. Ursprünglich für Privatpersonen gedacht, ist Facebook heute ebenso sehr ein Tummelplatz für Unternehmen, die mit ihren offiziellen Facebook-Seiten versuchen, dort zu sein, wo ihre Kunden sind.

8.3.1 Profile für Private

Privatleute können bei Facebook ein Profil einrichten, um sich mit ihren Freunden auszutauschen. Im Zentrum des Profils steht die Pinnwand, auf der man Sie Statusmeldungen veröffentlichen können, die dann an alle Ihre Freunde weitergeleitet werden. So bleiben die Freunde immer über Ihre Neuigkeiten auf dem Laufenden und Sie geraten nicht in Vergessenheit. Außerdem können Sie bei Facebook Fotos hochladen und Videos veröffentlichen, die unter Umständen bei YouTube gehostet werden.

Eine kitzlige Angelegenheit sind die Privatsphäre-Einstellungen: Jeder kennt die Geschichten von Job-Suchenden, die aufgrund von peinlichen Bildern und Einlassungen, die in Facebook für alle Welt ersichtlich sind, nicht mehr zu Bewerbungsgesprächen eingeladen werden. Sie sollten also unbedingt als Allererstes Ihre Datenschutzeinstellungen bei Facebook bearbeiten, ehe Sie Ihr Profil mit Inhalt füllen. Das gilt auch für Unternehmer, die neben der geschäftlichen Facebook-Seite ein privates Profil pflegen.

Über die Menüauswahl AUF KONTO | PRIVATSPHÄRE-EINSTELLUNGEN | BENUTZERDEFINIERTE EINSTELLUNGEN gelangen Sie zu einem Bildschirm, auf dem Sie genau einstellen können, wer was von Ihnen erfahren darf.

---

13 http://www.thomashutter.com/index.php/2011/01/facebook-infografik-und-demographische-daten-deutschland-osterreich-und-schweiz-per-dezember-2010/

14 http://www.techipedia.com/2008/social-media-etiquette-handbook/#ixzz11rUvoxv8

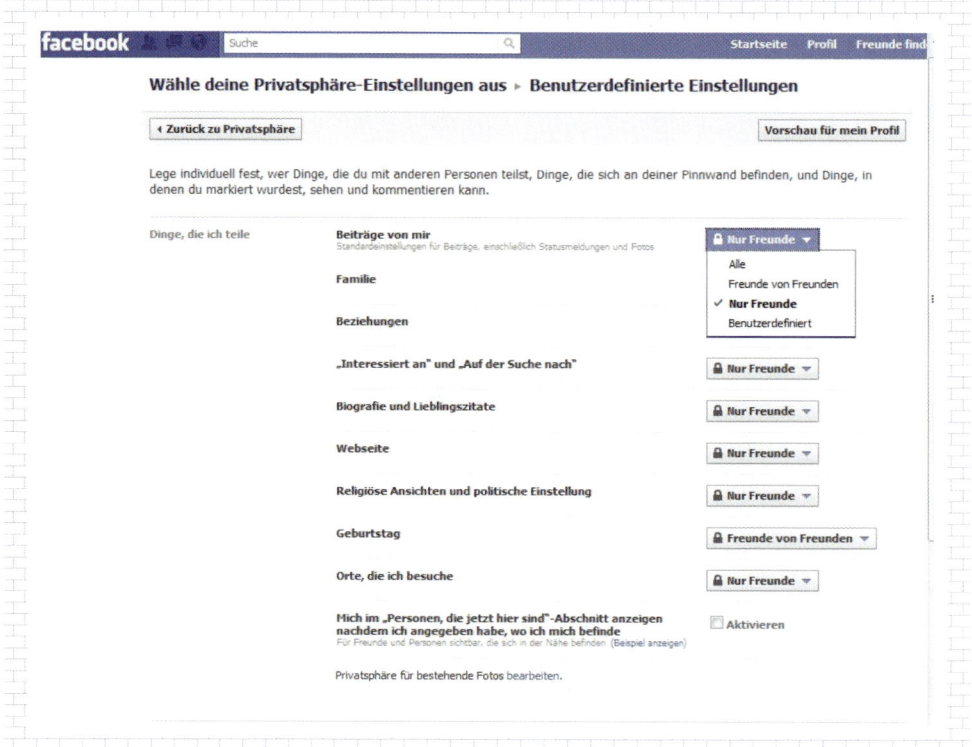

Abbildung 8.3: Privatsphäre-Einstellungen bei Facebook.

8.3.2   Wie legen Sie eine Facebook-Seite an?

Für Firmenprofile bietet Facebook die so genannten »offiziellen Seiten« an, die folgendermaßen erstellt werden:

1. Nachdem Sie sich auf der Homepage von Facebook registriert haben, klicken Sie ganz unten auf dem Registrierungsformular den Link Erstelle eine Seite für eine bekannte Persönlichkeit, eine Band oder ein Unternehmen.

2. Auf dem Bildschirm Seite erstellen haben Sie die Wahl, eine »Gemeinschaftsseite« für ein Thema Ihrer Wahl oder für einen guten Zweck anzulegen, oder eine »Offizielle Seite« für die Belange eines Unternehmens, einer Marke oder einer prominenten Person oder Gruppe. Sie haben die Wahl zwischen einer Vielzahl von Kategorien für Produkt- oder Dienstleistungsangebote, von Autos bis Reisebüro. Nachdem Sie Ihre Geschäfts- oder Produktkategorie eingestellt haben, geben Sie der Seite einen Namen – normalerweise Ihr Firmenname – und bestätigen, dass Sie befugt sind, für Ihre Organisation zu handeln. Danach klicken Sie auf Offizielle Seite erstellen.

Abbildung 8.4: Das Registrierungsformular von Facebook. Ganz unten befindet sich der Link zum Erstellen einer Facebook-Seite für Unternehmen.

3. Die generische Seite, die jetzt für Sie angelegt wird, hat sechs Reiter, zuzüglich der Option, noch weitere Reiter hinzuzufügen. Diese Möglichkeit wird später für die Personalisierung Ihrer Seite noch eine Rolle spielen. Doch zuvor sollten Sie die ersten Schritte tun. Der Reiter Los geht's gibt Ihnen drei Möglichkeiten:

    *   Sie können eine »Like Box« auf Ihre Website setzen. Das ist eine gute Idee, weil jede Vernetzung zwischen Ihrer Facebook-Seite und anderen von Ihnen genutzten Web-Auftritten den Traffic und damit auch Ihr Suchmaschinenranking erhöht. Klicken Sie also auf Add Like Box und danach auf Get Code, um einen Code zu erhalten, den Sie oder Ihre Webdesigner auf Ihrer Homepage einbinden können.

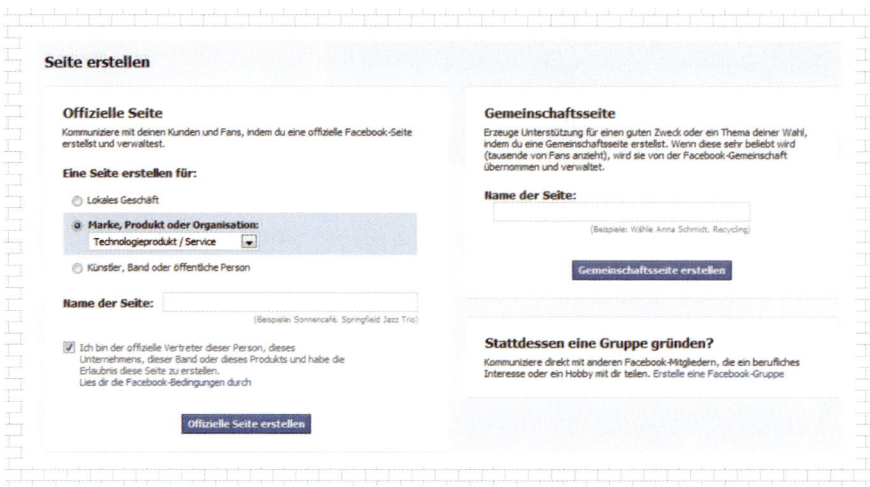

Abbildung 8.5: Unternehmen können eine offizielle Facebook-Seite einrichten.

> ⚓ Die LIKE BOX ist ein Plugin für Ihre Website. Damit wird auf Ihre Website ein »Gefällt mir«-Feld gesetzt, das Nutzer auf Ihre neue Facebook-Seite hinweist. Außerdem können diese den Hochdaumen anklicken, ohne Ihre Facebook-Seite auch nur zu besuchen.

- Sie können Ihr Handy konfigurieren, um damit Statusmeldungen, Fotos oder Videos direkt auf Ihre Facebook-Seite posten zu können. Ich empfehle Ihnen, den ersten Link VERSENDE E-MAILS AN HANDYS zu klicken und sich eine Hochlade-E-Mail schicken zu lassen. Der zweite Link für das Versenden von Facebook-SMS lässt sich in Deutschland derzeit nur für einen einzigen Mobil-funk-Anbieter aktivieren.

- Eine weitere Möglichkeit zur Vernetzung Ihrer Social Media-Aktivitäten bietet die Option, Sta-tusmeldungen an Twitter zu versenden. Hier können Sie Ihre Facebook-Seite mit Ihrem Twit-ter-Account verbinden. Wenn Sie mehrere Seiten haben, etwa eine private und eine geschäft-liche, dann haken Sie unter APP PERMISSIONS das Kontrollkästchen FACEBOOK PAGE ab und wählen die Seite aus, auf die Twitter seine Updates posten soll.

> ❧ Falls dieser Link nicht funktioniert, haben Sie noch eine andere Möglichkeit, diese Ver-knüpfung herzustellen: Geben Sie in die Adresszeile des Browsers http://apps.facebook.com/twitter ein. So können Sie direkt auf die Anwendung zugreifen.

4. Nachdem Sie die Rubriken WEBSEITE, UNTERNEHMENSÜBERSICHT und AUFGABE bearbeitet haben, ist Ihre INFO-Seite schon einmal ausgefüllt. Wenn sie jetzt noch ein Profilbild hochladen, ist eine grundlegende Facebook-Seite entstanden, die Sie in den weiteren Schritten natürlich ebenfalls mit Inhalten fül-len müssen. Auf Ihrer PINNWAND können Sie interessante Neuigkeiten veröffentlichen, die Ihr Unter-nehmen betreffen, aber auch auf Sonderaktionen oder Gewinnspiele hinweisen. Viele Firmen pos-ten ihre Tweets auf die Pinnwand, darunter auch der Verlag Addison-Wesley.

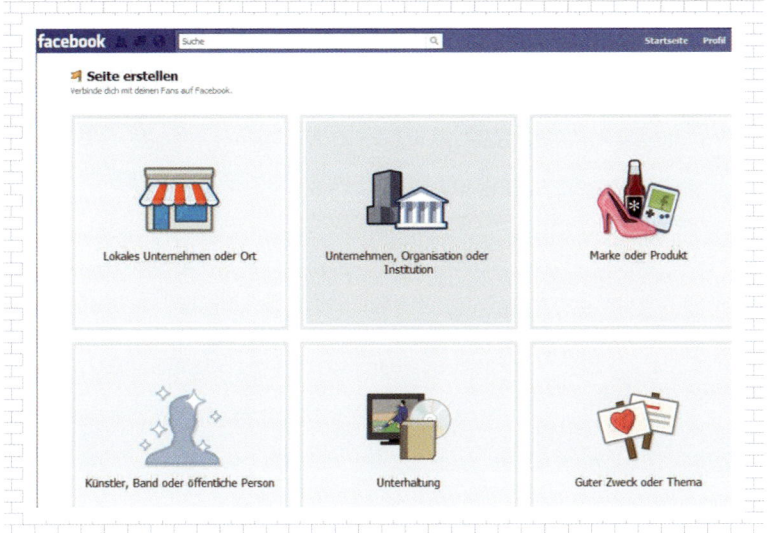

Abbildung 8.6: Die Optionen für Facebook-Seiten.

5. Unter FOTOS können Sie Fotos zu Ihrer Firma einstellen und darauf unter anderem auch Orte und Personen taggen, das heißt markieren. Um Fotos hochzuladen, klicken Sie auf den Reiter FOTOS und dann auf +FOTOALBUM ERSTELLEN. Die Benutzerführung zum Hochladen von Fotos ist recht einfach und mit wenigen Klicks haben Sie schon ein Fotoalbum hochgeladen. Um eine Person auf einem Bild zu markieren, klicken Sie oben rechts im Bild auf das Stiftsymbol mit dem Tooltip ALBUM BEARBEITEN. Es erscheint eine Seite namens FOTO BEARBEITEN, auf der Sie mitten in das ausgewählte Foto hineinklicken können, um einen Namen oder eine Markierung einzugeben. Wenn Sie jemanden markieren, wird er in seinem persönlichen Profil auf Ihr Bild aufmerksam gemacht, was ihn natürlich im Endeffekt auf Ihre Facebook-Seite zieht.

> ☛ Achten Sie darauf, dass die Fotos nicht zu groß sind. Sie können zwar Bilder bis fünf MB pro Stück hochladen, aber für Webseiten reichen auch kleinere Bilddateien, die Sie mit Windows Paint oder einem der gängigen Bildbearbeitungsprogramme leicht erstellen können. Nicht jeder User hat eine Breitbandverbindung; gerade im ländlichen Raum gibt es immer noch viele Orte, an denen nur langsame Internetverbindungen zur Verfügung stehen. Um die Ladezeiten für diese Nutzer nicht allzu sehr in die Länge zu ziehen, laden Sie bitte kleinere Bilddateien hoch.

6. Facebook-Nutzer legen Wert auf multimediale Inhalte, Spaß und Interaktion. Bringen Sie immer mal ein witziges Video, ein interessantes Event oder ein Spiel, das die Besucher zum Mitmachen animiert. Oder stoßen Sie eine Diskussion an – auch dafür gibt es einen geeigneten Reiter auf Ihrer Seite. Umfragen sind ebenfalls beliebt. Alles, was den Benutzer zu Feedback anregt, sollte für Sie in Betracht kommen. So reduzieren Sie die Absprungrate und treten in einen Dialog mit Ihren Fans ein.

✎ Zehn Tipps für eine erfolgreiche Facebook-Seite

1. **Einzigartigkeit** herausstellen. Zeigen Sie Persönlichkeit. Es ist sehr wichtig, dass Ihre Seite als Unikat aus dem Einerlei des Webs hervorsticht. Überlegen Sie sich genau, was Sie in Ihrer Seite anders machen können als die anderen. Ein gutes Design ist dafür unerlässlich. Die Seite sollte genauso liebevoll und aufwändig gestaltet sein wie Ihr regulärer Internet-Auftritt. Durchforsten Sie ruhig einmal die anderen Facebook-Fanpages nach Beispielen für gutes, kreatives Design und achten Sie besonders darauf, wie die Individualiät der Seiten betont wird.

2. **Mehrwert** bieten. Machen Sie sich Gedanken, was Sie Ihren Besuchern geben können, damit sie wiederkommen. Hilfe? Wertvolle Informationen? Spaß? Gewinn? Denken Sie aber daran, dass alle Ihre Beiträge zu Ihrer Mission und Reputation passen sollten. Im Idealfall bieten Sie den Fans etwas, das auf Ihre Zielgruppe zugeschnitten ist, und das man nur bei Ihnen bekommen kann. Manche Unternehmen machen für Facebook-Fans spezielle Sonderaktionen, wie die Firma Sears in der untenstehenden Abbildung.

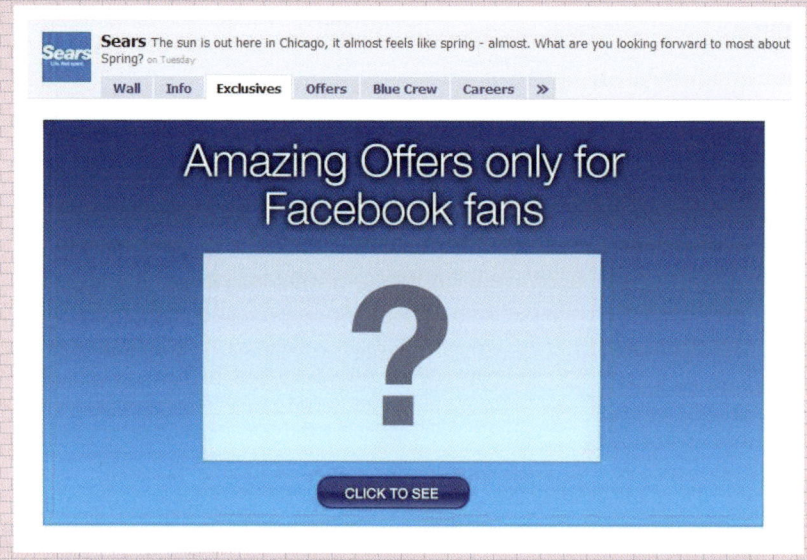

Abbildung 8.7: Sears bietet Sonderaktionen für Facebook-Fans an.

3. **Vanity-URL** besorgen. Wenn Sie die ersten 25 Fans beisammen haben, können Sie unter http://www.facebook.com/username eine einprägsame URL reservieren. Diese sollte sinnigerweise Ihren Firmennamen enthalten und dem Benutzernamen gleichen, den Sie auch in anderen sozialen Netzwerken verwenden. Auf diese Weise schaffen Sie Konsistenz und sind leicht wiederzufinden.

4. Großes **Profilbild** einstellen. Facebook erlaubt Profilbilder von bis zu 200 Pixel Breite und 600 Pixel Höhe. Ein so großes Bild hilft, Ihre Marke zu betonen und lockert Ihre Seite optisch auf. Außerdem lieben Facebook-Fans Bilder; das Foto-Sharing-Feature von Facebook ist eine der meistgenutzten Funktionen auf der Site.

5. Andere soziale **Netzwerke integrieren**. Über die Facebook-Anwendung http://www.face-book.com/twittertab können Sie beispielsweise einen Twitter-Tab und über http://www.face-book.com/flickrtab einen Flickr-Tab einbinden. Auf diese Weise helfen Sie Ihrer Reichweite auf die Sprünge. Leiten Sie automatisch Ihre Blogbeiträge auf Ihre Facebook-Pinnwand weiter und aktualisieren Sie mit einem Service wie Ping (http://ping.fm/) gleich mehrere soziale Netz-werke auf einmal mit neuem Content. Leider wird XING zurzeit noch nicht von diesem Tool unterstützt, aber alle wichtigen internationalen Netzwerke sind vertreten. Mithilfe von Wid-gets können Sie auch über Ihren YouTube-Channel und Flickr automatisch Videos und Fotos auf Facebook bereitstellen.

6. **Danke sagen**. Bedanken Sie sich schnell bei Leuten, die Ihre Fans werden. Geben Sie ihnen möglichst auch ein Willkommensgeschenk, wie zum Beispiel ein E-Book oder einen Coupon, aber ein Dankeschön ist das Mindeste.

7. **Individuelle Landing Page**. Die Landing Page ist die Seite, auf die Besucher automatisch gelangen, wenn sie Ihre Facebook-Seite besuchen. Normalerweise ist die Pinnwand als gene-rische Landing Page eingestellt. Das können Sie aber auch ändern, so wie Sie überhaupt indi-viduelle Reiter erstellen können. Wählen Sie dazu Optionen | Einstellungen bei Reiter, der allen anderen Nutzern standardmässig gezeigt wird und stellen Sie eine andere Landing Page ein – oder erstellen Sie individuelle Reiter für Ihre Facebook-Seite. Dazu benötigen Sie allerdings das Plug-In »Static FBML« und einige HTML-Kenntnisse. Tipps und Tricks dazu finden Sie in dem Blog Facebookmarketing.de unter anderem in einem Gastbeitrag von Annette Schwindt[15].

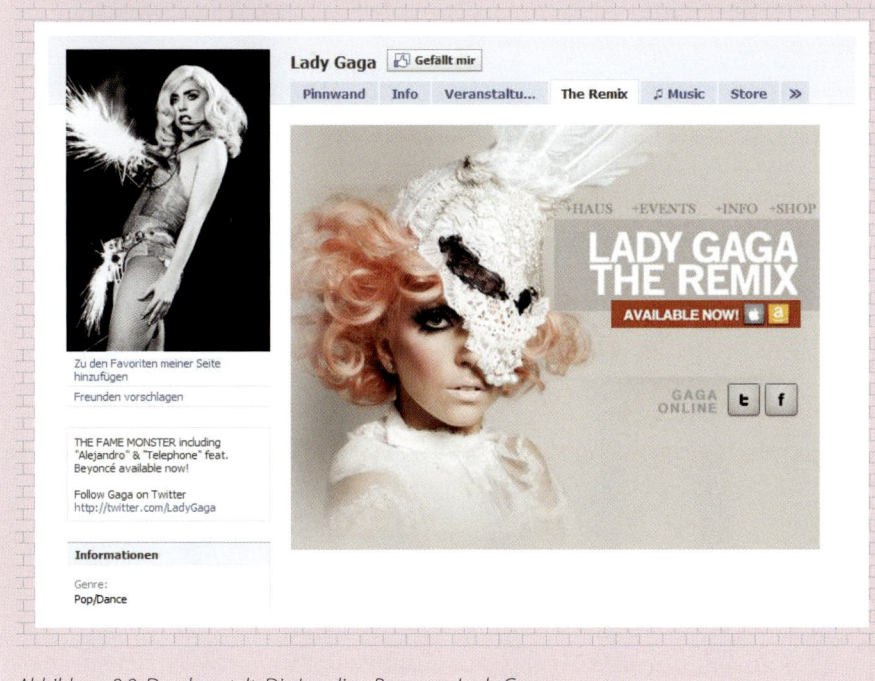

Abbildung 8.8: Durchgestylt: Die Landing Page von Lady Gaga.

---

15   http://facebookmarketing.de/tutorials/tutorial-eigene-tabs-mit-fbml-auf-facebook-fan-pages-gestalten-gastbeitrag

8. **Interaktion fördern**. Stellen Sie Fragen und fordern Sie eine Reaktion der Besucher heraus. Durch Abstimmungen, Wettbewerbe, Spiele, Fragebögen und soziales Engagement können Sie die Menschen aus der Reserve locken. Oder Sie bitten die Besucher um Hilfe beim Design Ihrer Produkte und belohnen gute Ideen. Beantworten Sie möglichst schnell die Fragen, die an Ihre Pinnwand gestellt werden, und sprechen Sie mit den Kunden, als ob Sie ihnen persönlich gegenüberstünden.

9. **Umgangsformen** beachten. Wählen Sie einen Tonfall, der für Ihre Zielgruppe angemessen ist und nicht unbedingt nur Jugendliche anspricht. Bleiben Sie immer höflich und korrekt. Facebook gehört nicht mehr nur der Jugend, die Community ist erwachsener geworden und wird zunehmend auch von den Älteren entdeckt und genutzt.

10. **Häufig aktualisieren**. Wie jede Art von sozialer Aktivität sollten Sie auch eine Facebook-Seite nicht einschlafen lassen. Aktualisieren Sie regelmäßig Ihren Status und kümmern Sie sich um Ihre Fans. Oft werden Seiten mit großem Getöse aus dem Boden gestampft, um dann nach kurzer Zeit wieder einzuschlafen. Dabei ist Facebook ein Nährboden für Diskussionen, Interaktionen und wertvolles Feedback. Natürlich kostet es Zeit und Arbeit, eine Community aufzubauen, aber es lohnt sich!

8.3.3   Welche Regeln müssen Sie bei Facebook beachten?

Vielen Unternehmen ist nicht klar, was bei Facebook erlaubt ist und was nicht. Wer es ganz genau wissen möchte, schaut in das Kleingedruckte und macht sich mit den Bedingungen und Richtlinien von Facebook vertraut.

■ Facebook hat seine Prinzipien unter http://www.facebook.com/principles.php formuliert.

■ Die Nutzungsbedingungen von Facebook finden Sie unter http://www.facebook.com/terms.php.

■ Besondere Bedingungen für Betreiber von Facebook-Seiten sind unter http://www.facebook.com/terms.php#!/terms_pages.php nachzulesen.

■ Die Richtlinien für Facebook-Seiten stehen unter http://www.facebook.com/terms.php#!/page_guidelines.php

■ Die Facebook-Richtlinien für Werbetreibende finden Sie unter http://www.facebook.com/terms.php#!/ad_guidelines.php.

■ Wichtig für Wettbewerbe und Preisausschreiben sind die Richtlinien für Promotions unter http://www.facebook.com/promotions_guidelines.php.

■ Kaum zu glauben: Datenschutz gibt es auch bei Facebook. Wer die Bedingungen genauer wissen möchte, geht zu http://www.facebook.com/policy.php.

> ☙   Bitte machen Sie sich die Mühe, diese Bedingungen zu lesen, damit Sie wissen, was erlaubt ist und was nicht. Ihre Facebook-Aktion soll ja professionell und juristisch einwandfrei herüberkommen.

Im Folgenden liste ich ohne Anspruch auf Vollständigkeit einige Punkte auf, die vielen Unternehmern noch nicht klar sind. Weitere Informationen können Sie unter anderem in dem hervorragenden Blog Facebookmarketing.de nachlesen:

1. Sie dürfen Ihre Fans von einer Facebook-Seite aus nicht direkt anschreiben. Das ist nur von einem privaten Profil aus möglich.

2. Sie dürfen ein privates Profil nicht gewerblich nutzen. Unternehmen ist also die Erstellung eines privaten Profils untersagt.

3. Ihr Seitenname darf keine generischen Bezeichnungen und keine Slogans enthalten.

4. Grundsätzlich ist es verboten, Gewinnspiele auf der Seite zu veranstalten, auch wenn das in der Praxis häufig ignoriert wird.

8.3.4   Tools für Facebook

Es gibt Tausende von Zusatzanwendungen und Plugins für Facebook – unmöglich, sie hier alle vorzustellen und zu behandeln. Außerdem kommen täglich neue Apps hinzu, sodass zu dem Zeitpunkt, da Sie dieses Buch lesen, vielleicht schon wieder ganz andere Programme verwendet werden.

Daher weise ich an dieser Stelle nur auf einige pfiffige Anwendungen hin. Eine Vielzahl von Apps finden Sie unter http://www.facebook.com/apps/directory.php und die Social Media Dashboards werden noch an anderer Stelle erklärt.

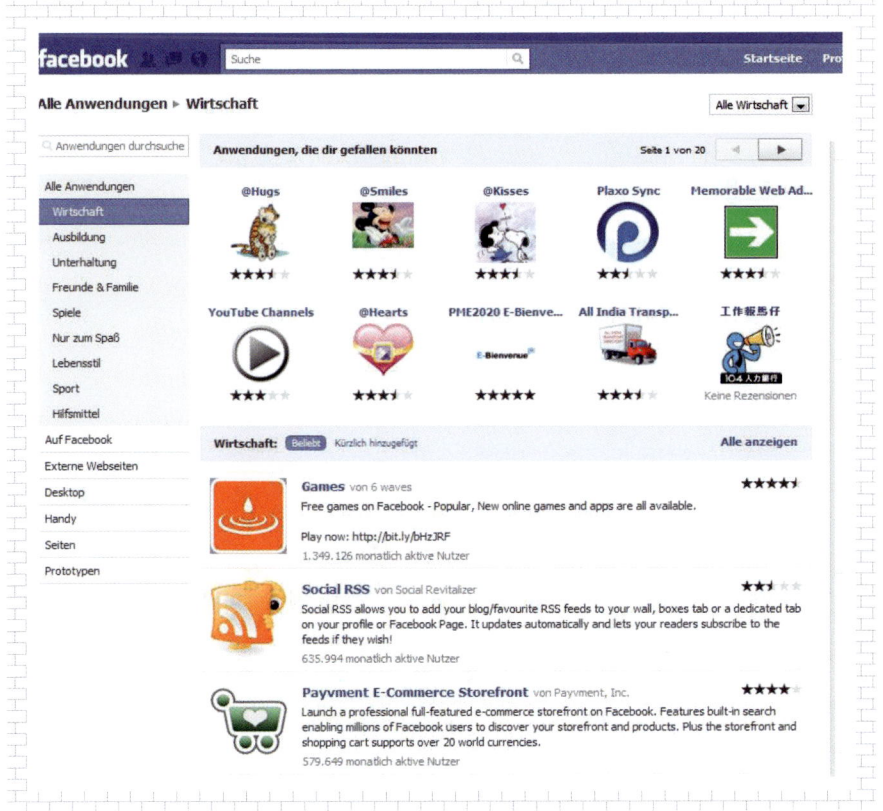

Abbildung 8.9: Facebook-Apps für alle Lebenslagen.

- Mit dem Tool »Social Media Tracking« können Sie mehrerer Facebook-Seiten im Hinblick auf ihren Publikumserfolg vergleichen. Sie erreichen es unter www.socialmedia-tracking.de oder auch bei Facebookmarketing.de.

- Mit einer Anwendung von Vonage (http://www.vonagemobile.com/facebook/) lässt sich Facebook auch als Telefonbuch nutzen.

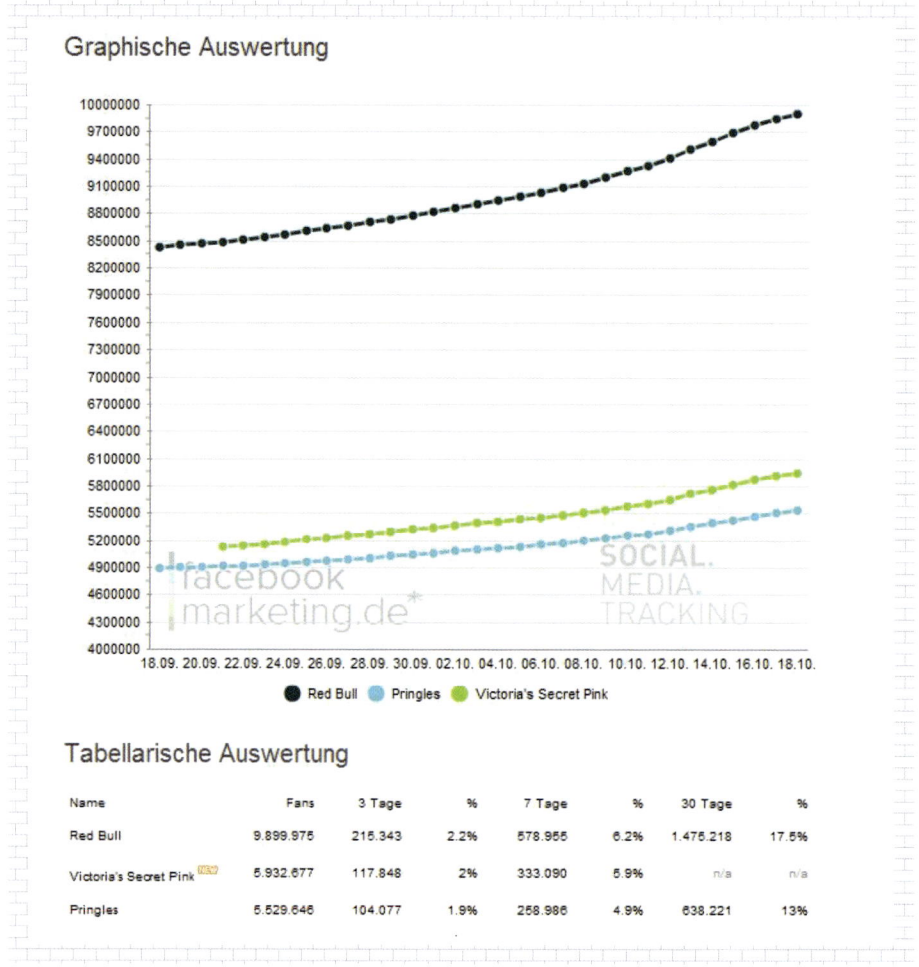

Abbildung 8.10: Ein Vergleich der Seiten von Red Bull, Pringles und Victoria's Secrets[16].

- Die Anwendung Networked Blogs von www.facebook.de/apps überträgt Blogbeiträge automatisch auf Facebook. Um sie zu benutzen, gehen Sie über die Anwendungseinstellungen zur App und klicken auf ZUGRIFF ERLAUBEN.

- Mit der Facebook Sharing Analyse können Sie den Erfolg von URLs auswerten: Dabei wird untersucht, wie sich die Nutzung des Like-Buttons zwischen echten Likes, Kommentaren und Shares aufteilt.

---

16 Quelle: Facebookmarketing.de

- Mit dem Unfriend-Finder (http://userscripts.org/scripts/show/58852) können Sie feststellen, wenn ein anderer Nutzer nicht mehr mit Ihnen befreundet sein möchte.

- Wichtig für Entwickler: Die alte FBML-Programmierschnittstelle wurde in der zweiten Jahreshälfte 2010 abgeschafft und graduell durch iFrames ersetzt. Neue Tabs und Apps müssen in Zukunft auf iFrames und der JavaScript SDK basieren. Die alten FBML-Tabs und -Apps werden zwar weiterhin unterstützt, aber die FBML-Funktionalität auf einige wenige Core Tags reduziert.

8.3.5 Von den Fans lernen: Facebook Insights

»Gerade beim Start neuer Facebook Pages ist es wichtig, Dinge auszuprobieren und zu testen, was Fans interessiert, was sie gerne kommentieren und welche Informationen sie besonders häufig mit anderen teilen.«[17]

Hinter www.facebook.com/insights verbirgt sich ein Monitoring- und Targeting-Instrument erster Güte: Statistiken über Ihre Fans und deren Nutzungsverhalten. Unter dieser URL können Sie folgende Einsichten (engl. *insights*) gewinnen:

- **Monthly Active Users** – Dies ist die Zahl der Nutzer, die sich im letzten Monat Inhalte Ihrer Facebook-Seite angeschaut haben.

- **Key Sources** – Hier erfahren Sie mehr über Aktivitäten der Nutzer, etwa ob jemand einen Kommentar hinterlassen hat.

- **Total Likes** – Das ist die Gesamtzahl Ihrer Fans, und daneben wird in grün die prozentuale Veränderung gegenüber dem Vortag angezeigt.

- **New Likes** – Dieser Wert ist besonders für Kampagnen von Bedeutung, denn er zeigt, wann die Zahl der Fans besonders stark angestiegen ist.

- **Like Sources** – Von wo kommen Ihre Fans zu Ihnen? Darüber gibt diese Zahl Aufschluss.

- **Interaktionen-Übersicht** – Hier können Sie auch Einzelheiten anzeigen und Grafiken aufrufen, die Ihnen verraten, wie oft Ihre Nutzer den Hochdaumen geklickt haben, wie viele Kommentare sie abgegeben haben, oder ob jemand Ihrer Seite nach einem Beitrag verärgert den Rücken gekehrt hat.

> ℭℨ Philipp Roth und Jens Wiese von Facebookmarketing.de empfehlen, die Fan-Zahlen besonders während einer laufenden Kampagne zu beobachten, um festzustellen, wie die Werbung wirkt. Dagegen zeigen die Interaktionen, welche Inhalte Ihren Fans besonders gefallen oder von diesen kommentiert werden.

- **Most Recent Posts** – Diese Anzeige zeigt anhand von Datum, Impressions und Feedback, welche Beiträge bei den Fans wie gut angekommen sind. Im Einzelfall können Sie sich sogar überlegen, zu bestimmten Themen, die gut laufen, eine Diskussion zu starten, um die Nutzerinteraktion noch stärker herauszufordern.

- **Nutzer-Einzelheiten anzeigen** – Auch diese Auswahl zeigt an, wofür sich Ihre Fans auf Ihrer Seite besonders begeistern. Neben den Seitenaufrufen werden die Reiteraufrufe angezeigt, damit Sie Ihre Reiter auf die Bedürfnisse Ihrer Fans besser abstimmen können. Stark frequentierte Reiter bleiben im Geschäft, während die schwach frequentierten abgeschafft oder durch attraktivere ersetzt werden können.

---

17 Philipp Roth & Jens Wiese: »Von Facebook Fans lernen«. Facebookmarketing.de, September 2010

■ **Demographische Daten** – Diese können ebenfalls unter NUTZER – EINZELHEITEN ANZEIGEN abgerufen werden. Anhand dieser Daten können sie Ihre Zielgruppe genauer kennen lernen und treffsicherer ansprechen. Vielleicht sind die Interessenten für Ihr Produkt im Durchschnitt ja älter, als Sie dachten, oder der Frauen- oder Männeranteil ist anders als erwartet. Für die Feinabstimmung Ihrer Kampagne oder Unternehmenskommunikation sind solche Informationen von unschätzbarem Wert.

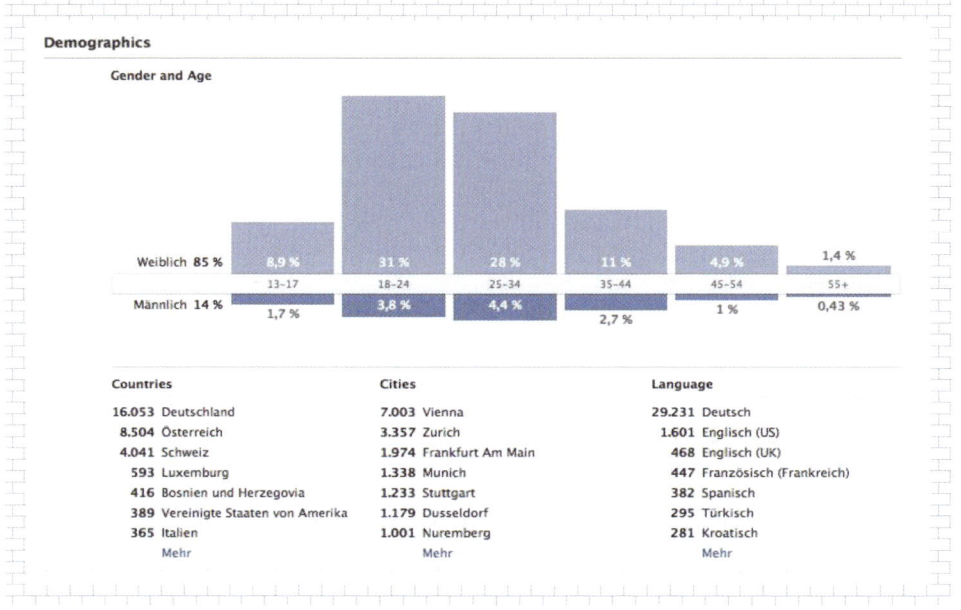

Abbildung 8.11: Demographische Daten in Facebook Insights anzeigen.[18]

8.4 Andere soziale Netzwerke

Gegenüber den Nutzerzahlen von Facebook haben andere soziale Netzwerke kein leichtes Spiel. Dennoch lohnt es sich, einen Blick darauf zu werfen. In Deutschland sind die Nutzer gegenüber Datenschutzmängeln sensibler als in anderen Ländern. Vielleicht werden ja die etwas sichereren Netzwerke mit der Zeit in der Gunst der Nutzer wieder etwas aufholen.

> ☙ Aktuelle Nutzerzahlen können Sie auf der Website der Arbeitsgemeinschaft Online Forschung e.V. (AGOF) unter www.agof.de, bei der IVW – Informationsgemeinschaft zur Feststellung der Verbreitung von Werbeträgern e.V. (http://www.ivw.de/) und bei Compass Heading GmbH (http://www.compass-heading.de/cms/) in Erfahrung bringen.

---

18   Quelle: Philipp Roth und Jens Wiese: Von Facebook-Fans lernen. Facebookmarketing.de, September 2010.

8.4.1   Wer-kennt-wen

Wer-kennt-wen erreichte in Deutschland Ende 2010 rund 5,1 Millionen Menschen. Das Netzwerk hat keine spezielle Nutzergruppe und heißt jeden ab 14 Jahren willkommen. Die EU-Initiative Klicksafe konstatierte im August 2010 bei wer-kennt-wen.de einen relativ hohen Anteil von Nutzern im Erwachsenenalter und viele Familienvernetzungen. Somit ist diese Plattform womöglich für Unternehmen interessant, die Produkte und Leistungen für Eltern und Kinder anbieten.

Laut den aktuellen Mediadaten sind die Nutzer überdurchschnittlich aktiv und Targeting ist möglich.

8.4.2   VZ-Netzwerke

Mit circa 10 Millionen Nutzern in Deutschland (bei nachlassender Tendenz) gehören die Plattformen SchülerVZ (3,8 Millionen), StudiVZ (2,8 Millionen Nutzer) und MeinVZ (3,5 Millionen Nutzer) zu den Schwergewichten auf dem deutschen Markt der sozialen Netzwerke, aber in letzter Zeit verlieren sie immer mehr Nutzer an Facebook. Die drei VZ-Netzwerke gehören der Holtzbrinck-Gruppe und eignen sich für zielgerichtetes Marketing bei den Gruppen der Schüler und Studenten.

8.4.3   Stayfriends und Wer-kennt-wen

Das soziale Netzwerk Stayfriends[19] dient primär dazu, ehemalige Klassenkameraden wieder zusammenzuführen. Die Nutzerzahlen sind allerdings zuletzt von rund fünf auf 4,2 Millionen Menschen zurückgegangen[20]. Laut den aktuellen Mediadaten sind 91 Prozent der User über 19 Jahre alt, 72 Prozent sind berufstätig und 55 Prozent verfügen netto über mehr als 2000 Euro Einkommen im Monat. Damit ist Stayfriends für Unternehmen interessant, die besonders diese Zielgruppe ins Visier nehmen.

Eine ähnliche Reichweite hat das Netzwerk Wer-kennt-wen[21], das ebenfalls Funktionen besitzt, um alte Schulfreunde aufzuspüren. Das lokale Umfeld der Nutzer ist auf dieser Plattform relativ bedeutend; viele Nutzer definieren und vernetzen sich über ihre Vereinsaktivitäten, gemeinsamen Hobbies und Wohnorte. Wer-kennt-wen gehört zum RTL-Konzern.

8.4.4   MySpace, Lokalisten und Co.

MySpace hat den Konkurrenzkampf gegen Facebook verloren. Seit November 2010 können Facebook-Nutzer ihren Content auch über den Kanal von MySpace posten, eine Situation, die offiziell als Mashup mit Facebook bezeichnet wird.[22] Das Netzwerk, das sich zuletzt als Musik- und Medienplattform neu positionieren wollte, hat damit vor der Übermacht von Facebook kapituliert. Aber immerhin hat MySpace laut AGOF immer noch mehr als sieben Millionen Nutzer.[23]

---

19   http://www.stayfriends.de/

20   http://www.compass-heading.de/cms/tag/nutzerzahlen/

21   http://www.wer-kennt-wen.de/

22   http://www.website-marketing.ch/7462-myspace-hat-den-kampf-verloren/

23   http://www.agof.de/index.619.de.html

In Deutschland sind daneben noch die Lokalisten von Belang, die laut AGOF-Internet Facts knapp 2,5 Millionen Mitglieder haben und einen Schwerpunkt auf Nightlife und Partygänger legen. Es gibt jedoch Spezialcommunities, die wesentlich mitgliederstärker sind, wie zum Beispiel goFeminin.de mit 4,4 Millionen und Chefkoch.de mit deren 6,4.

8.4.5   Google Buzz

Google hat mit Google Buzz inzwischen auch eine Art soziales Netzwerk gestartet. Dieser Service steht jedem offen, der ein Benutzerkonto bei Google eingerichtet hat, etwa weil er Googlemail verwendet oder einen Kanal bei YouTube unterhält.

Google Buzz funktioniert genau wie andere soziale Netzwerke: Der Nutzer richtet ein Profil ein und kann fortan Kontakte knüpfen, Status-Updates posten, chatten, Videos einstellen, Fotos hochladen (was schon vorher bei Picasa möglich war), kommentieren und Bewertungen abgeben.

Es ist schwierig, Nutzerzahlen für Google Buzz zu nennen. Der Dienst ist ja eine Art Erweiterung von Googlemail und Googlemail oder Gmail hat zwischen 140 und 170 Millionen Mitglieder – so genau weiß das anscheinend keiner[24]. Aber diese Zahl ist ohnehin akademisch, denn nur ein Bruchteil der Gmail-Nutzer benutzt auch Google Buzz. Es ist nicht damit zu rechnen, dass Google den Kampf gegen Facebook gewinnen wird. Die Nutzerkommentare, die ich im Internet gesehen habe, bescheinigen Facebook durchweg eine größere Bedienungsfreundlichkeit, mehr Leistungsumfang und Funktionalität und eine interessantere Community.

---

24   http://online-ich.de/20100210/analyse-google-buzz-analysiert/

9 Twitter

Twitter ist ein Microblogging-Dienst, mit dem Nutzer über den PC oder über mobile Geräte Mini-Blogbeiträge, so genannte Tweets, im Umfang von maximal 140 Zeichen austauschen können. Der Service besteht seit 2004, hat aber in den Jahren 2008 und 2009 zunehmend an Fahrt gewonnen, als viele amerikanische Prominente, nicht zuletzt US-Präsident Obama, Twitter zur Kommunikation mit ihren Fans zu nutzen begannen.

9.1 Twitter in Zahlen

Im Oktober 2010 hatte Twitter mehr als 145 Millionen registrierte Nutzer[1], davon rund drei Millionen in Deutschland[2]. Diese Nutzer verschicken täglich rund 90 Millionen Tweets[3]. Die mobile Nutzung von Twitter ist auf dem Vormarsch: Fast die Hälfte der aktiven Twitter-Nutzer twittert regelmäßig mit dem Smartphone.

Es gibt auch Daten, die diese Zahlen ein wenig relativieren: Je nach Zählweise kann man davon ausgehen, dass drei Viertel der registrierten Personen Twitter nicht oder kaum nutzen. Ein Drittel dieser »Nutzer« hat noch nie im Leben einen Tweet verschickt. Blickt man auf die tatsächlich aktiven Nutzer, so stellt sich heraus, dass 75 Prozent der Tweets von gerade einmal fünf Prozent der Nutzer abgesetzt werden – darunter nicht wenige Spambots (Programme, die automatisiert Spam und Followings verschicken). Und auch die Qualität der Tweets lässt häufig zu wünschen übrig.[4]

Trotzdem sollten Unternehmen Twitter nutzen, denn die Reichweite dieses Dienstes, besonders in der Marketing- und IT-Szene, ist enorm. Außerdem ist er einfach und effizient und kostet täglich nur wenige Minuten Zeit. Und wenn Sie sich die Best Practices der Profis zu Eigen machen, können Sie sich schon bald über eine wachsende Schar an Followern freuen, die Ihre Tweets abonnieren.

In Twitter-D-A-CH (Deutschland, Österreich, Schweiz) sind zwei von drei Usern männlich, 29 Prozent sind nach eigenen Angaben als Führungskraft tätig und

1   http://mashable.com/2010/09/03/twitter-registered-users-2/

2   http://www.compass-heading.de/cms/

3   http://techcrunch.com/2010/09/14/twitter-seeing-90-million-tweets-per-day/

4   http://www.trendsderzukunft.de/twitter-statistik-wenn-twitter-aus-100-personen-bestehen-
    wuerde/2009/08/17/

37 Prozent sind – zumindest im Nebenjob – selbstständig tätig. Für eine Marke oder ein Unternehmen twittern 13 Prozent der Befragten. 66,5 Prozent haben einen akademischen Abschluss oder studieren im Moment noch. Das Durchschnittsalter liegt bei 31 Jahren und die Hälfte arbeitet als Programmierer, im Marketing oder in den Medien[5].

Jeder zweite deutschsprachige Twitterer arbeitet im Bereich Internet & Softwareentwicklung (20,2 Prozent) , Medien (13,4 Prozent), Marketing (11,9 Prozent) oder PR (4,6 %).

Natürlich ist Twitter als Kommunikationskanal für Kommunikatoren wie Marketing und PR besonders interessant. Auffällig ist, dass Handel und Vertrieb mit nur 3,9 Prozent schwach vertreten ist, Schule und Universität mit 9,2 Prozent relativ stark.

9.2   Account und Grundeinstellungen

Wie in jedem sozialen Netzwerk müssen Sie als Erstes ein Benutzekonto einrichten. Dazu geben Sie sich einen Benutzernamen also sinnigerweise so etwas wie »IhreFirma«, und richten ein Passwort ein. Sobald das Konto existiert, füllen Sie es in bewährter Manier mit individuellen Inhalten, indem Sie Profilinformationen eingeben. Die Eingabeformulare erreichen Sie über den Link EINSTELLUNGEN. Beginnen Sie mit den Einstellungen für Ihr BENUTZERKONTO und für Ihr PROFIL.

Es ist nützlich, die Tweets mit Ortsangabe zu versehen, damit Sie leichter zu finden sind. Wer es möchte, kann seine Tweets auch schützen lassen, doch das würde bedeuten, dass sie für Gäste nicht lesbar sind – eine Einstellung, die logischerweise für Firmenkonten ungeeignet ist. Schließlich möchten Sie ein möglichst breites Publikum erreichen.

> ℭℨ   Suchen Sie sich einen kurzen Benutzernamen aus. Denn wenn andere sich beim Twittern auf Sie beziehen, wird Ihr Name mit dem @-Zeichen zitiert. Ist er zu lang, nimmt er zu viele der maximal 140 Zeichen einer Twitter-Nachricht in Anspruch.
>
> Zur weiteren Personalisierung laden Sie ein Profilbild hoch, einen so genannten Avatar, nicht zu verwechseln mit den edlen Wilden aus David Cameron's gleichnamigem Spielfilm. Dieses Profilbild sollte möglichst nicht gewechselt werden. Suchen Sie also ein professionelles, gut gemachtes Bild aus, mit dem Sie auch morgen noch zufrieden sind.

Anschließend füllen Sie die die Kurzbiografie aus, für die Sie ebenfalls lediglich 160 Zeichen zur Verfügung haben. Geben Sie also hier nur kurz ein, was ihre Firma tut und worin Ihre Mission besteht. Wer es genauer wissen möchte, kann ja auf den Link zu Ihrer Website klicken.

Auf der Registerkarte BENACHRICHTIGUNGEN können Sie veranlassen, dass Twitter Ihnen eine E-Mail schickt, wenn Sie einen neuen Follower oder eine Direktnachricht bekommen haben.

Auf der Registerkarte VERBINDUNGEN können Sie einrichten, welche Applikationen Zugriff auf Ihr Twitter-Konto erhalten sollen. Mehr zu den Twitter-Apps lesen Sie weiter unten im Abschnitt: Tools für Twitter.

---

5   http://webevangelisten.de/twitterumfrage/

9.3   Design

Über die Auswahl DESIGN auf der Einstellungsseite können Sie unterschiedliche vorgefertigte Designs für Ihre Twitter-Site einrichten. Für Unternehmen empfiehlt es sich allerdings, irgendwann ein eigenes Hintergrundbild für die Twitter-Seite hochzuladen. Dieses kann das Logo Ihrer Firma und weitere Informationen über Sie und Ihr Geschäft enthalten. In Abbildung 1.1 sehen Sie, wie der Verlag Addison-Wesley seine Kurzbiografie und sein Design eingerichtet hat.

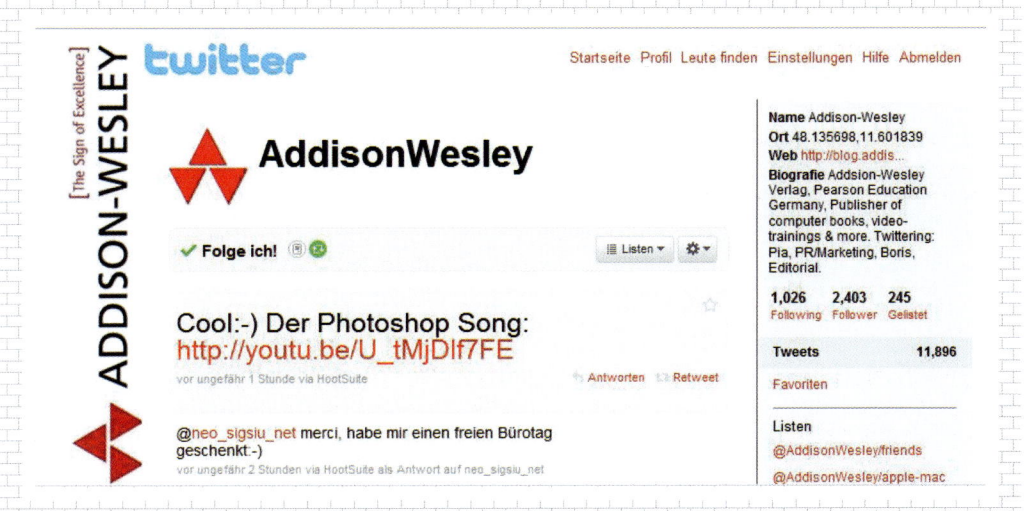

Abbildung 9.1: Addison-Wesley hat seine Twitter-Seite individualisiert.

> ☙   In der Twitter-Hilfe (zu erreichen über den gleichnamigen Link oben rechts auf der Twitter-Seite) finden Sie nützliche Tipps für die Gestaltung Ihrer Twitter-Präsenz.

9.4   Leute finden

Alle Twitter-Nachrichten sind öffentlich und können von jedem gelesen werden – übrigens auch von Nutzern, die nicht über ein eigenes Twitter-Konto verfügen. Wie in jedem sozialen Netzwerk besteht auch bei Twitter der erste Schritt darin, Leute zu finden, die bereits bei Twitter sind, und zunächst einmal zu lauschen, was diese Leute bewegt. Über die Menüauswahl LEUTE FINDEN können Sie Suchfunktionen aufrufen, um Personen und Fimen bei Twitter ausfindig zu machen. Diese können Sie durch Eingabe eines Namens oder Stichworts AUF TWITTER FINDEN, oder auf der Registerkarte INTERESSEN ANSCHAUEN nach Themengebieten durchforsten. Auf der Registerkarte FREUNDE FINDEN haben Sie die Möglichkeit, Twitter Ihre Adressbücher bei Googlemail oder LinkedIn durchforsten zu lassen, um die darin gespeicherten Kontakte auf Twitter wiederzufinden. Auf diese Weise finden Sie Ihre Bekannten auch dann bei Twitter, wenn sie dort nicht unter ihrem gängigen Namen angemeldet sind.

> ℰ℥ Mit der Twitter-Suche können Sie nicht nur Namen, sondern auch Begriffe suchen. Wenn Sie einen Suchbegriff aus mehreren Worten eingeben, setzen Sie ihn in Anführungszeichen. Mit einem vorangestellten Minuszeichen können Sie Begriffe ausschließen und mit »OR« können Sie eine Oder-Auswahl von Begriffen suchen.

9.5 Tweets richtig verkürzen

Da Tweets nur aus 140 Zeichen bestehen dürfen, haben sich mehrere Möglichkeiten eingebürgert, um die Nachrichten möglichst kurz zu halten. Wenn Sie URLs verschicken, können Sie einen Dienst verwenden, der die Internetadressen auf wenige Zeichen verkürzt, wie zum Beispiel TinyURL (http://tinyurl.com/) oder KleinURL (http://www.kleinurl.de/). Bit.ly (http://bit.ly/) lässt Sie zudem Links nachverfolgen und Twi.bz (http://twi.bz/) bezieht die ursprüngliche Domain mit ein.

Im Text können Sie ebenfalls einiges dafür tun, dass die 140 Zeichen nicht zu knapp werden. Sparen Sie die Adjektive ein, schreiben Sie Zahlen nicht aus und setzen Sie ein Pluszeichen anstelle von »und«. Schauen Sie sich die Tweets erfahrener Twitterer an, um den richtigen Twitter-Stil zu entwickeln.

9.6 Wichtige Begriffe und Funktionen von Twitter

In den folgenden Abschnitten erfahren Sie, welche Funktionen Ihnen Twitter bietet und wie Sie diese nutzen können.

- **Direktnachrichten (DMs)** – Diese sind private Tweets, die Sie an einen Follower schicken, ähnlich wie eine E-Mail. Die Funktion zum Versenden solcher Mitteilungen finden Sie auf der Seitenleiste Ihres Profils. Bitte beachten Sie, dass für solche Nachrichten auch dieselben Höflichkeitsregeln gelten wie für E-Mails.

- **Antworten und Retweets** – Wenn Sie auf der Twitter-Seite mit der Maus über einen Tweet fahren, erscheinen darunter diese beiden Links. Mit der Antwort-Funktion können Sie einem Nutzer direkt antworten. Dann wird Ihrem Tweet der angesprochene @Benutzername vorangestellt und der betreffende Nutzer sieht Ihre Nachricht direkt auf seiner Registerkarte ANTWORTEN in der Seitenleiste seiner Twitter-Seite. Mit der Funktion RETWEET können Sie einen Tweet, der Ihnen besonders gut gefallen hat, mit einem einzigen Mausklick auch Ihrerseits weiterverbreiten. Im Retweet bleiben der ursprüngliche Autor und seine Nachricht erhalten; darunter steht »Retweetet von« und Ihr Name.

- **Hashtags** – Hashtags sind keine Funktion von Twitter, sondern eine Konvention, die sich in der Twitter-Community herausgebildet hat. Sie bestehen aus einem Stichwort, dem das #-Zeichen vorangestellt wird. So können Sie Ihre Tweets verschlagworten und dafür sorgen, dass sie von der Twitter-Suche gefunden werden. Verfassen Sie zum Beispiel einen Tweet zum Thema Facebook, so können Sie diesen mit dem Hashtag #fb markieren, damit er im weltweiten Gezwitscher noch auffindbar bleibt. Unter Hashtags.org (http://hashtags.org/) können Sie beliebte Hashtags und Statistiken zur Nutzung der Hashtags in Erfahrung bringen.

- **Twitter-Listen** – Mit einem Klick auf die Seitenleiste Ihrer Twitter-Seite können Sie eine Liste von Twitter-Nutzern anlegen – und zwar auch solchen, denen Sie nicht folgen. Eine Option zur Aufnahme von Nutzern in Ihre Liste bieten die Suchfunktion LEUTE FINDEN, Ihre Profilseite sowie alle Follower- und Following-Listen, also Ihre eigenen ebenso wie die von anderen. Ein interessantes Feature von Listen ist, dass Sie ihnen auch folgen können.

- **Favoriten** – Wenn Sie mit der Maus über einen Tweet fahren, haben Sie die Möglichkeit, rechts daneben auf einen Stern zu klicken. Tun Sie es, wird der Tweet zu Ihren Favoriten hinzugefügt und ist fortan auf Ihrer Seitenleiste unter FAVORITEN abrufbar. So können Sie sich besonders wichtige Tweets merken oder Nachrichten sammeln, um sie später zu lesen.

9.7 Suchen auf Twitter

Wenn Sie besondere Twitter-Inhalte suchen, müssen Sie sich nicht mit der spartanischen Funktionsweise von LEUTE FINDEN zufriedengeben. Nutzen Sie lieber gleich die erweiterten Suchfunktionen. Dieses ausgesprochen praktische Feature finden Sie, indem Sie auf http://search.twitter.com/ auf ADVANCED SEARCH klicken. Sie können dort unterschiedliche Stichwort-Kombinationen, Hashtags und viele andere Suchkriterien eingeben. Besondere Beachtung verdient das Kontrollkästchen ASKING A QUESTION?, denn hiermit lässt sich zum Beispiel herausfinden, ob ein Twitter-Nutzer zu Ihrem Produkt oder Ihrer Dienstleistung eine Frage gestellt hat. Das gibt Ihnen die Möglichkeit, mit dem Ratsuchenden in Kontakt zu treten und schnellen, unbürokratischen Kundendienst zu leisten.

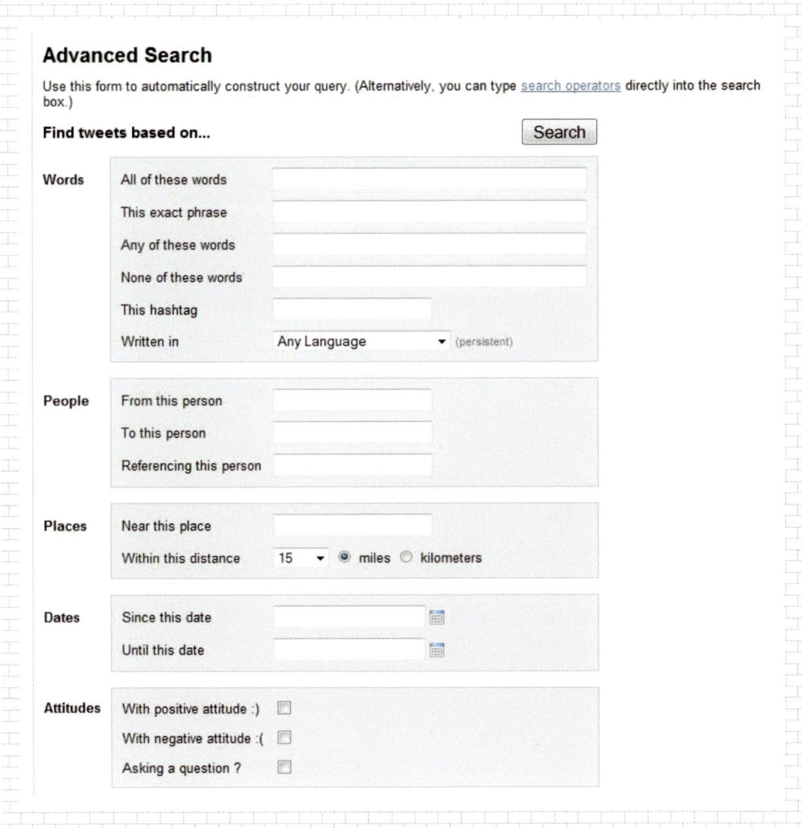

Abbildung 9.2: Die erweiterte Twitter-Suche.

Mit diesem Wissen ausgestattet, können Sie nun daran gehen, zielgerichtet nach Erwähnungen zu suchen, die für Sie oder Ihre Firma von Interesse sind:

- Ihr Name und Ihr Twitter-Benutzername
- Ihre Marke, Ihr Produkt, Ihre Firma
- Ihre Wettbewerber
- Relevante Mitarbeiter, etwa von der Pressestelle, aus der Unternehmensleitung oder aus dem Kundendienst
- Ihre Branche
- Ihr Werbeslogan

Es gibt allerdings auch eine Reihe von spezialisierten Websites, die weitere Suchmöglichkeiten bieten. Gute Twitter-Verzeichnisse, die thematisch aufgebaut sind, finden Sie unter We Follow (http://wefollow.com/) und Twellow (http://twellow.com/).

9.8 Folgen und Follower gewinnen

Wie bereits gesagt: Der erste Schritt in jedem sozialen Netzwerk ist das Zuhören. Indem Sie interessante Leute oder Firmen finden, denen zu folgen sich lohnt, bekommen Sie zugleich ein Gefühl dafür, wie die Twitter-Community funktioniert. Lauschen Sie, beobachten Sie, ziehen Sie Ihre Schlüsse, und wenn Sie sich mit der Twitter-Welt vertraut gemacht haben, können Sie selbst in das Gezwitscher einstimmen.

9.8.1 Folgen

Wenn Sie jemanden gefunden haben, dessen Tweets Sie interessieren, können Sie dieser Person oder Firma folgen, das heißt ihre Tweets abonnieren. Ich zum Beispiel finde die Social Media-Kampagne der Hornbach-Baumärkte charmant, also rufe ich die Seite der Firma auf und finde unterhalb des Profilbilds und Benutzernamens den FOLGEN-Button. Diesen klicke ich an, um künftig die Tweets von Hornbach auf meiner Zeitleiste zu empfangen und immer über Hornbach auf dem Laufenden zu sein.

Abbildung 9.3: Der Folgen-Button befindet sich unterhalb des Benutzernamens. Unter den einzelnen Tweets wird in grau angezeigt, mit welchem Tool der jeweilige Beitrag abgeschickt wurde.

Es ist wichtig, dass Sie zunächst interessanten Leuten und Unternehmen folgen, da Sie nicht nur durch Zuhören – oder, im Falle von Twitter, durch Mitlesen – viel lernen können, sondern häufig die Menschen, denen Sie folgen, bereit sind, im Gegenzug auch Ihnen zu folgen. Darüber hinaus erschaffen Sie natürlich ein Netzwerk, wenn Sie Leuten und Organisationen folgen, die für Ihre Branche und Interessenlage von Belang sind. Durch diese Vernetzung verschaffen Sie sich einen Überblick über branchenrelevante Innovationen und Trends und finden potenzielle Kooperationspartner und Mitarbeiter. (Dasselbe gilt natürlich auch für die Netzwerkbildung bei XING, Facebook und anderen Institutionen.)

9.9 Follower gewinnen

Sie fühlen sich fit, um jetzt eigene Tweets zu verfassen? Wenn Sie damit auch Follower gewinnen möchten, sollten sie vor allen Dingen vier Grundsätze beherzigen:

- Seien Sie interessant
- Seien Sie aktuell
- Seien Sie kommunikativ
- Vernetzen Sie sich

Es ist ein großer Fehler, Twitter nur als Mittel zu nutzen, um Werbebotschaften in alle Winde zu verstreuen. Versetzen Sie sich einmal in die anderen Twitter-Nutzer hinein: Würden Sie einem Unternehmen folgen, das Ihnen nichts Interessantes zu bieten hat? Würden Sie einer Institution vertrauen, die nichts als SPAM versendet? Schauen Sie sich also zunächst an, was andere, erfolgreiche Nutzer aus Ihrem beruflichen Umfeld tun und verfolgen Sie interessante Twitter-Konten, um ein Gefühl dafür zu bekommen, wie man sich professionell und gewinnbringend bei Twitter engagiert – gewinnbringend nicht nur für Sie, sondern in erster Linie für Ihre Nutzer.

Bevor Sie bei Twitter richtig aktiv werden, sollten Sie sich – wie immer im Leben – die Frage stellen, was Sie damit erreichen möchten. Möchten Sie mit potenziellen Kunden in Kontakt treten? Haben Sie eine Mission? Wollen Sie unterhaltsam sein oder informativ? Wie können Sie Twitter in Ihre Unternehmenskommunikation so einbinden, dass es zu Ihrem Image passt?

> ⟿ Es ist nicht immer sinnvoll, eine möglichst große Masse an Followern anziehen zu wollen, da viele sich eigentlich nicht für Ihre Tweets interessieren, sondern nur möglichst vielen anderen folgen, weil sie hoffen, diese im Gegenzug als eigene Follower gewinnen zu können. Ein guter Follower, der als Multiplikator für Sie fungiert, ist besser als zehn schlechte. Mit Statistik-Tools können Sie feststellen, ob Ihre Beiträge angeklickt oder retweetet werden.

Der folgende Abschnitt geht darauf ein, wie Sie im Rahmen Ihrer Social-Media-Aktivitäten das Beste aus Twitter herausholen und die vier Gebote vom Anfang dieses Abschnitts in die Tat umsetzen.

9.10 So twittern Sie richtig

Wie bei realen Unterhaltungen ist es auch in Twitter so, dass man sich von Leuten, die nur reden, um zu reden, rasch abwendet, oder ihnen zumindest nicht mehr richtig zuhört.

Wenn Sie sich positiv von diesen Twitter-Konten abheben möchten, sollten Sie so kommunizieren, dass es Ihren Zuhörern eben doch etwas bringt.

9.10.1 Seien Sie interessant

Folgende Inhalte werden nach meiner Erfahrung als interessant empfunden:

- Tipps, Trends und aktuelle Informationen aus Ihrer Branche
- Links zu interessanten Beiträgen in Blogs, YouTube, Slideshare usw.
- Witziges und Skurriles aus Arbeits- und Lebenswelt
- Nachrichten, die für Ihr Unternehmen und Ihre Besucher interessant sind
- Fragen eignen sich großartig, um einen Dialog mit anderen zu starten
- Antworten zeigen Wertschätzung und Interesse für den Frager
- Multimediale Inhalte (Twitter arbeitet zurzeit daran, das Einbetten von Videos und Fotos in Tweets zu erleichtern)

Verwenden Sie Sorgfalt auf das Verfassen von Tweets und versuchen Sie, treffsichere Formulierungen und witzige Wortspiele einzubauen, soweit es für Ihre Zielgruppe angemessen ist.

Zum Interessant-sein gehört auch das Persönlich-sein. Vergessen Sie nicht, dass auch bei Twitter echte Menschen miteinander in Kontakt treten[6]. Treten Sie als Persönlichkeit aus dem Schatten Ihrer Firma oder Marke heraus, um authentischer und spannender zu wirken.

> **✒ Wie viele Tweets sollte ich senden?**
>
> Wenn Sie lange genug gelauscht haben, um sich selbst auf das Twitter-Parkett hinauszuwagen, genügt es für den Anfang, einmal täglich oder ein paarmal pro Woche einen Tweet abzuschicken. Der Durchschnittswert aktiver Twitterer liegt bei circa vier Tweets pro Tag.
>
> Für Unternehmen genügt das auf Dauer nicht, aber es gibt auch keinen vorgeschriebenen Standardwert. Die meisten Auguren scheinen darin übereinzustimmen, dass 20 bis 30 Tweets pro Tag die besten Wachstumschancen für Ihren Account versprechen. Große Unternehmen wie Dell verfügen über mehrere Twitter-Accounts und Hunderte von Mitarbeitern, die per Twitter auf unterschiedlichen Ebenen für das Unternehmen aktiv sind, sei es im Kundendienst oder im Vertrieb.
>
> Mein Rat ist: Lieber zwei gute als zwanzig schlechte Tweets schreiben. Die Sache sollte ja schließlich Spaß machen und nicht als verkrampfte Pflichtübung angesehen werden. Achten Sie auf Ihr Zeitbudget. Und bleiben Sie sich treu. Wenn Sie Twitter als »Ihr« Medium betrachten, werden Sie ohne Schwierigkeiten viele Follower bekommen, da Ihre Leichtigkeit des Seins nicht unbemerkt bleibt.
>
> Je größer Ihr Unternehmen ist, umso mehr Manpower können Sie in Twitter und andere soziale Medien investieren. Zunehmend gehen Unternehmen dazu über, sich interne Richtlinien zu geben, die regeln, wie und wann die Mitarbeiter in Twitter für die Firma aktiv sein sollten. Wenn Ihre ganze Firma »zwitschert« ist nicht die Masse, sondern die Klasse der einzelnen Beiträge Ihr Problem.

---

6   Leider gibt es auch viele Robots, die automatisch tweeten. Mehr dazu unter http://phpcollection.com/twitter-bot.html.

9.10.2 Seien Sie aktuell

Twitter ist heute mehr ein News-Medium als ein Blogging-Dienst. Im November stellte Twitter die Frage, mit der Benutzer zu Statusmeldungen motiviert werden sollen, von »What are you doing?« auf »What's happening?« um. Versuchen Sie, in Twitter möglichst nah an den aktuellsten Entwicklungen in Ihrem Unternehmen dranzubleiben. Folgende Inhalte können tagesaktuell bei Twitter veröffentlicht werden:

- Informationen über neue Produkte (aber bitte keine platte Werbung)
- Aktuelles aus der Firmenleitung
- Witziges aus dem Berufsalltag
- Live-Berichterstattungen von Messen und Veranstaltungen
- Links auf Beiträge Ihrer Firma in Blogs oder auf Präsentationen bei Slideshare
- Links auf Fotos, Videos und Blogbeiträge von Produkten, Herstellungsverfahren und Anleitungen
- Expertenmeinungen und Ratschläge zur Lösung von Kundenproblemen

Auf einer Veranstaltung, wie zum Beispiel einem Messeauftritt, können Sie Ihre Tweets sogar mit dem Beamer auf eine Leinwand werfen, um auch das Messepublikum daran teilhaben zu lasssen. Oder Sie binden Ihre Twitter-Aktivitäten in eine größere Kampagne oder Aktion ein, wie es zum Beispiel Addison Wesley in seinem Mobile City Walk getan hat: Zeitgleich wurden Beiträge auf YouTube, Blog, Flickr, Facebook und eben auch bei Twitter eingestellt. So schaffen Sie maximale Vernetzung und geben den Besuchern einen Mehrwert, indem Sie ihnen die Möglichkeit eröffnen, Witziges oder Interessantes in einem größeren Rahmen als dem engen 140-Zeichen-Limit eines Tweets zu genießen.

🦆 Gehen Sie nicht versehentlich unter die Spammer

Manche Unternehmen unterliegen der Versuchung, permanent Tweets mit Links auf eigene Seiten (Webseiten, Blogs, Facebook-Seiten und dergleichen) abzusetzen, um »Linkjuice« zu generieren. Dahinter steht der Wunsch, ein hohes Suchmaschinenranking zu erzielen, weil Google alle diese Klicks und Backlinks registriert und den sozialen Netzwerken in seinen Suchalgorithmen relativ viel Bedeutung beimisst. Durch die URL-Verkürzung ist für den ahnungslosen Follower noch nicht einmal ersichtlich, dass er hier auf eine andere Seite des Unternehmens umgeleitet werden soll.

Viele User finden solche Praktiken zu Recht ärgerlich und rücken sie in die Nähe von Spam, insbesondere dann, wenn große Mengen solcher Links in ihren Zeitleisten auftauchen. Ganz schlimm wird es, wenn diese Tweets dann auch noch automatisch generiert werden, eine sichere Methode, um nicht nur seine Follower, sondern auch seinen guten Ruf zu verlieren.

Versuchen Sie, eine gute Mischung aus Marketing, Retweets, Verweisen auf Seiten, die nicht Ihrer Firma gehören, Dialogen und einem Teil privaten Informationen herzustellen und achten Sie bei alledem auf das oberste Qualitätskriterium: Langfristig zahlen sich für Sie nur solche Tweets aus, die auch Ihren Lesern etwas bringen.

9.10.3 Seien Sie kommunikativ

In sozialen Netzwerken dreht sich alles um den Dialog, und so auch bei Twitter. Stellen Sie **Fragen**, um Reaktionen von anderen Nutzern hervorzurufen, und **beantworten** Sie im Gegenzug Fragen anderer Nutzer. Twitter ist unter anderem auch ein gewaltiges Frage- und Antwort-Portal. Wenn Sie auf eine Frage eine gute Antwort bekommen, dann können Sie diese womöglich per Retweet auch anderen Interessierten zugänglich machen.

Eine häufig unterschätzte Dialogmöglichkeit bietet die Antwortfunktion. Wenn Sie auf ANTWORTEN klicken, wird automatisch ein Tweet mit dem @Benutzernamen des Users erzeugt, dem Sie antworten.

Bewährt hat sich Twitter im B2C-Bereich auch im Kundendienst – eben wegen dieser praktischen Antwortfunktion. Im Twitter-Stream der Telekom kann man sehen, wie das funktioniert.

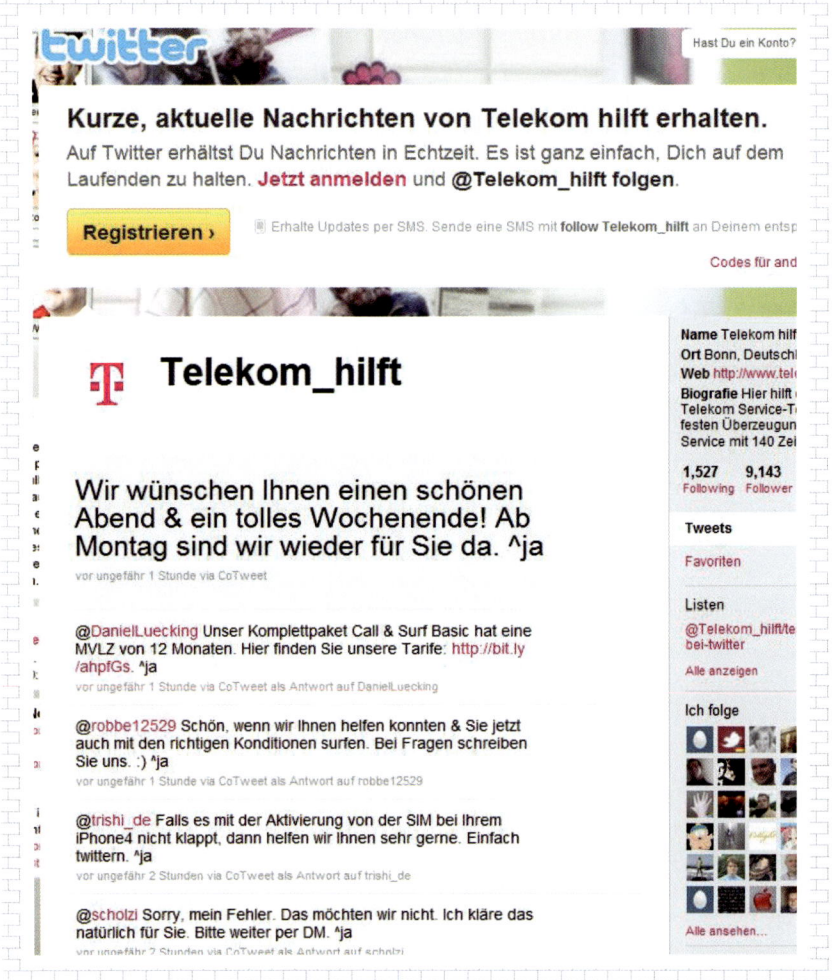

Abbildung 9.4: Das @-Zeichen vor einem Tweet kennzeichnet eine Antwort auf eine Frage oder einen Kommentar.

Oft wird auch empfohlen[7], relevante Fragen und Antworten auf Twitter mit Gewinnspielen und Wettbewerben zu mischen, wie es die Fluggesellschaft Germanwings[8] tut. So kann die Kundeninteraktion direkt
in Akquisition münden.

Abbildung 9.5: Gelungene Mischung: Infos und Gewinnspiele auf dem Twitter-Stream von Germanwings.

In Amerika hat sich Twitter schon längst als Kundendienstinstrument bewährt, nur hierzulande muss
man gute Beispiele noch mit der Lupe suchen.

9.10.4 Vernetzen Sie sich

Wenn Sie sich mit interessanten Personen und Firmen aus Ihrer Branche vernetzen, können Sie Twitter
als Frühwarnsystem und Newsportal nutzen, um Trends aufzuspüren und frühzeitig zu wissen, wo Ihre
Kunden der Schuh drückt. Folgen Sie Personen, die Sie kennen und suchen Sie Leute, die über Ihre
Interessen twittern. Retweeten Sie interessante Beiträge und Links und vergessen Sie nie, den Urheber

---

7   u.a. im *Twitter-Buch* von Tim O'Reilly (O'Reilly, 2009)

8   http://twitter.com/#!/Germanwings

der Nachricht zu nennen. Die Community wird es Ihnen danken. Jeder freut sich, wenn jemand seine Beiträge gut genug findet, um sie durch einen Retweet zu würdigen. Auch so können Sie andere für sich einnehmen und als Follower gewinnen.

Allerdings sollten Sie auch das Retweeten nicht übertreiben. sonst machen Sie sich unglaubwürdig und verlieren die Achtung der anderen Twitterer.

9.11 Tools für Twitter

Die Grundfunktionen von Twitter reichen nicht aus, um Twitter wirkungsvoll für Ihr Unternehmen einzusetzen. Aus diesem Grunde haben sich viele Zusatzprogramme und Apps herausgebildet, die jede nur denkbare Anforderung abdecken. Probieren Sie ruhig einige Tools aus, um ein Gefühl dafür zu bekommen, welche Programme für Ihren Bedarf die richtigen sind. Im Folgenden habe ich aus der Vielzahl der verfügbaren Angebote eine Auswahl getroffen, die keinen Anspruch auf Vollständigkeit erhebt. Bis Sie dieses Buch in Händen halten, wird sich das Angebot abermals erweitert und gewandelt haben. Die aktuellen Trends können Sie unter anderem bei http://twitter.com/timoreilly/twitter-tools in Erfahrung bringen – oder Sie lesen die im Anhang genannten Blogs.

> ℭℨ   Unterhalb jedes Tweets zeigt Twitter an, mit welchem Programm der betreffende Beitrag gepostet wurde. Der Name des Programms ist gleichzeitig ein Link, der Sie auf die Website des Anbieters führt. So können Sie in Erfahrung bringen, welche Tools die anderen Mitglieder Ihrer Community verwenden, um sich das Leben mit Twitter zu erleichtern. Vielleicht ist auch für Sie das Richtige dabei.

Twitter-Tools bieten Ihnen unter anderem die Möglichkeit, verschiedene Twitter-Kanäle über ein einziges Benutzerkonto zu verwalten oder Ihre Tweets auch auf anderen Kanälen zu veröffentlichen. Außerdem können Tweets zur späteren Veröffentlichung angelegt werden und manche Programme erstellen Ihnen zusätzlich Statistiken über Klicks und Retweets. Ein weiterer Vorteil ist, dass die Browser-Anwendungen nicht auf dem Desktop installiert werden müssen und somit allen Mitarbeitern zur Verfügung stehen.

- Konversationen zu bestimmten Themen verfolgen: Für das Echtzeit-Tracking von Diskussionen eignet sich zum Beispiel **Monitter** (http://monitter.com/).
- Stündliche Updates per E-Mail abonnieren: Diesen praktischen Service liefert Ihnen **TweetBeep** (http://tweetbeep.com/).
- Herausfinden, in welchen Tweets Ihre Domain genannt wurde: In **Backtweets** (http://backtweets. com/) können Sie eine Internetadresse eingeben und dann Meldung darüber erhalten, wo diese erwähnt wurde.
- Mehr Benutzerfreundlichkeit: Die Twitter-Oberfläche **Tweetdeck** (http://tweetdeck.com) zeigt Ihr Twitter-Konto nicht nur optisch attraktiver an, sondern bietet Sortierfunktionen, auf die Sie in der Twitter-eigenen Benutzeroberfläche verzichten müssen. Darüber hinaus können Sie andere Social Media-Konten, etwa bei Facebook, in das Programm integrieren, was eine große Arbeitserleichterung bedeutet. Weitere interessante Programme aus dieser Familie sind Hootsuite, Seesmic und Co-Tweet.

- Twitter für das Smartphone: Am meisten Twitter-Apps gibt es natürlich für das iPhone von Apple. Gute und kostenlose Anwendungen sind Twittelator (http://www.stone.com/Twittelator/) und TwitterFon (http://www.echofon.com/twitter/iphone/). Twitter selbst bietet die App **Twitter for iPhone** an, die im Apple-Store erhältlich ist. Für den Blackberry wird Twitter für BlackBerry empfohlen (http://de.blackberry.com/devices/features/social/twitter.jsp?) und für Nokia gibt es unter anderem das kostenlose **Tweets60** (http://www.tweets60.com/). Twitter für Handys mit dem Android-Betriebssystem finden Sie unter http://blog.twitter.com/2010/04/twitter-for-android-robots-like-to.html.

- Wer keine App installieren möchte, findet im **Help-Center der Twitter-Homepage** eine Beschreibung, wie er sein Mobiltelefon über das Web mit Twitter verbinden kann[9].

9.11.1 Twitter-Statistiken und Trends

Mit dem Programm **Tweetstats** (http://tweetstats.com/) können Sie für ein beliebiges Twitter-Konto Statistiken abrufen. Hier erfahren Sie alles über das tägliche oder monatliche Tweetverhalten, die Zeiten, zu denen am meisten Tweets abgesetzt wurden und die Programme, die dafür verwendet wurden. Die Daten werden in anschaulichen Grafiken aufbereitet. Sie können eine Tweet Cloud erstellen lassen und Follower-Statistiken aufrufen. Aber auch allgemeine Twitter-Statistiken lassen sich hier in Erfahrung bringen: Ein Klick auf den Link TRENDS liefert Ihnen die aktuellsten Top 10-Trends einschließlich der täglichen TrendCloud und ihrer Protagonisten. Der Link TWITTER STATS zeigt Ihnen an, welche Programme von Twitter-Nutzern derzeit am stärksten eingesetzt werden und welche Konten die aktivsten Twitterer sind.

Ein anderes beliebtes Analyseprogramm ist der **Twitalyzer** (http://www.twitalyzer.com/). Er erstellt einen Einflusswert (Impact Score) anhand der Zahl der Tweets und Retweets sowie der Follower, die ein Twitter-Konto aufzuweisen hat. Ein Klick auf den Link VIEW BENCHMARKS liefert Ihnen darüber hinaus Daten über die einflussreichsten Twitterer der Welt.

9.11.2 Twitter in die Website integrieren

Ein Tool zur Integration Ihrer Social Media-Aktivitäten ist das Profil-Widget für Ihre Website oder Ihr Blog. Dieses können Sie einfach von der Webadresse http://twitter.com/about/resources/widgets/widget_profile bekommen und den HTML-Code in den Quellcode Ihrer Webseite einfügen.

---

9   http://support.twitter.com/groups/34-mobile/topics/123-getting-started/articles/321492-das-neue_twitter-wie-verbinde-ich-mein-handy-xfc-bers-web-mit-twitter

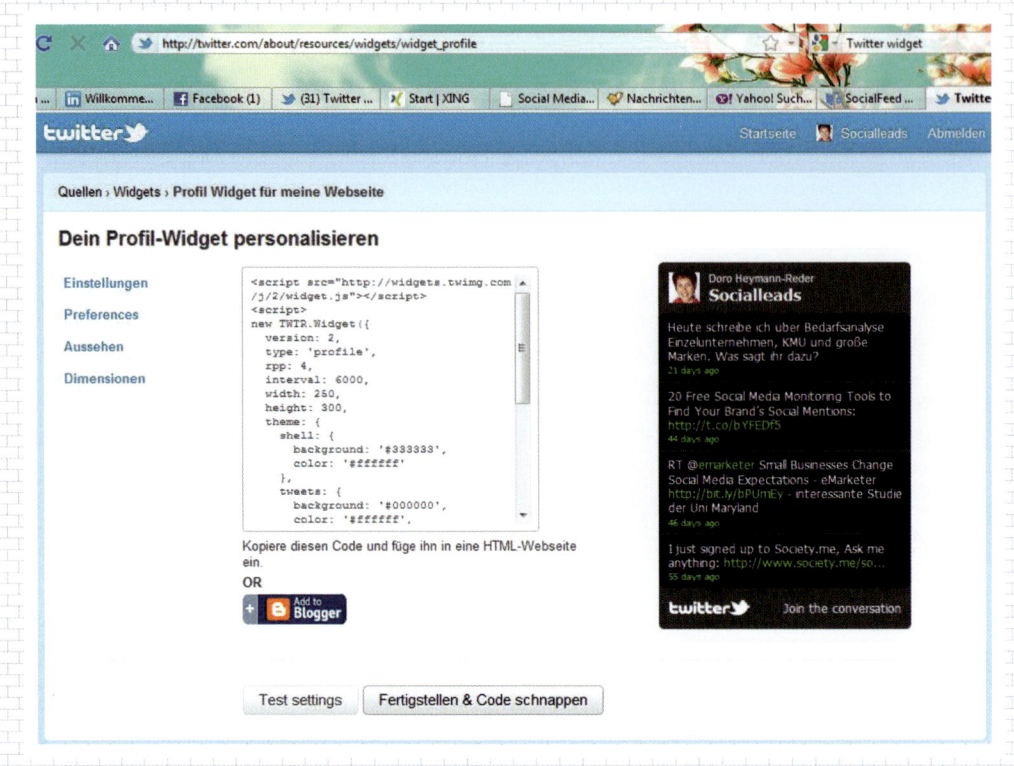

Abbildung 9.6: Das Twitter-Profil-Widget ist ein sinnvolles Tool für Ihre Webseite.

9.11.3 Weitere Sharing-Widgets

Unter http://twitter.com/about/resources stellt Twitter Ihnen Buttons und Widgets zur Verfügung, die Sie in Ihre Webseite oder anderen Social Media-Profile einbinden können, um alle Ihre Kanäle noch besser zu vernetzen.

Das Procedere ist denkbar einfach. Sie suchen sich das Widget Ihrer Wahl aus, klicken auf ERSTELLE EINEN TWEET BUTTON (oder einen anderen Link, der Ihnen das Objekt Ihrer Begierde verheißt), kopieren den Code, den Ihnen das Programm automatisch in einem Textfeld generiert, und binden diesen an geeigneter Stelle in Ihre Website ein – voilà! Denken Sie daran, dass Sie die Webseite im HTML-Modus bearbeiten müssen, d.h. den Code in den HTML-Quelltext einfügen.

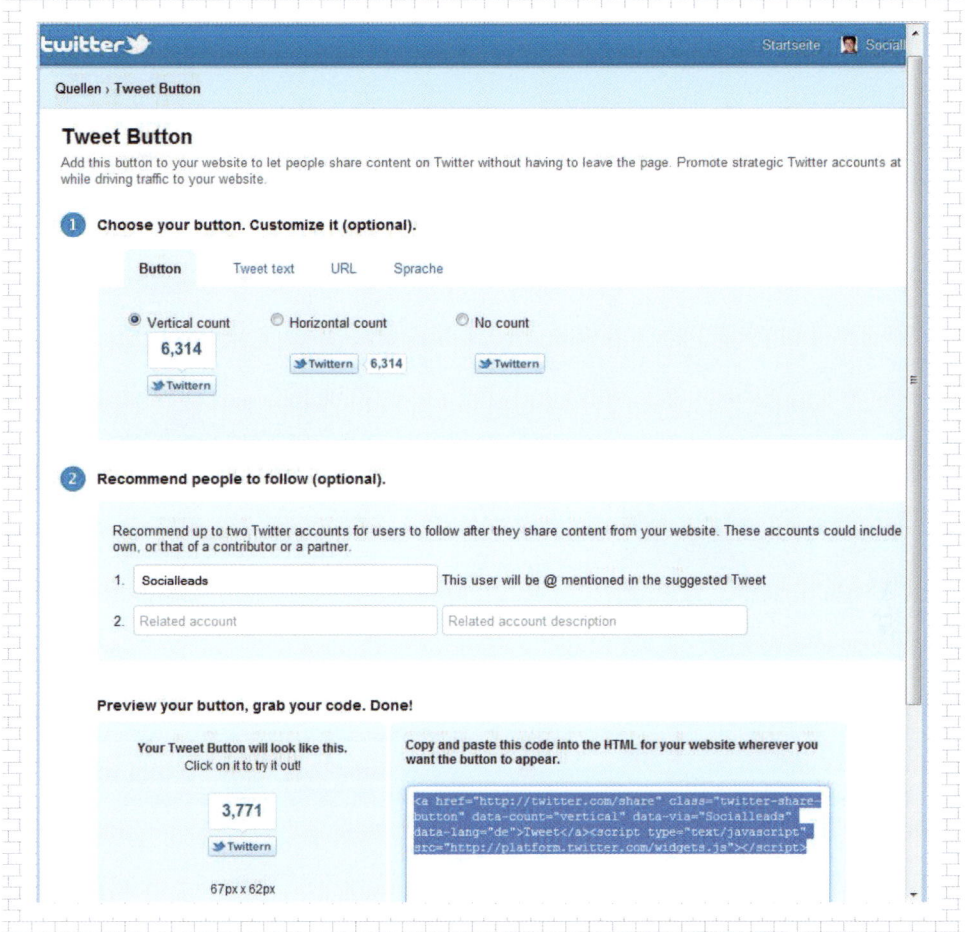

Abbildung 9.7: Code generieren und in Ihre Website kopieren: So einfach fügen Sie einen Tweet-Button hinzu.

9.12 Der Twitter-Knigge

Allgemein verbindliche Regeln für die Twitter-Nutzung von Unternehmen gibt es noch nicht, aber Empfehlungen und Best Practices haben sich dennoch bereits herauskristallisiert.

1. Lassen Sie ruhig Ihre Mitarbeiter als Fürsprecher Ihres Unternehmens agieren, aber immer ganz offen, und nicht unter dem Deckmantel eines Users, der angeblich nichts mit Ihnen zu tun hat.

2. Legen Sie allgemein verbindliche Richtlinien fest, bevor Sie Mitarbeiter und Freunde oder Externe einbinden. Wenn Sie einfach planlos drauflos twittern, wird sich das rächen.

3. Reagieren Sie angemessen auf Tweets, die Ihre Marke oder Ihr Unternehmen zum Gegenstand haben. Wenn sich jemand beklagt, versuchen Sie, freundlich auf ihn zuzugehen und sein Problem zu lösen. Werden Sie niemals unhöflich.

4. Reagieren Sie schnell. Das Echtzeit-Internet erlaubt keine längeren Verzögerungen. Wenn Sie auf einen Tweet antworten, vergessen Sie nicht die Bezugnahme auf den Beitrag, den Sie beantworten, da sonst dieser Bezug in der Timeline leicht verlorengehen kann.

🐦 Ein Negativbeispiel

Die österreichische Versicherung Allianz 24 erlebte im Jahre 2009 eine böse Bauchlandung im Twitter-Netz[10]: Sie hatte eine Werbeagentur mit ihren Social Media-Aktivitäten beauftragt, ohne diesen Schritt intern zu kommunizieren. Klartext: Bei Allianz wusste niemand davon, weder die Presseabteilung, noch die anderen Verantwortlichen für die Unternehmenskommunikation. Im besten Glauben, sie handele im Interesse des Unternehmens, begann die Werbeagentur, munter Links auf die Allianz-Website auf Twitter zu posten, vermischt mit platten Werbebotschaften der Marke: »Jetzt ganz schnell die Versicherung wechseln...«.

Solcherart SPAM kommt natürlich bei der Nutzergemeinde nicht gut an. So dauerte es auch nicht lange, bis die Presse bei der Allianz 24 anrief, um Genaueres über diese Kampagne zu erfahren. Nur: Die Verantwortlichen im Unternehmen hatten keine Ahnung, was im Namen ihrer Marke bei Twitter passiert war. Das Ergebnis: Viele böse Kommentare, Einbußen an Reputation und Glaubwürdigkeit und der Spott der Journalisten, der sich über dem Unternehmen entlud.

9.12.1 Kundendienst per Twitter bei der Telekom

Gut gefallen mir dagegen die verschiedenen Twitter-Streams der Deutschen Telekom[11], die es auf fünfstellige Follower-Zahlen bringen. Die freundlich und kenntnisreich geschriebenen Beiträge lohnen einen Blick. Kunden, die ein Problem haben, können ihre Fragen an den Twitter-Stream von Tele-

---

10 http://edwohlfahrt.blogs.com/blogdog/2009/05/unternehmen-im-twitterblindflug.html. Aus diesem Artikel stammt auch die Abbildung.

11 http://twitter.com/#!/deutschetelekom für Unternehmensinfos und http://twitter.com/#!/Telekom_hilft für Service und Support.

kom_hilft schicken und bekommen postwendend Antwort. Die Twitterer der Telekom bedanken sich höflich, wenn es Lob vom Kunden gibt, und entschuldigen sich, wenn sie einmal nicht weiterhelfen konnten, weil zum Beispiel ein Tarifwechsel aufgrund der Vertragsbedingungen nicht möglich war.

Abbildung 9.8: Kundendienst per Twitter funktioniert gut.

10 Verbraucherportale und Foren

Verbraucherportale und Foren sind sehr wichtig für das reaktive Social Media Marketing. Hier finden Sie Bewertungen und Kommentare zu Ihren Produkten und Dienstleistungen und können beobachten, welche Informationen die Communities über die Themen austauschen, die in Ihrer Branche relevant sind.

Während Verbraucherportale hauptsächlich von Endkunden frequentiert werden – dies allerdings intensiv! – sind Foren neben dem Consumer-Segment auch für das Targeting von B2B-Unternehmen geeignet. Sehr interessant sind Foren außerdem für NGOs, von Parteien über Hilfsorganisationen bis hin zu Gesundheitseinrichtungen und anderen nicht-kommerziellen Institutionen.

Foren und Bewertungsportale werden häufig moderiert. Die Spielregeln der von Ihnen in Augenschein genommenen Plattform sind meist in der unteren Navigationsleiste der jeweiligen Website über einen Link zugänglich. Machen Sie sich unbedingt auf allen Kanälen des Social Web mit den Gepflogenheiten vertraut und vergessen Sie nicht, sich ausreichend Einarbeitungszeit zu gönnen.

10.1 Verbraucherportale

Es gibt kaum ein Social Media-Konzept, in dem Community und Kommerz so eng verbunden sind, wie die Bewertungsportale. Alle Portale verbinden Bewertungs- und Shopping-Funktionen. Dennoch sind im Bewusstsein der Verbraucher solche Angebote wie Amazon und Ebay eher Händler und solche Angebote wie Qype, dooyoo oder Ciao eher Bewertungsportale.

Bewertungsportale sind Portale, auf denen Verbraucher Preise vergleichen und Bewertungen für Produkte und Leistungen abgeben oder nachlesen können. Häufig sind das dieselben Plattformen, auf denen die Waren auch zum Kauf feilgeboten werden, wie zum Beispiel der weltgrößte Einzelhändler Amazon, das Online-Kaufhaus Ebay oder der Versandhandelsspezialist Otto.

Andererseits gibt es da diejenigen Portale, die sich auf den Vergleich und die Bewertung von Produkten und Dienstleistungen spezialisiert haben. Der Markt ist unübersichtlich, da nicht nur allgemeine Portale wie Dooyoo, Ciao oder Qype existieren, sondern auch solche, die sich auf bestimmte Produkte, Branchen oder Regionen spezialisiert haben.

Der Grundsatz von Zuhören – Testen – Machen gilt auch für die Verbraucherportale. Wenn Sie mit einem Engagement auf diesen Plattformen liebäugeln, sollten Sie die Konversation eine Zeitlang verfolgen und sich mit der Funktionsweise vertraut machen. Sind die Bewertungen eher kurz oder eher lang? Bin ich hier mit meiner Branche richtig aufgehoben? Passt mein Unternehmen in dieses Umfeld? Die meisten Portale stellen Mediadaten auf ihre Homepages und geben Ansprechpartner für Firmen an, die Ihnen gerne Ihre Fragen beantworten.

> ଔ   Forschen Sie im Internet nach, welche Portale für Ihre Branche und Ihr Zielpublikum relevant sind.

Diese Websites stehen deshalb so hoch im Kurs, weil Verbraucher dem Urteil ihrer Peer-Gruppen mehr Vertrauen entgegenbringen, als den Werbeaussagen der Unternehmen. So berichtet die Allensbacher Computer- und Technik-Analyse ACTA 2010, dass sich inzwischen 43 Prozent der Verbraucher im Internet über Produkte informieren und Preise vergleichen, das sind 23 Prozent mehr als im Jahre 2007.[1]

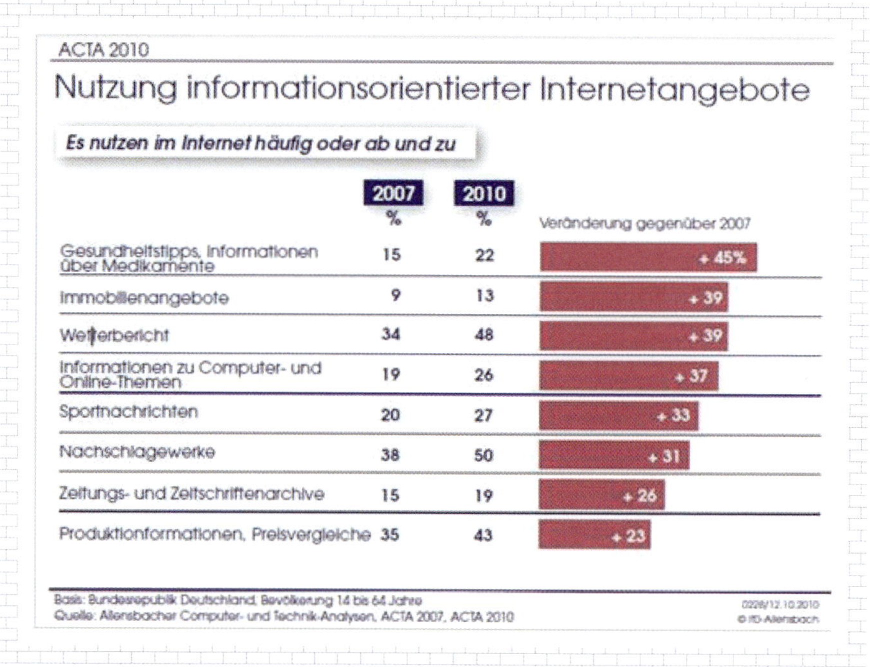

Abbildung 10.1: Das Internet als Informationsquelle lockt immer mehr Nutzer.

> ൠ   Bewertungsportale sind mit Institutionen wie der Stiftung Warentest nicht unmittelbar vergleichbar, weil Verbraucher nur eine oberflächliche Beurteilung der Gebrauchsqualitäten eines Produkts abgeben können. Sie können beispielsweise bei einem Lebensmittelprodukt allenfalls Geruch, Geschmack, Optik und Verpackung erkennen, aber keine mikrobiologische Prüfung vornehmen, keine Schadstoffbelastung feststellen und keine Produktionsbedingungen analysieren.

---

1   http://www.acta-online.de/

Allerdings sind die betreffenden Plattformen auch ein Tummelplatz für Marketingverantwortliche. Schon im Jahre 2006, anlässlich des Markteintritts von Qype, brachte das Magazin »der Stern« einen Artikel über Verbraucherportale unter der vielsagenden Überschrift »Schlachtfeld Schleichwerbung« heraus[2]. Denn die Bewertungsportale werden nicht nur von kritischen Verbrauchern frequentiert, sondern auch von den Unternehmen, deren Produkte beworben werden. Leider missbrauchen Gewerbetreibende die Bewertungsfunktionen, um ihre eigenen Produkte positiv zu besprechen, ohne sich als Hersteller zu erkennen zu geben. Oder sie veranlassen Freunde, Bekannte, Mitarbeiter oder Geschäftspartner, positive Beurteilungen einzustellen, um sich einen Wettbewerbsvorteil zu verschaffen.

Eine besonders infame Technik, die aber von der Verbraucher-Community zum Glück oft enttarnt und durch Ächtung bestraft wird, sind die so genannten »Sockenpuppen«: Ein Hersteller legt eine Menge von fingierten Benutzerkonten an und lanciert von diesen Konten aus positive Bewertungen seiner Produkte. Wer sich dabei erwischen lässt, kann gewiss sein, ein PR-Debakel zu erleben. Denn dieses Verhalten ist Betrug und verstößt gegen die Geschäftsbedingungen aller Portale.

Gleichzeitig geht die Bereitschaft der Verbraucher, Testberichte zu schreiben, offenbar zurück: Laut ACTA-Studie haben die Internet-User 2010 elf Prozent weniger Buchkritiken und 14 Prozent weniger Produkttests als 2009 ins Netz gestellt.[3]

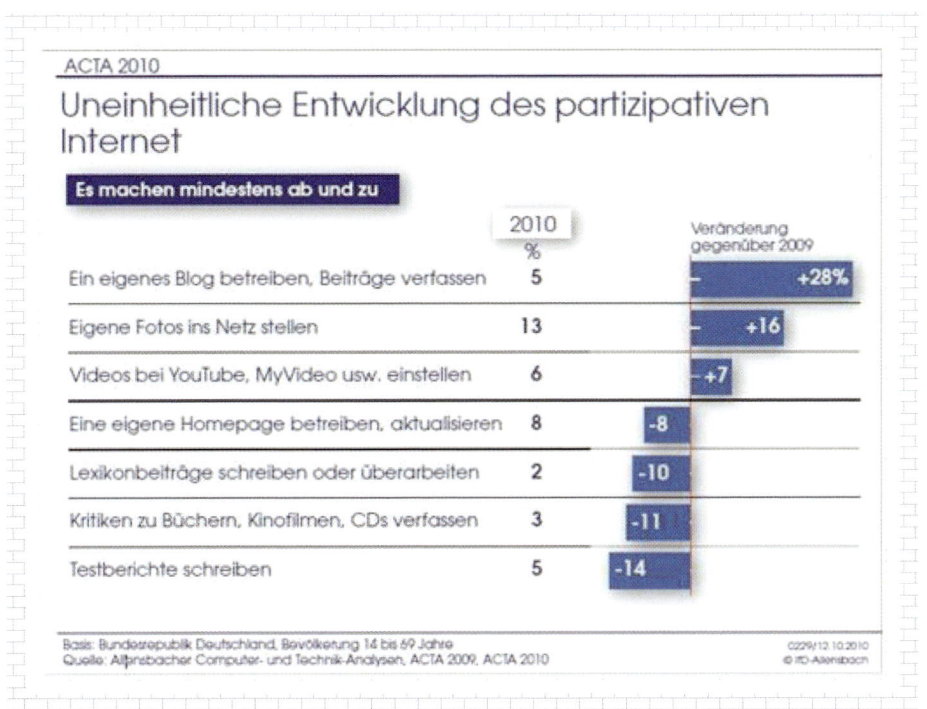

Abbildung 10.2: Die Bereitschaft, Produkte zu bewerten, nimmt ab[4].

---

2   http://www.stern.de/wirtschaft/familie/verbraucherportale-schlachtfeld-schleichwerbung-568765.html

3   http://www.acta-online.de/

4   Quelle: ACTA-Studien von 2009 und 2010, http://www.acta-online.de/

Aus diesen Zahlen folgt, dass eine schrumpfende Anzahl von Nutzern Bewertungen für eine wachsende Anzahl an Rezipienten schreibt, ein Befund, der sich allerdings auch rasch wieder ändern kann.

10.1.1 So funktionieren Bewertungsportale

Verbraucher können auf Bewertungsportalen zwei Dinge tun: selbst Bewertungen abgeben oder mit einer Suchfunktion Produkte, Unternehmen, Orte oder Dienstleistungen ihrer Wahl anzeigen und nachlesen, wie andere Nutzer die betreffenden Angebote bewertet haben. Häufig werden die Bewertungen nach Region angezeigt, so können Sie beispielsweise, wenn Sie in Bonn eine gute Pizzeria suchen, die Stichworte »Pizza« und »Bonn« eingeben und bekommen eine Auswahl von Restaurants angezeigt, in der die Angebote mit den besten Kritiken obenan stehen.

Um Angebote zu suchen und Bewertungen nachlesen zu können, brauchen Sie sich nicht zu registrieren.

Anders sieht es aus, wenn Sie selbst Beurteilungen einstellen möchten. Dazu ist in den meisten Fällen eine Registrierung erforderlich, denn wenn anonyme Nutzer Bewertungen abgeben können, ist die Gefahr eines Missbrauchs groß. Die meisten Bewertungsportale haben Algorithmen implementiert, die potenzielle Betrugsfälle ausfindig machen können. Allerdings finden diese Algorithmen nur die Spitze des Eisbergs. Viele Unternehmen arbeiten trotz allem mit unredlichen Mitteln, um ihre Bewertungen künstlich zu »pushen«. Dazu gehört die verbreitete Praxis, Sockenpuppen zu stricken, also von fingierten Benutzerkonten aus positive Bewertungen zu lancieren, oder auch die unfeine Art, der Konkurrenz Verrisse ins Portal zu stellen oder Freunde, Bekannte, Angehörige oder wen auch immer mit Geld und guten Worten zu bewegen, positive Beurteilungen zu verfassen.

Von diesen Praktiken kann ich Ihnen nur dringend abraten. Erstens ist der Imageschaden immens, wenn Sie enttarnt werden, und zweitens arbeiten Sie daran mit, das Medium, das Sie gewinnbringend nutzen möchten, zu zerstören. Sie sägen gewissermaßen den Ast ab, auf dem Sie sitzen.

> ☞ Unehrlichkeit und Unredlichkeit sind der Tod einer Community. Bleiben Sie immer ehrlich, authentisch und freundlich. Nehmen Sie Kritik als Chance an, Ihr Angebot und Ihre Kundenorientierung zu verbessern.

Beim Bewerten vergibt der Nutzer einen bis fünf Sterne an das Unternehmen, das er beurteilt, und schreibt dazu eine Kritik in Form eines Textkommentars. Die Sterne-Wertungen aller Nutzer werden zu einem Mittelwert zusammengefasst und ergeben so die Gesamtwertung. Je mehr Bewertungen ein Angebot hat, umso größer ist die Aussagekraft der Gesamtwertung. Häufig zeigt ein Blick hinter die Kulissen, dass die Kritiker das Objekt ihrer Kritik entweder sehr gut oder sehr schlecht bewerten. Wertungen im Mittelfeld sind eher selten anzutreffen. Daher hat eine Wertung, die aus nur ein oder zwei sehr guten oder sehr schlechten Einzelmeinungen besteht, keine große Aussagekraft.

Wenn ein Besucher der Bewertungssite per Suchfunktion und Ortsfilter eine Reihe von Angeboten aufgerufen hat, kann er die Namen der einzelnen Produkte oder Läden anklicken, um die Einzelbewertungen nachzulesen.

Doch wie gelangen die Unternehmen in die Portale? Und welche Besonderheiten haben die einzelnen Portale? Dieser Frage gehe ich für die größten und wichtigsten Bewertungsportale in Deutschland in den folgenden Abschnitten nach.

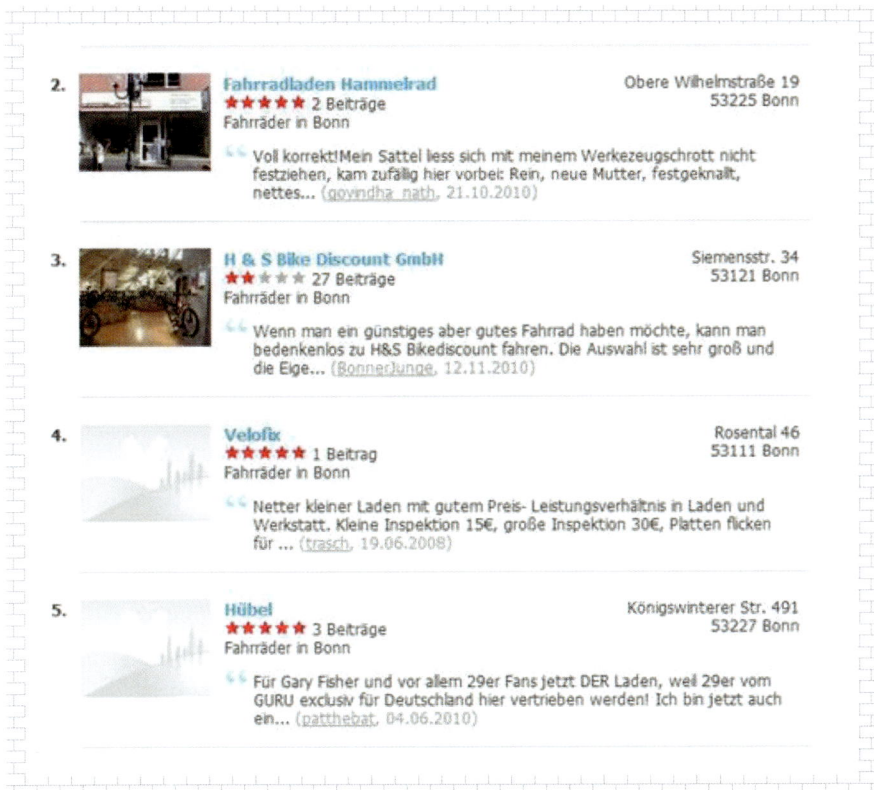

Abbildung 10.3: Je mehr Bewertungen, desto größer die Aussagekraft.

10.1.2 Qype

Qype ist Europas größtes Empfehlungsportal. Es enthält 820 Kategorien und mehr als 1,5 Millionen Empfehlungen und verzeichnet nach eigenem Bekunden pro Monat in Deutschland fast 20 Millionen Page-Impressions, 7,2 Millionen Visits und mehr als drei Millionen Unique User bei einer halben Million registrierter Nutzer.[5]

Wenn Sie ein Unternehmen haben, können Sie dieses bei Qype eintragen, falls das noch nicht ein Mitglied der Community für Sie übernommen hat. Dazu klicken Sie oben auf der Website auf den Link GESCHÄFTSINHABER? GRATIS EINTRAGEN, und füllen die Formulare aus, die Ihnen ein Assistent anzeigt. Wichtig ist eine korrekte Angabe der Beschreibung und Kategorien. Die Beschreibung sollte individuell formuliert werden, um einen persönlichen Eindruck bei Ihren potenziellen Kunden zu machen. Darüber hinaus haben Sie die Möglichkeit, Fotos von Ihrem Unternehmen hochzuladen und können einen Gutschein gestalten, um neue Kunden in Ihr Unternehmen zu locken.

Der Eintrag wird dann zusammen mit einer Karte, auf der die Lage des Unternehmens markiert ist, bei Qype angezeigt.

---

5   http://www.qype.com/business_pitch/what_we_do?qlb_path=FooterB1&utm_campaign=footer&utm_source=qype

Abbildung 10.4: Nagelneu: Mein Unternehmenseintrag bei Qype.

Wer möchte, kann ein Qype-Widget in seine Homepage einbinden. Dieses Widget führt den Kunden mit einem Mausklick auf die Qype-Seite des Unternehmens, wo er eine Bewertung abgeben kann. Das Widget können Sie ganz einfach in Ihre Homepage integrieren, indem Sie den HTML-Code, der Ihnen bei der Registrierung Ihres Unternehmens angezeigt wird, aus Qype kopieren und in Ihre Homepage einfügen.

> ⤫   Qype bietet auch ein Widget an, in dem Unternehmer die kompletten Bewertungen, die bei Qype eingestellt wurden, auf seine Homepage übernehmen kann.

Eine gute Sache ist, dass Sie es erfahren, wenn User eine Bewertung für Sie abgeben. So können Sie zeitnah reagieren. Wie immer sollten Sie auf negative Bewertungen mit ausgesuchter Freundlichkeit, Ruhe und Kompetenz reagieren. Suchen Sie nach Möglichkeiten, aus unzufriedenen Kunden zufriedene zu machen. Wenn Sie beispielsweise ein Restaurant betreiben, über das ein Gast sich geärgert hat, bieten Sie ihm eine Wiedergutmachung an. Ist der Kunde mit Ihrem Service unzufrieden, verbessern Sie diesen Service. Negative Bewertungen können gute Frühwarnsysteme abgeben und Ihnen helfen, Ihr Unternehmen passgenau am Markt auszurichten.

Wenn Sie auf diese Weise verfahren, sollte der Grundsatz gelten: Tue Gutes und rede darüber. Stellen Sie doch die Geschichte, wie Sie einen empörten Kunden letztlich doch zufriedenstellen konnten, in Ihr Blog!

Qype bietet auch kostenpflichtige Premium-Firmeneinträge an. Mit einem solche Benutzerkonto können Sie umfangreiche Beschreibungen und 50 Stichworte zur Optimierung Ihres Rankings angeben und erhalten eine optisch herausgehobene Platzierung, die Möglichkeit zum Video-Upload und tagesaktuelle Statistiken über die Zugriffszahlen.

dooyoo

Dieses Bewertungsportal gehört zur französischen Gruppe LeGuide.com, die in 14 europäischen Ländern mit Shopping-Guides und -Suchmaschinen, Preis- und Produktvergleichen aktiv ist. In Frankreich ist das Unternehmen Marktführer, hierzulande nach eigenem Bekunden die Nummer drei. Dooyoo hat in Deutschland über 450.000 registrierte Mitglieder, und fünf Millionen Unique Visits sowie eine Million Testberichte pro Monat. 850 neue Shops entstehen jeden Monat, das Angebot beläuft sich auf 19 Millionen Produkte.[6]

Das Bewertungsportal dooyoo hält das Community-Prinzip hoch. Auf dieser Plattform werden in erster Linie Produkte bewertet, in zweiter Linie aber auch Partnershops von dooyoo. Auch Preisvergleiche werden angestellt, stehen aber weniger im Zentrum, als dies beispielsweise bei Ciao der Fall ist.

Gewerbetreibende können sich nicht einfach eintragen, wie bei Qype, sondern können allenfalls Produkte zur Aufnahme in den Katalog vorschlagen. Sie müssen klar sagen, welches Unternehmen Sie vertreten, indem Sie Ihren Firmennamen als Benutzernamen annehmen, und Sie dürfen keine eigenen Testberichte verfassen.

Allerdings dürfen Sie als Gewerbetreibender Testberichte anderer Community-Mitglieder kommentieren, was Ihnen wiederum die Möglichkeit gibt, auf die Klagen unzufriedener Kunden in angemessener Form zu reagieren und als Unternehmen daran zu wachsen.

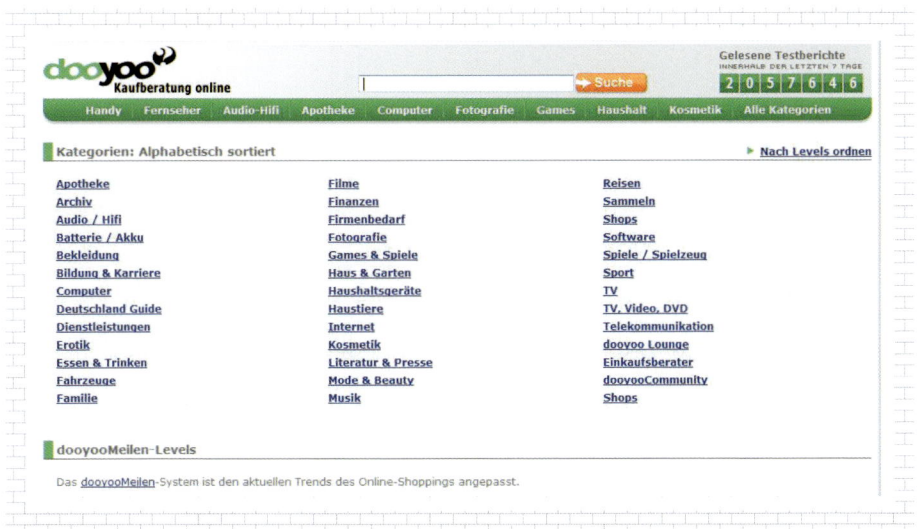

Abbildung 10.5: Kategorien des Bewertungsportals dooyoo.

Community-Mitglieder können Testberichte verfassen, indem sie das betreffende Produkt oder Angebot in der Suchfunktion aufrufen oder, falls es noch nicht gelistet ist, mithilfe eines Vorschlagsformulars in den Katalog aufnehmen lassen.

---

6   Eckdaten per August 2010 laut Präsentation für dooyoo-Partnershops

Mit einem Klick auf Testbericht schreiben gelangt das Community-Mitglied auf eine Eingabemaske, in der es seinen Bericht einstellen, Vor- und Nachteile des Produkts schildern und eine Wertung zwischen einem und fünf Sternen abgeben kann. Wenn der User eine ausführliche Bewertung mit mehr als 150 Worten schreibt, gilt diese als Premium-Testbericht und wird mit Webmeilen vergütet.

Ein Wermutstropfen bei dem ansonsten seriös aufgemachten dooyoo-Portal ist die Tatsache, dass man bei manchen Produkten vor lauter Online-Shops die Bewertungen kaum finden kann. Denn die zweite Möglichkeit, auf dem Portal als Unternehmen präsent zu sein, ist die Einrichtung eines Online-Shops, eine Möglichkeit, von der laut Website des Unternehmens bereits 50.000 Firmen Gebrauch gemacht haben.

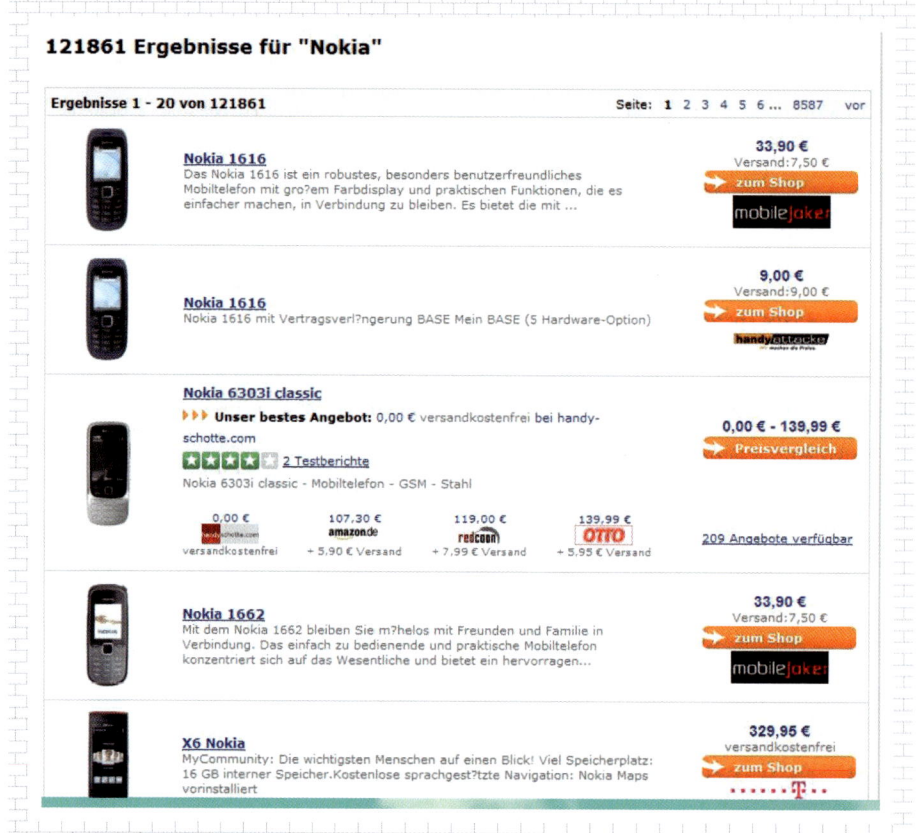

Abbildung 10.6: Bei dooyoo drängeln sich manchmal mehr Shops als Bewertungen.

Die gelisteten Firmen richten allerdings bei dooyoo, anders als beispielsweise bei Ebay oder Amazon, keinen neuen Shop ein, sondern präsentieren einen bestehenden. Die Betreiber übergeben dooyoo eine Artikel-Datei und nutzen das Bewertungsportal als weitere Plattform, um ihr Angebot zu präsentieren. Besonders gut läuft das in den Kategorien Apotheken- und Gesundheitsartikel, Kosmetik, Haushaltsgeräte und Computer.

Der Lohn: Sie haben einen kurzen Draht zur Community und können von der starken Suchmaschinenpräsenz des Portals profitieren, das bei Produktsuchen in bestimmten Kategorien auf den ersten zwei Seiten der Google-Resultate erscheint. Wird Ihr Name in der Bewertung dreimal genannt, ist viel Traffic garantiert.

Diesen Service gibt es nicht zum Nulltarif: Die Standardkondition für Shopbetreiber sieht 0,30 Euro pro Klick vor; Sonderkonditionen sind Verhandlungssache.

> ### 🐌 Verheerender Eindruck
>
> Bei meinen Recherchen stieß ich bei dooyoo auf ein Unternehmen, das bereits neun Bewertungen bekommen hatte – allesamt verheerend! Die einzelnen Bewertungen waren zum Teil von mehr als tausend Menschen gelesen und durchweg als »hilfreich« oder »sehr hilfreich« eingestuft worden.
>
> Endlich meldete sich die Firma zu Wort, doch nicht etwa, um sich zu entschuldigen oder Besserung zu geloben. Im Gegenteil: In einem langen Kommentar begründete sie gegenüber dem Kunden, weshalb sie unschuldig gewesen sei und was dieser Kunde alles falsch gemacht habe. Im Fazit wies sie jegliche Ansprüche des Kunden in Bausch und Bogen zurück.
>
> Wer sich so verhält, darf sich nicht wundern, wenn sein Engagement in den sozialen Medien nach hinten losgeht. Merke: Ein schlechtes Produkt wird durch Social Media Marketing nicht besser, und ein unzufriedener Kunde durch Kundenbeschimpfung nicht zufriedener.

10.1.3 Ciao, Yopi und Idealo

Ciao, Yopi und Idealo sind drei weitere Bewertungsportale, die im Großen und Ganzen ähnlich wie dooyoo funktionieren.

Ciao gehört zum Microsoft-Konzern und ist mit dessen hauseigener Suchmaschine bing verbandelt. Besonders starke Kategorien bei Ciao sind die Bereiche Auto, Reisen, Computer und Elektronik, Haus und Familie, sowie Beauty, mit jeweils rund 2,5 Millionen Page Views und zwischen 700.000 und 900.000 Unique Visitors. Wer sich für gute Marketingkonzepte bei Ciao interessiert, kann unter http://www.ciao-group.com/e-commerce/referenzen/ einen Blick in die Referenzen des Portals werfen.

Laut Selbstauskunft bietet Ciao per September 2010:

- Fast sechs Millionen Produktbewertungen
- Drei Millionen registrierte Community-Mitglieder in Europa
- Rund 3.700 Online-Shops
- Rund zwölf Millionen Unique Visitors in Deutschland
- 20 Produkt-Kategorien mit mehr als zwölf Millionen Produkten

Die Fakturierung für Gewerbetreibende funktioniert bei Ciao ebenso wie bei dooyoo nach dem CPC-Prinip (Kosten pro Klick).

Yopi.de erscheint bei Produktrecherchen ebenfalls häufig weit oben in den Suchergebnissen und empfiehlt sich damit als effektives Mittel zur Erreichung von mehr Sichtbarkeit und Marktdurchdringung. Mit einem Katalog, der über eine Million Produkte umfasst, 6,5 Millionen Page Impressions,

3,5 Millionen Unique Visits, über 75.000 registrierten Mitgliedern und 350.000 Testberichten gehört Yopi in Deutschland mit zur Riege der Top-Verbraucherplattformen. Die Funktionsweise ist vergleichbar mit den anderen Kandidaten: Im Mittelpunkt stehen Nutzerbewertungen und Preisvergleiche in verschiedenen Produktkategorien, Unternehmen können ihre Einträge, soweit vorhanden, bearbeiten, ihre Produkte für die Aufnahme in den Katalog vorschlagen und kostenpflichtige Partnershop-Programme in Anspruch nehmen, um näher am Kunden zu sein.

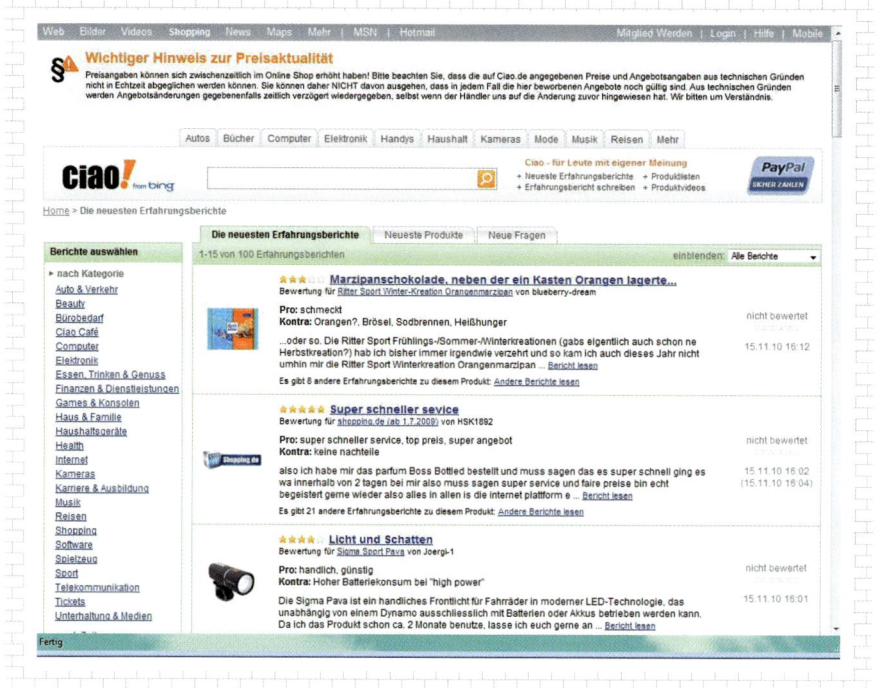

Abbildung 10.7: Aufgeräumt: Bewertungen bei Ciao.

Idealo.de ist ein weiteres, allgemeines Preisvergleichs- und Bewertungsportal, wobei der besondere Akzent auf dem Preisvergleich liegt. Wie bei dooyoo können Sie auch hier einen Shop anmelden und Ihre Angebotsdaten hochladen, um Ihre Produkte in den Katalog aufnehmen zu lassen. Idealo vergleicht Preise von mehr als 4.000 Händlern. Die Bewertungen sind eher kurz und knackig, ähnlich wie man sie bei Ebay gewohnt ist.

Weitere wichtige Vergleichsportale sind preisvergleich.de, guenstiger.de, quoka.de und billiger.de – und die Liste ließe sich noch fortführen.

> ✎ Spitzenreiter im Verbraucherportal-Ranking von Check24 ist die Internetpräsenz der Stiftung Warentest, an der Sie sich als Marketingtreibender leider die Zähne ausbeißen werden. Ansonsten empfehle ich Ihnen, unter http://www.seitwert.de/ranking_verbraucherportale_36.php einen Blick in das Ranking zu werfen, weil es die einzelnen Verbraucherportale im Hinblick auf ihre Suchmaschinenrelevanz und andere statistische Faktoren gewichtet.

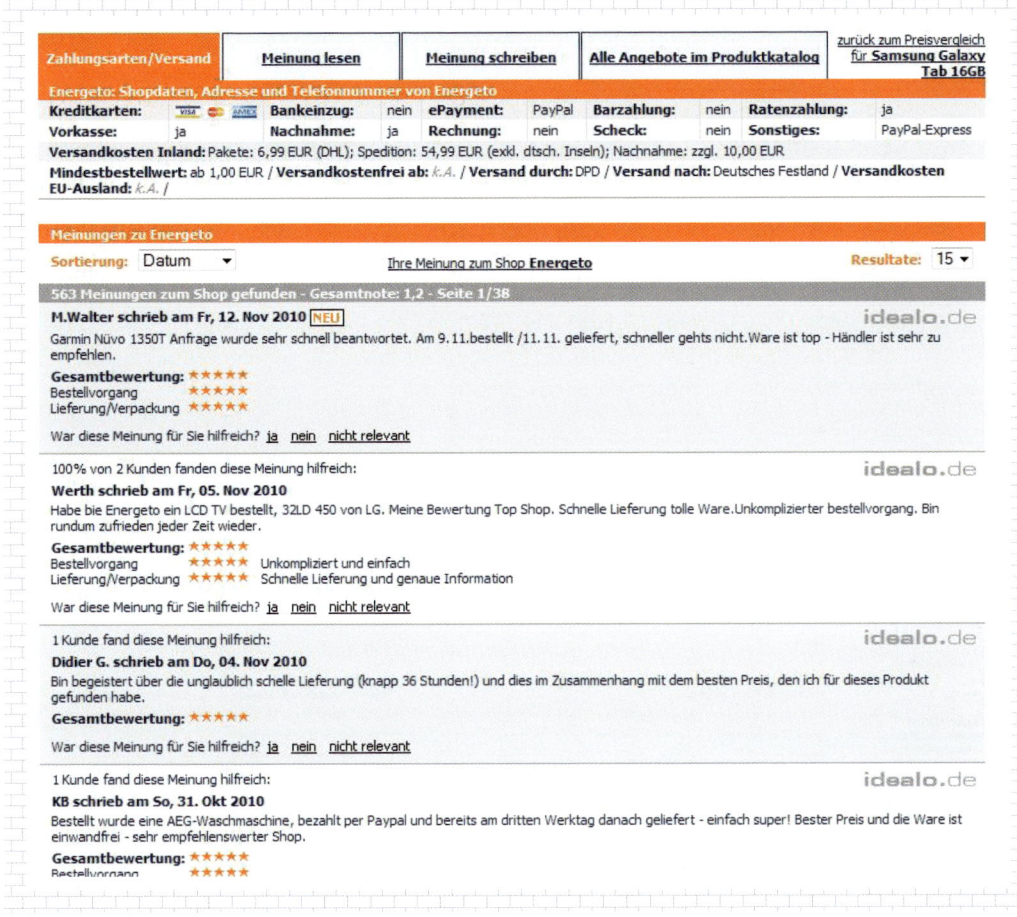

Zahlungsarten/Versand	Meinung lesen	Meinung schreiben	Alle Angebote im Produktkatalog	zurück zum Preisvergleich für **Samsung Galaxy Tab 16GB**

Energeto: Shopdaten, Adresse und Telefonnummer von Energeto

Kreditkarten:	VISA AMEX	**Bankeinzug:**	nein	**ePayment:**	PayPal	**Barzahlung:**	nein	**Ratenzahlung:**	ja
Vorkasse:	ja	**Nachnahme:**	ja	**Rechnung:**	nein	**Scheck:**	nein	**Sonstiges:**	PayPal-Express

Versandkosten Inland: Pakete: 6,99 EUR (DHL); Spedition: 54,99 EUR (exkl. dtsch. Inseln); Nachnahme: zzgl. 10,00 EUR

Mindestbestellwert: ab 1,00 EUR / **Versandkostenfrei ab:** k.A. / **Versand durch:** DPD / **Versand nach:** Deutsches Festland / **Versandkosten EU-Ausland:** k.A. /

Meinungen zu Energeto

Sortierung: Datum ▼   Ihre Meinung zum Shop **Energeto**   **Resultate:** 15 ▼

563 Meinungen zum Shop gefunden - Gesamtnote: 1,2 - Seite 1/38

M.Walter schrieb am Fr, 12. Nov 2010 NEU   idealo.de

Garmin Nüvo 1350T Anfrage wurde sehr schnell beantwortet. Am 9.11.bestellt /11.11. geliefert, schneller gehts nicht.Ware ist top - Händler ist sehr zu empfehlen.

Gesamtbewertung: ★★★★★
Bestellvorgang   ★★★★★
Lieferung/Verpackung ★★★★★

War diese Meinung für Sie hilfreich? ja   nein   nicht relevant

100% von 2 Kunden fanden diese Meinung hilfreich:

Werth schrieb am Fr, 05. Nov 2010   idealo.de

Habe bie Energeto ein LCD TV bestellt, 32LD 450 von LG. Meine Bewertung Top Shop. Schnelle Lieferung tolle Ware.Unkomplizierter bestellvorgang. Bin rundum zufrieden jeder Zeit wieder.

Gesamtbewertung: ★★★★★
Bestellvorgang   ★★★★★ Unkompliziert und einfach
Lieferung/Verpackung ★★★★★ Schnelle Lieferung und genaue Information

War diese Meinung für Sie hilfreich? ja   nein   nicht relevant

1 Kunde fand diese Meinung hilfreich:

Didier G. schrieb am Do, 04. Nov 2010   idealo.de

Bin begeistert über die unglaublich schelle Lieferung (knapp 36 Stunden!) und dies im Zusammenhang mit dem besten Preis, den ich für dieses Produkt gefunden habe.

Gesamtbewertung: ★★★★★

War diese Meinung für Sie hilfreich? ja   nein   nicht relevant

1 Kunde fand diese Meinung hilfreich:

KB schrieb am So, 31. Okt 2010   idealo.de

Bestellt wurde eine AEG-Waschmaschine, bezahlt per Paypal und bereits am dritten Werktag danach geliefert - einfach super! Bester Preis und die Ware ist einwandfrei - sehr empfehlenswerter Shop.

Gesamtbewertung: ★★★★★
Bestellvorgang   ★★★★★

Abbildung 10.8: Preisvergleich und Bewertungen bei Idealo.

10.1.4 Themenportale

Neben den allgemeinen Verbraucherportalen gibt es auch noch eine Fülle von spezialisierten Angeboten. Sehr beliebt ist die Plattform Restaurant-Kritik.de, auf der mittlerweile 92.000 Restaurants eingetragen und mit 153.000 Bewertungen bedacht worden sind. Wenn Sie ein Restaurant betreiben, sollten Sie unbedingt auf die Bewertungen in diesen einschlägigen Portalen achten.

Ein viel besuchtes Bewertungsportal für Krankenhauspatienten und vor alle, die es werden wollen, ist die Website http://www.klinikbewertungen.de/. Hier lassen frühere Klinikbesucher zum Teil kräftig Dampf ab und künftige Klinikbesucher informieren sich über die Erfahrungen, die andere vor ihnen gemacht haben.

Wie in allen Bewertungsportalen kann man auch hier die Beobachtung machen, dass die eingestellten Bewertungen entweder sehr gut oder sehr schlecht sind. Dieser Befund unterstreicht die Subjektivität des Verbraucherurteils. Dennoch lassen sich viele Patienten durch schlechte Kritiken beeinflussen. Vor diesem Hintergrund ist es unverständlich, dass so wenige Krankenhäuser auf dieser Site den Dialog mit ihren Patienten suchen.

Die vielen sehr guten und sehr schlechten Bewertungen, die nicht nur Klinik- und Restaurantkritiker vergeben, sondern auch bei Amazon und anderen großen Online-Händlern und Portalen zu beobachten sind, werfen ein weiteres Schlaglicht auf die Subjektivität der Bewertungen von Verbrauchern:

Erstens reden Menschen lieber über extreme als über durchschnittliche Ergebnisse. Wer sich verprellt fühlt, möchte Dampf ablassen und alle Welt warnen (und vielleicht auch Mitleid heischen), und wer restlos begeistert ist, stimmt gerne Lobeshymnen an und empfiehlt das betreffende Produkt kritiklos weiter. Der Volksmund sagt: »Geteiltes Leid ist halbes Leid, geteilte Freude doppelte Freude.« In beiden Fällen mischt sich sehr viel Emotion in das Urteil. Objektive Bewertungskriterien, wie sie die Stiftung Warentest anlegt, fehlen auf diesen Portalen vollkommen.

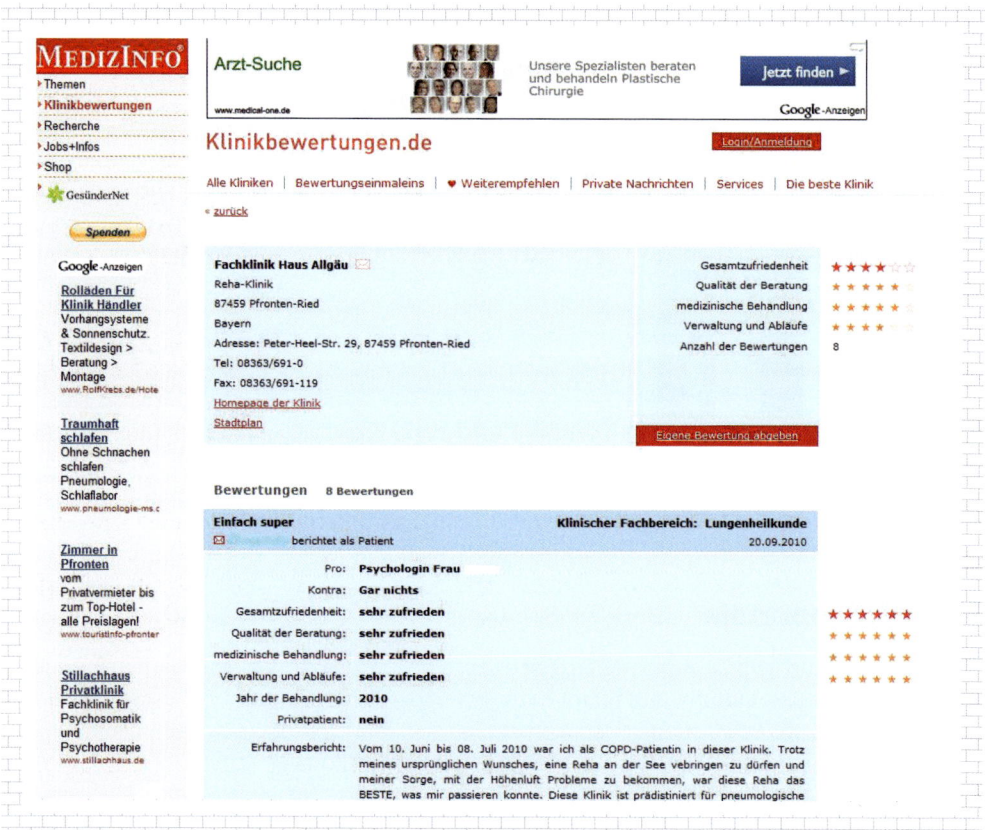

Abbildung 10.9: Top oder Flop, dazwischen gibt's nichts. Hier eine Top-Bewertung.

Zweitens gibt es bestimmte Persönlichkeitszüge, die Menschen veranlassen, überdurchschnittlich viele Bewertungen abzugeben. Jeder hat in seinem Leben schon einmal einen notorischen Querulanten kennengelernt. Oder den Typus des eitlen Selbstdarstellers. Damit will ich nicht suggerieren, dass alle fleißigen Kritiker Persönlichkeitsstörungen haben. Dennoch sind bestimmte Charakterzüge eben bei den Verfassern von Bewertungen stärker vertreten als im Durchschnitt der Gesamtbevölkerung.

Drittens hat nicht jeder Zeit und Lust, Bewertungen zu schreiben. Ich kenne keine demographische Untersuchung des Kritiker-Pools von Verbraucherportalen, vermute aber, dass nicht der Querschnitt der Bevölkerung dort aktiv ist.

Viel wurde bereits geschrieben über die wachsende Macht der bloggenden und twitternden Mütter-Communities. Unter dieser Zielgruppe sind die Portale Eltern.de und NetMoms.de sehr beliebt. Im Angebotsranking der AGOF per 2010-III[7] zeigt sich, dass Eltern.de noch deutlich vor den Netmoms liegt.

10.1.5 Bewertungen auf Amazon und Ebay

Diese beiden großen Plattformen sind auch unter den Bewertungsportalen zu subsumieren, weil die Käufer darauf aufgefordert sind, die gekauften Produkte und die Händler, bei denen sie kaufen, zu bewerten. Bei beiden ist die Fünf-Sterne-Wertung nebst Textkommentar etabliert.

Amazon war ursprünglich ein Online-Buchhändler, bietet aber jetzt Produkte aller Kategorien an, lässt Nutzer ihre gebrauchten und neuen Sachen feilbieten und hostet eine Vielzahl von Partnershops. Und unter dem Schirm des Online-Auktionshauses Ebay leben ebenfalls Tausende von Shops und kommerziellen Anbietern.

Obwohl beide Plattformen eigentlich nicht zu den Social Media zählen, weil sie keine Communities sind, empfehle ich Ihnen, auch hier die Kundenmeinungen zu verfolgen und als Seismograph für Ihre Reputation auszuwerten.

10.1.6 Bewertungen auf Googlemaps

Oft ist Google die erste Suchmaschine der Wahl und oft ist Googlemaps die erste Seite, auf der Internetnutzer Bekanntschaft mit Unternehmensbewertungen schließen. Nur leider wird diese Bewertungsplattform von den meisten Unternehmen ignoriert. Schade eigentlich, denn gerade Kleinunternehmen wie Restaurants, Einzelhandelsgeschäfte, Dienstleister und Handwerksbetriebe werden hier rege von ihrer Kundschaft beurteilt, häufig ohne es zu wissen.

Ich kann nur allen kleinen und großen Unternehmern raten, auch ihren Eintrag bei Googlemaps zu erstellen, zu pflegen und genau im Auge zu behalten.

---

7   http://www.agof.de/aktuelle-rankings.586.de.html

Abbildung 10.10: Hier gibts Vier-Sterne-Futter: Pizzeriabewertung auf Googlemaps.

10.2 Foren

Es war einmal ein Internetstandard, der hieß Usenet. Aus der Frühzeit des Internet, genauer: aus dem Jahre 1979[8], stammt die Idee, Artikel auf eine Art elektronisches Schwarzes Brett zu stellen und von den Lesern kommentieren zu lassen. Rasch bildeten sich Kategorien, die so genannten Newsgroups, heraus, die von den Nutzern abonniert werden konnten. Auf diese Weise konnten Themen von einer Vielzahl von Teilnehmern diskutiert werden und die Konversationen, auch »Threads« genannt, auf beachtliche Längen anwachsen. Eine Frühform des Social Web war geboren.

Foren sind die legitimen Erben der Newsgroups von einst. Die Themen, Kategorien und individuellen Gepflogenheiten und Regeln sind schier unübersehbar. Um sich in diesem Dickicht einen Eindruck von der Konversation zu machen, können Sie entweder eine Google-Suche mit Ihrem Suchbegriff (Ihr Firmenname, Ihre Branche, Ihr Produkt, Ihre Marke usw.) und dem Zusatz »Forum« ausführen oder eine spezielle Foren-Suchmaschine verwenden.

> ✎ Viele Foren sind Unterabteilungen von übergreifenden Websites. Das sind entweder allgemeine oder themenbezogene soziale Netzwerke oder Internetauftritte von Unternehmen oder anderen Organisationen. So sind zum Beispiel unzählige Foren in der Szene der Frauen-Communities entstanden. Im Kompetenznetzwerk Depression gibt es ein Forum für die Selbsthilfe und gegenseitige Unterstützung von depressiv Erkrankten. Auf der Homepage des Hornbach-Baumarktes ist ein Forum von Heimwerkern und Hobbygärtnern entstanden. Die Liste ließe sich unendlich fortführen.

---

8   http://www.oreillynet.com/network/2001/12/21/usenet.html

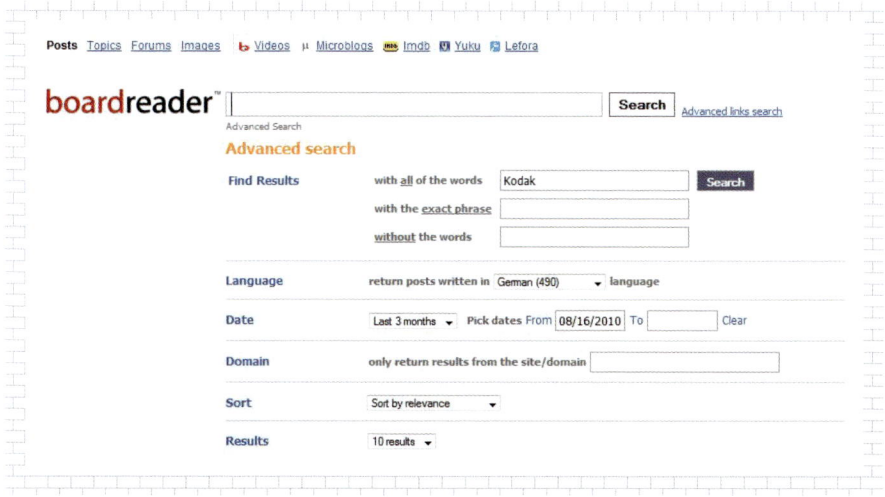

Abbildung 10.11: In der Erweiterten Suche (Advanced Search) vom Boardreader kann man neben dem Suchbegriff die Sprache und den Zeitraum der Suche konfigurieren.

Da sich rund um das Thema Fotografie besonders aktive User-Communities herausgebildet haben, habe ich einmal einen Test mit dem Begriff »Kodak« angestellt. Eine erweiterte Google-Recherche mit dem Begriff »Kodak Forum«, der Spracheinstellung »Deutsch« und einer Zeitbegrenzung auf einen Monat lieferte mir sagenhafte 84.300 Ergebnisse, die allerdings nicht alle relevant waren. Eine ähnliche Suche bei dem Foren-Suchtool Boardreader.com erbrachte 485 Einträge, aber dafür mit weit höherer Relevanz.

Es ist sehr wichtig, dass Sie sich mit der Kultur und dem Verhaltenskodex des von Ihnen ausgewählten Forums vertraut machen. Hören Sie den Konversationen lange und aufmerksam zu, um ein Gefühl für die Spielregeln zu bekommen.

Wenn Sie als Unternehmen in ein Forum einsteigen, um Ihren Ruf und Ihre Reichweite zu verbessern, haben Sie dazu grundsätzlich zwei Möglichkeiten:

- Sie reagieren auf Beiträge, in denen Ihr Unternehmen, Ihre Marke oder Ihr Angebot eine Rolle spielen. Ganz besonders wichtig ist es, die relevanten Plattformen permanent auf unzufriedene Äußerungen von Verbrauchern zu untersuchen und dort, wo es geboten ist, ganz schnell in den Dialog einzusteigen.

- Und Sie beteiligen sich an Forumsdiskussionen, indem Sie Ihr Fachwissen beisteuern und Fragen und Probleme der Community-Mitglieder lösen. Wenn Sie zum Beispiel eine Autowerkstatt betreiben und in einem Automobilforum jemand um Rat bittet, wie man einen Unfallschaden ausbeult, beraten Sie ihn. Das wird Sie keine Kunden kosten, im Gegenteil: Ihre Großzügigkeit, Kompetenz und Hilfsbereitschaft werden Eindruck machen und vielleicht sogar neue Kunden anlocken.

Dieselben Strategien gelten natürlich auch für ein Engagement auf Fragen- und Antwort-Sites, Twitter, Facebook und anderen sozialen Plattformen.

10.2.1 Fotografie

Zum Thema Fotografie möchte ich Sie an dieser Stelle auf die Fotocommunity hinweisen, das in meinen Augen beste Forenangebot auf diesem Sektor. Die äußerst aktive und kompetente Community bringt es in einigen Themenforen auf 200.000 Posts oder mehr.

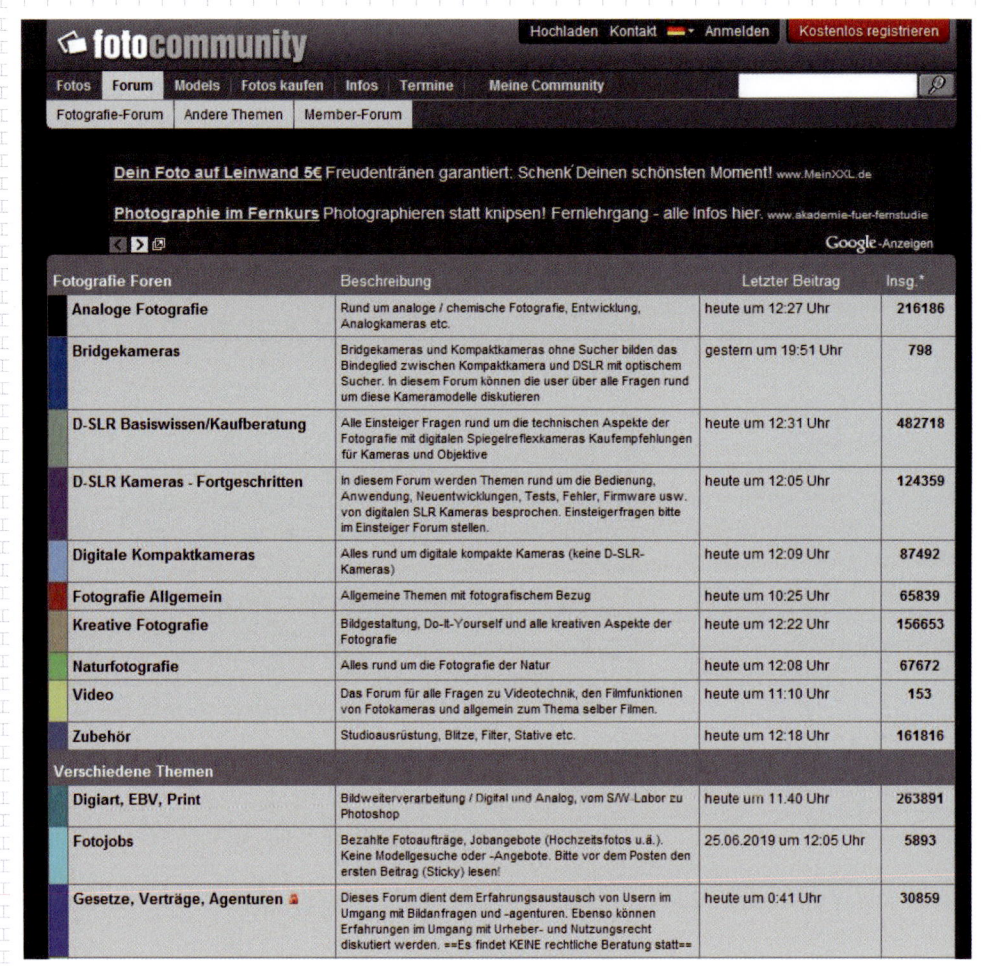

Abbildung 10.12: Eine eingefleischte, semiprofessionelle Nutzergemeinde und große Reichweite bieten die Foren der Fotocommunity.

10.2.2 Frauen

Die Portale Eltern.de und Netmoms, die sich hauptsächlich an Mütter und Familien wenden, habe ich weiter oben bereits vorgestellt. Es gibt aber auch allgemeine »Frauenportale«.

Als ein Beispiel unter vielen möchte ich hier das Portal goFeminin vorstellen, weil es über sehr viele Foren verfügt. Damit ist keine Empfehlung verbunden, und ich will auch keine Schleichwerbung für die Springer AG machen, die hinter diesem Angebot steht.

> ☙ Mit einem Werbefilter (Adblocker) können Sie die lästigen Werbe-Popups blockieren, die beim Aufruf derart kommerzieller Seiten oft eingeblendet werden. Einen Adblocker für Mozilla Firefox finden Sie zum Beispiel unter http://adblockplus.org/de/.

In Deutschland ist www.goFeminin.de eine der aktivsten Communities zu so genannten »Frauenthemen«. Im Forenbereich steht das Thema Schwangerschaft mit mehr als zwei Millionen Einträgen ganz oben auf der Liste, aber auch die Themen Liebe, Psychologie, Gesundheit, Beauty und Wellness werden heiß diskutiert und kommentiert.

Die in Köln ansässige goFeminin GmbH gehört zum Springer-Konzern. Sie betreibt neben ihrem Frauenportal noch ein Gesundheitsportal unter dem Namen Onmeda und die Frauenzeitschrift »Bild der Frau« mit dem Internetauftritt bildderfrau.de. Ihre Reichweite ist gross: Alleine goFeminin erreicht 4,44 Millionen unterschiedliche Nutzer (Unique User) und bringt es laut den AGOF Internet Facts und IVW auf 11 Millionen Visits und 75 Millionen Page Impressions.

Wenn Sie ein Kosmetikstudio haben oder Beauty-Produkte herstellen oder verkaufen, haben Sie hier Gelegenheit, mit guten Tipps und Ratschlägen bei der Community zu punkten. Tun Sie das offen und transparent und schicken Sie vielleicht auch einmal eine Probe an Interessierte. Gleichzeitig können Sie ja auf Schminktutorial-Videos verlinken, die Sie bei YouTube hosten. Auf diese Weise können Sie die Community bereichern und neue Freunde gewinnen.

> ☙ Auch wenn Sie offen und ehrlich auftreten, kann es sein, dass Sie auf ein Forum stoßen, in dem Mitglieder mit kommerziellen Interessen nicht gut gelitten sind. Wenn Ihnen das passiert, sollten Sie die Ablehnung der anderen nicht persönlich nehmen, sondern respektieren. Es bleiben Ihnen noch genügend Betätigungsfelder übrig.

Ich habe mich in den Foren von goFeminin einmal umgetan und bin auf eine sehr aktive Community gestoßen. Interessant ist, dass viele Fragen zu konkreten Produkten gestellt werden, was bei einem Foren-Titel wie »Kosmetik und Schönheitsprodukte« nicht weiter verwundert. Die Resonanz der Hersteller und Unternehmen ist allerdings gering: Unter 28 Kommentaren zu einem bestimmten Produkt fand ich nicht einen einzigen von Seiten des Unternehmens. Und das ist kein Einzelfall.

Abbildung 10.13: Viele Foren und umfangreiche Community-Funktionen: goFeminin.de.

10.2.3 Automobile

Kennen Sie das Forum Motor-Talk.de? Mit fast 1,7 Millionen Mitgliedern und bis dato 26,5 Millionen Beiträgen ist es nach eigenen Angaben Europas größtes Automobil-Forum. Zu jeder Automarke gibt es einen eigenen Forenbereich, inklusive Blogs, FAQs, Modellen und Marktplatz.

Als Autohaus oder Fahrzeughersteller sollten Sie den Motor-Talk unbedingt beobachten. Die Automobil-Communities gehören mit zu den aktivsten Gruppen im Netz.

Wem das noch nicht genügt, der kann ja auf die Themen im Forum Auto ausweichen, die mit 21 Millionen Posts in mehr als zwei Millionen Rubriken auch nicht gerade mager bestückt sind.

In Foren können Sie Zielgruppen sehr passgenau ansprechen. Aber bitte nicht mit Werbebotschaften, sondern nur mit fachlich einwandfreien Beiträgen.

Abbildung 10.14: Ölfinger lässt grüßen: Automarke beim Motor-Talk.

Sollten Sie als Unternehmen in Foren aktiv werden?

Ich habe einige Bauchschmerzen, Ihnen ein Engagement in Community-Foren zu empfehlen. Natürlich sollten Sie als Produkt-Designer oder Marketingtreibender Foren besuchen, um festzustellen, was Ihre Zielgruppe umtreibt und welche Kommentare sie zu Ihren Produkten abgibt.

Sie sollten nicht darauf reagieren, wenn Einzelne sich aggressiv, beleidigend oder grob unhöflich äußern. Solche Leute nennt man in dern Online-Welt »Trolle«. Niemand hört auf sie und es besteht die stillschweigende Übereinkunft, sie zu ignorieren. Tun Sie den Trollen nicht den Gefallen, sie mit Beschwichtigungen zu füttern.

Eigentlich haben Unternehmen ja in Verbraucherforen nichts zu suchen. Und so sind diese Foren auch darauf eingestellt, dass sich dort Privatleute und keine Firmen aufhalten. Wenn Sie sich jedoch als Privatmensch für eine Firma engagieren, begeben Sie sich schon in einer Grauzone und die Versuchung ist groß, mit verdeckter Identität zu operieren. Tun Sie das auf keinen Fall!

10.2.4 Kundenbindung durch ein eigenes Forum

Viele Foren entstehen unter dem Schirm von Unternehmen. Das beweisen Angebote wie der Foren-bereich der Baumarktkette Hornbach, die Foren goFeminin für Frauen und Onmeda für Gesundheits-themen, die der Springer-Konzern ins Leben gerufen hat, und viele weitere Angebote von Konsum-güter- und Dienstleistungsunternehmen.

Der Aufwand, ein eigenes Forum ins Leben zu rufen und zum Erfolg zu verhelfen, ist groß. Aber diese Arbeit kann auch Spaß machen: Ähnlich wie ein Blog zieht ein Forum fachlich interessiertes Publikum an, das die Relevanz und den Mehrwert dieser Kommunikationsform zu schätzen weiß. Hier werden Probleme gelöst und Meinungen ausgetauscht,. Viele wissen den fachlichen Anspruch eines guten Forums zu schätzen.

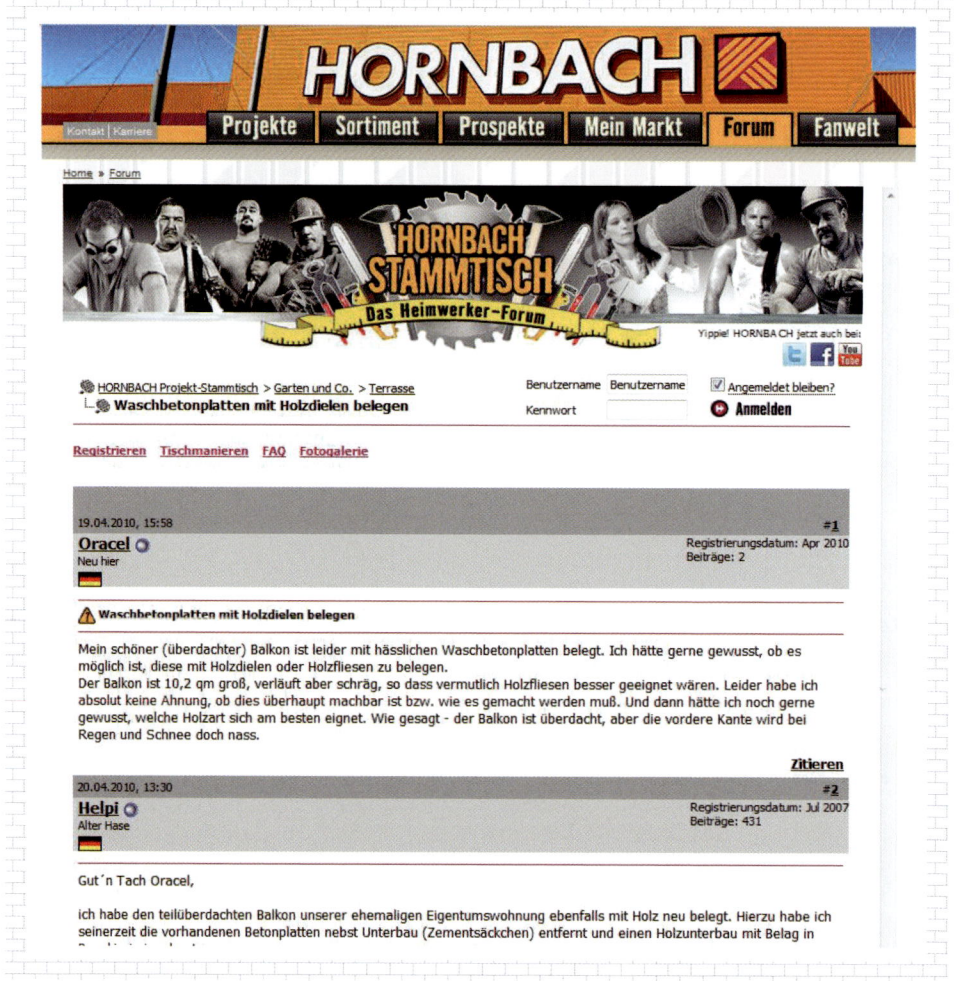

Abbildung 10.15: Das Hornbach-Heimwerkerforum kommt gut an.

Falls Ihre Stärken auf diesem Gebiet liegen, kann es sich lohnen, ein eigenes Forum zu gründen. Zuvor sollten sie allerdings untersuchen, welche Foren in Ihrer Nische bereits existieren.

> ☪ Wenn zu Ihrem Produkt bereits ein Forum vorhanden sein sollte, das Ihnen gefällt, dann werden Sie doch einfach Sponsor! Auch das kann Ihre Reputation bei der Community Ihrer Kunden stärken.

Sollte zu Ihrem Thema noch kein gutes Forum vorhanden sein, haben Sie die besten Chancen, sich zu etablieren. Ebenso wie beim Bloggen gilt, dass Sie einen Informationsvorsprung gegenüber den Besuchern haben sollten, um Beiträge schreiben zu können, die wirklich etwas Neues und Interessantes enthalten.

Wenn Sie bei einem Internet-Provider ein komplettes Business-Hostingpaket gebucht haben, ist darin eine Foren-Lösung oft bereits enthalten. Sollten Sie eigenen Webspace auf dem eigenen Server verwenden, können Sie auf spezielle Software zurückgreifen, um Ihr Forum zu implementieren.

Die meisten Systeme basieren auf PHP und einer Datenbanklösung wie zum Beispiel MySQL. Am besten haben mir die folgenden gefallen:

- **Drupal** – ein quelloffenes (und damit kostenloses) Content-Management-System, mit dem Sie Foren aber vor allem auch Community-Konzepte einrichten können (http://drupal.org/).
- **Invision Power Board** – ein Foren-System, das mit einem Preis von 150 US-Dollar immer noch recht erschwinglich ist (http://www.invisionpower.com/products/board/).
- **vBulletin** – eine verbreitete, kommerzielle Forensoftware, die mit einem Preis von 159 Euro kein Unternehmen in den Ruin reißen wird (http://www.vbulletin.com/).

Einen Vergleich von Forensoftware können Sie unter http://forensoftware.de/ aufrufen.

11 Blogs

Ein Blog ein Web-Tagebuch; das Wort »Blog« ist aus einer Zusammenziehung von »Web«+»Logbuch« entstanden.

Wie viele Blogs es gibt, weiß kein Mensch. Das Blogverzeichnis Technorati führt mehr als 1,25 Millionen Blogs weltweit auf. Jede Sekunde kommen neue dazu. Diese Zahl hilft aber keinem Menschen, weil die meisten Blogs irgendwann einmal als Liebhaberei gestartet sind, um dann mehr oder weniger schnell wieder einzuschlafen.

Nach Abzug aller Karteileichen bleiben allerdings immer noch genügend Blogs übrig, die zum Teil hochklassige Informationen und Diskussionen enthalten, und deren Betreiber als Meinungsführer eine Fangemeinde beeinflussen, die in die Millionen gehen kann.

Blogger sind in vieler Hinsicht die Journalisten von heute, und die von ihnen geschaffenen Medien nicht weniger wichtig als die so genannten Qualitätsmedien, wie etwa Fachzeitschriften und Print-Publikationen. Wer es schafft, von einem solchen bekannten Blogger positiv erwähnt zu werden, bekommt mehr Aufmerksamkeit als durch eine Erwähnung in den traditionellen Mainstream-Medien.

Blogs sind ein vorzügliches Mittel, um Kundendienst zu leisten und Fragen zu Produkten zu beantworten. Wenn man sie zu diesem Zweck einsetzt, können sie sogar Zeit und Ressourcen sparen, da in einem telefonischen Kundendienst dieselbe Frage oft mehrmals beantwortet werden muss, während ein Blog diese Frage für beliebig viele Nutzer sichtbar beantwortet. Das ist der Vorteil der One-to-Many- gegenüber der One-to-One-Kommunikation – und ein Beispiel dafür, wie das Social Web nicht als Zeitfresser, sondern im Gegenteil als Zeitsparer dienen kann.

Durch ein Blog können Sie außerdem Ihre fachliche Kompetenz herausheben. Wenn Sie auf einem Gebiet besonders beschlagen sind und sich bei realistischer Einschätzung Ihrer Ressourcen in der Lage sehen, einmal pro Woche einen fachlich fundierten Artikel zu schreiben, dann können Sie vielleicht sogar selbst zum Einflussnehmer in Ihrer Branche aufsteigen. Am besten ist es, wenn Sie sich in einer Nische positionieren können, die noch nicht sehr stark von anderen besetzt ist.

11.1 Zahlen und Fakten zu Blogs

Seit 2004 gibt Technorati jedes Jahr einen Bericht über den Zustand der Blogosphäre (»State of the Blogosphere«) heraus. Für 2010 wurden 7.200 Blogger befragt[1]. Die für Social Media-Manager interessantesten Erkenntnisse daraus sind folgende:

- Blogs konvergieren zunehmend mit anderen Social Media, wie dem Microblog Twitter und sozialen Netzwerken wie Facebook. Die Trennlinien zwischen diesen Medien verwischen sich zunehmend.

- Mobile Blogging greift weiter um sich, wie auch bei anderen sozialen Medien die Nutzung und der Zugriff über mobile Endgeräte im Trend is. Ein Trend, der sich übrigens auch auf die Art auswirkt, *wie* gebloggt wird, nämlich tendenziell in kürzeren, spontaneren Beiträgen[2].

- Frauen und insbesondere Mütter nehmen immer stärker Einfluss auf die Blogosphäre, und sie sind diejenige Gruppe, die sich am intensivsten über Marken und Produkte äußert.

- Unternehmensblogs machen nur ein einziges Prozent der gesamten Blogs aus. Fast 80 Prozent der Blogs werden nebenberuflich oder als Hobby betrieben. Da wundert es nicht, dass die Mehrzahl der Blogger kein oder nur wenig Einkommen mit ihren Blogs erzielt und den Erfolg ihrer Arbeit sich mehr am Spaßfaktor als an pekuniären Maßstäben misst.

So viel zu den globalen Daten. Es gibt jedoch auch wichtige Untersuchungen für den deutschen Markt:

Im Rahmen der ACTA-Studie 2010[3] vom Institut für Demoskopie Allensbach präsentiert Dr. Johannes Schneller Ergebnisse zum Themenfeld »Zukunftstrends im Internet«, aus denen hervorgeht, dass Blogs eine zunehmend wichtige Rolle spielen. Während die Bereitschaft zum Verfassen von Kritiken und Testberichten rückläufig ist, wächst die Zahl der Internet-User, die Blogs betreiben, überproportional.

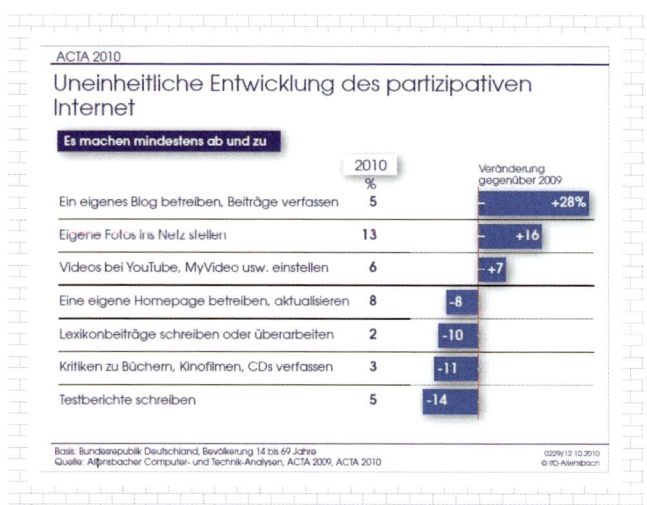

Abbildung 11.1: Blogs liegen im Trend, wie die ACTA-Studie zeigt.

---

1   http://technorati.com/blogging/article/state-of-the-blogosphere-2010-introduction/
2   http://technorati.com/blogging/article/state-of-the-blogosphere-2010-introduction/
3   ACTA steht für Allensbach Computer- und Technik-Analyse, siehe http://www.acta-online.de/

Außerdem diagnostiziert die ACTA-Studie, dass sich mehr und mehr Menschen im Internet informieren, während die Bedeutung der Mainstream-Medien Zeitung und Fernsehen leicht rückläufig ist.

11.2 Corporate Blogging

Ich möchte Ihnen drei Beispiele von Firmen vorstellen, die den Gedanken des Corporate Blogging sehr gut umgesetzt haben. Dazu gehören der Computerhersteller Dell, der auch an anderen Stellen in diesem Buch wegen seines vorbildlichen Umgangs mit Social Media erwähnt wird, der Netzwerkspezialist Cisco und der Automobilhersteller Daimler.

Direct2Dell[4], das offizielle Unternehmensblog von Dell, bringt es monatlich auf 3,5 Millionen Impressionen. Eine Vielzahl von Themenblogs bietet Cisco an; die einzelnen Beiträge erreichen manchmal fünfstellige Aufruf-Zahlen[5].

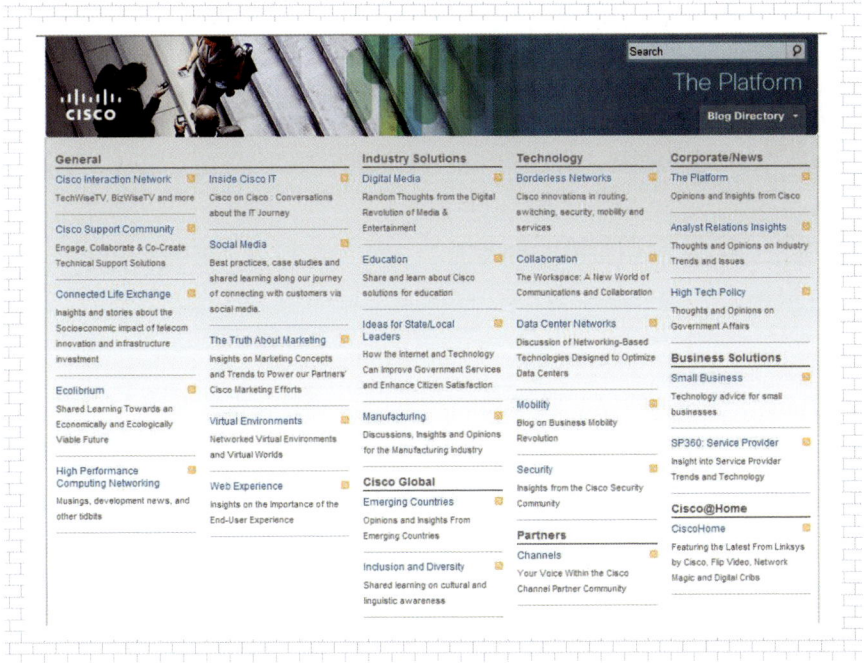

Abbildung 11.2: Cisco bietet eine Vielzahl informativer Blogs für unterschiedliche Leser.

Die Daimler-Blogs sollen Einblicke in das Leben im Konzern geben und laut Uwe Knaus, dem Chef des Bereichs Web Communications bei Daimler, auch den vielen kleinen, unspektakulären Erlebnissen, Geschichten und Themen einen Raum geben, die ihren Weg nicht so leicht in die traditionellen Medien finden. Das Ziel der Daimler-Blogs ist es, die Reputation des Unternehmens zu stärken und es persönlicher und sympathischer wirken zu lassen.

---

4   http://en.community.dell.com/dell-blogs/Direct2Dell/b/direct2dell/default.aspx
5   http://blogs.cisco.com/

🐾 Blogging-Debakel bei der Bahn

Ein Beispiel eines Unternehmens, dessen Name in vielen Blogs kursiert – und das nicht immer im positiven Kontext – ist die Deutsche Bahn AG. »Komme später – fahre Bahn« ist das Motto des Bahnblogs von Stephan Hempelmann, und mit dem geachteten Blog Netzpolitik.org erlebte die Bahn 2009 ein PR-Desaster, als sie den Blogger Markus Beckedahl wegen eines Beitrags zur Überwachung von Mitarbeitern bei der Deutschen Bahn abmahnte. Beckedahl erhielt 444 Kommentare zu seinem Beitrag über die Abmahnung und fast 200 weitere für sein Update am folgenden Tage.

Die Geschichte machte aber nicht nur in der Blogosphäre, sondern auch in mindestens 20 Mainstream-Medien die Runde: Der Spiegel titelte »Blogger-David trotzt Bahn-Goliath« und brachte gleich drei Artikel hintereinander, Stern.de, TAZ, Chip, Heise und Deutschlandradio Kultur brachten Beiträge, die Grünen machten den Fall zum Politikum und der *Horizont* konstatierte: »Drohgebärde gegen Blogger wird für die Bahn zum Bumerang.«[6]

Abbildung 11.3: Bahn contra Beckedahl: Das ging schief.[7]

---

6   http://www.netzpolitik.org/2009/die-welle-nach-der-abmahnung/
7   http://www.netzpolitik.org/2009/deutsche-bahn-ag-schickt-mir-abmahnung/

> ☏ In Blogs wird viel über Produkte und Services geredet – vielleicht auch über Ihre! Bitte verfolgen Sie diese Gespräche genau und reagieren Sie auf Nennungen Ihrer Marke oder Ihrer Firma. Nehmen Sie Kritik nicht auf die leichte Schulter, sondern versuchen Sie, daran zu wachsen und durch persönlichen Einsatz aus Kritikern Fürsprecher zu machen.

11.2.1 Wozu sind Blogs gut?

Blogs können Ihrem Unternehmen auf unterschiedlichen Ebenen dienen: Auch als interne Blogs fördern sie die Kommunikation und Information im Unternehmen.

Hier geht es jedoch mehr um die externen Blogs, die als Marketinginstrument Bestandteil Ihrer Unternehmenskommunikation sind.

Eine Studie von Burson-Marsteller[8] hat belegt, dass drei Viertel der Beiträge, die in Blogs *über* Unternehmen gepostet werden, die Botschaften dieser Unternehmen schlecht oder verzerrt wiedergeben. Dem könne man entgegentreten, indem man selbst als Unternehmen in einem eigenen Blog eine überzeugende Botschaft aussendet. Wenn Blogger direkt auf hochklassigen Content des Unternehmens verlinken können, steigt die Chance, dass ihre Artikel kein verzerrtes Bild Ihrer Firma widerspiegeln. So zumindest lautet die Annahme der Experten.

> ☏ Viele Unternehmen scheuen den Aufwand des Bloggens. Sie sind der Meinung, dass dieses Engagement keine Rendite bringe, und sie fürchten, dass ihnen die Kontrolle über die Diskussion entgleiten könne. Diese Sorge ist unberechtigt. Wenn Sie sich in Social Media engagieren, können Sie fundierte Blogbeiträge auch über Twitter, Facebook, XING und andere Kanäle promoten und durch Repurposing (passgenau für das jeweilige Medium umschreiben) wiederverwenden. Dann ist der Aufwand per Saldo gar nicht mehr so groß.

Bloggen Sie über das, was Sie am besten kennen und können: Ihr Unternehmen, Ihr Produkt, Ihre Arbeit, Ihre Marke. Halten Sie das Blog möglichst aktuell und geben Sie darin Informationen, die auf Ihrer regulären Firmen-Homepage nicht zu finden sind (es sei denn, das Blog ist Bestandteil Ihrer Homepage).

Im Außenverhältnis können Sie mit einem Blog folgendes tun:

- Kunden beraten
- Zusatzinformationen über Ihre Produkte geben
- Einblicke in Ihr Unternehmen ermöglichen
- Ihre Persönlichkeit unterstreichen
- Feedback von Kunden einholen
- Bedürfnisse von Kunden in Erfahrung bringen
- Es als Drehscheibe zur Vernetzung mit Ihren sonstigen Aktivitäten Social Media-Aktivitäten nutzen
- Links und Empfehlungen generieren

---

8   http://www.burson-marsteller.com/Newsroom/Lists/PressReleases/DispForm.aspx?ID=525

Wie man dies am besten in die Praxis umsetzt, davon handelt der nächste Abschnitt. Doch zuvor noch ein weiteres Beispiel für den großen Einfluss von Blogs auf die öffentliche Meinung:

> **⏺ Rent a Rüttgers – die Macht der Blogs**
>
> Im Landtagswahlkampf 2010 in NRW zerrte das Blog »Wir in NRW« Enthüllungen über den früheren Ministerpräsidenten Jürgen Rüttgers ans Licht der Öffentlichkeit. Dieser hatte nämlich Privatgespräche gegen Stundenhonorar angeboten, um damit die klamme Parteikasse aufzubessern. Unter dem Schlagwort »Rent a Rüttgers« machte die Meldung Furore und wurde von 80.000 Leuten aufgerufen und weiterverbreitet.
>
> Das Blog »Wir in NRW«, das vom ehemaligen Chefredakteur der Westdeutschen Allgemeinen Zeitung (WAZ) Alfons Pieper betrieben wird, brachte auch noch andere Vorgänge ans Tageslicht, die dem Wähler übel aufstießen. Rüttgers verlor die Wahl in NRW.

11.2.2 Richtig bloggen

Hierzulande sind Unternehmensblogs deutlich weniger verbreitet als in den USA – zu Unrecht. Denn ebenso wie beim Microblogging-Dienst Twitter können auch in der Blogosphäre Ihre Mitarbeiter als Blogger mit eingebunden werden. Mit ihren persönlichen Kenntnissen, Erfahrungen und Stimmen können diese Menschen Ihrem Unternehmen ein Gesicht und eine positive öffentliche Wirkung verleihen und der Community wertvolle Informationen geben. Allerdings sollten Sie unbedingt vorher eine Policy entwerfen, damit die Betreffenden wissen, was im Blog erwünscht ist, was erlaubt und was verboten.

Die zweite Möglichkeit eines Corporate Blog ist ein so genanntes CEO-Blog, das vom Unternehmenschef selbst geführt wird. Auf diese Weise sind Tim O'Reilly vom O'Reilly-Verlag[9], Jonathan Schwartz von Sun[10] und Bob Lutz von General Motors[11] zu einflussreichen Meinungsmachern in ihren Branchen aufgestiegen.

Wenn weder der Firmenchef noch die Angestellten Zeit und Lust zum Bloggen haben, aber trotzdem unbedingt ein Firmenblog die Unternehmenskommunikation abrunden muss, kann auch ein externer PR-Experte mit dieser Aufgabe betraut werden. Allerdings sollten Sie in einem solchen Fall genau besprechen, in welchem Ton und von welchen Themen der Externe berichten soll, aber vor allem auch, was er *nicht* berichten soll.

> ✍ Ich halte nichts davon, Externe als Blogger zu beauftragen. Vergessen Sie nicht, dass Bloggen keine einseitige Aktivität ist: Sie wollen ja durch Ihr Blog nicht nur Werbebotschaften streuen, sondern direkt in Kontakt zu Ihren Kunden treten und deren Anregungen, Wünsche und Trends aufnehmen, mit ihnen diskutieren und persönliche Eindrücke hinterlassen. Niemand kann das so gut wie die Firmenangehörigen selbst.

Blogs werden im Plauderton geschrieben. Das bedeutet aber nicht, dass sie nur seichten Content enthalten, im Gegenteil. Viele Experten informieren sich aus Blogs über die neuesten Entwicklungen in ihren Fachgebieten. Die besten Blogs sind außerordentlich fundierte, präzise und aktuelle Quellen, deren Qualität jeden Vergleich mit etablierten Fachmedien aushält.

---

9   http://radar.oreilly.com/tim/

10   http://blogs.sun.com/jonathan/entry/bizarre_to_the_bazaar

11   http://fastlane.gmblogs.com/

CB   Meine Lieblingsblogs zum Thema Social Media Marketing sind in Englisch Mashable.com von Pete Cashmore und Techipedia.com von Tamar Weinberg, sowie in Deutsch Website-Marketing.ch von Philipp Sauber und das FAZ.net-Blog »Netzökonom« von Holger Schmidt (http://faz-community.faz.net/blogs/netzkonom/default.aspx). Weitere Empfehlungen finden Sie im Quellenteil dieses Buchs und den entsprechenden Kapiteln.

Bloggen will gelernt sein. Niemand möchte sich als »Klowand des Internet« lächerlich machen, schon gar nicht, wenn er eine attraktive Anlaufstelle für Kunden und andere Interessierte erschaffen möchte. Daher lesen Sie am besten zuerst andere renommierte Blogs aus Ihrer Branche oder Szene, um ein Gefühl für den Ton zu bekommen, der dort herrscht. Anschließend können Sie eine Strategie für ein eigenes Blog entwerfen.

11.2.3 Netikette für Blogger

Doch zunächst einige Best Practices. Ernsthafte Blogger befolgen die Richtlinien aus Charlene Li's Ehrenkodex:

🍃 Charlene Li's Blogger Code of Ethics

Den ultimativen Knigge für Blogs hat Charlene Li von Forrester Research im Jahre 2004 entworfen[12]. Er lautet wie folgt:

1.   Ich werde immer die Wahrheit sagen.
2.   Ich schreibe wohlüberlegt und präzise.
3.   Ich gebe Fehler zu und korrigiere sie sofort.
4.   Ich bewahre den Originalbeitrag auf und zeige an, wo ich Änderungen vorgenommen habe, um die Integrität meiner Veröffentlichung zu sichern.
5.   Ich werde niemals einen Beitrag löschen.
6.   Ich lösche keine Kommentare, es sei denn, sie sind Spam oder nicht zur Sache gehörig.
7.   Ich antworte prompt auf Kommentare und E-Mails, wenn es angebracht ist.
8.   Ich achte bei jedem Beitrag auf Qualität, einschließlich korrekter Rechtschreibung.
9.   Ich bleibe beim Thema.
10.   Wenn ich widerspreche, tue ich das respektvoll.
11.   Ich verlinke Online-Quellen und Originalbeiträge direkt.
12.   Ich lege Interessenkonflikte offen.
13.   Ich halte Privates privat, weil es meinen persönlichen und beruflichen Beziehungen nur schadet, private Dinge zu diskutieren.

Auf der Blogseite des Daimler-Konzerns sind die Kommentarrichtlinien weise überschrieben mit:

»Behandeln Sie andere Nutzer so, wie Sie selbst behandelt werden möchten.«[13]

---

12   Original: Forrester Best Practices Report, Blogging: Bubble Or Big Deal: When And How Businesses Should Use Blogs. http://forrester.typepad.com/ groundswell/2004/11/blogging_policy.html

13   http://blog.daimler.de/kommentar-richtlinien/

11.2.4 Best Practices für Blogger

- Lesen Sie gute Blogs. Diese erkennen Sie daran, dass sie authentisch sind, in ungekünstelter Sprache glaubwürdige und aktuelle Inhalte vermitteln und regelmäßig geführt werden. Wie überall ist es der erste Schritt zur Meisterschaft, von den Profis zu lernen. Verfolgen Sie interessante Posts und die Kommentare, die sich dazu ergeben.

- Überlegen Sie genau, welches Thema Sie besetzen können und wollen. In diesem Thema sollten Sie sich sehr gut auskennen und die aktuellsten Entwicklungen verfolgen.

- Bloggen Sie planmäßig und regelmäßig. Es ist gut, wenn sich Ihre Leser darauf einstellen können, dass Sie zu bestimmten Zeiten bestimmte Inhalte veröffentlichen. Die Macher des Blogs Facebookmarketing.de, Philipp Roth und Jens Wiese, veröffentlichen jeden Dienstag die aktuellen deutschen Nutzerzahlen für Facebook.

- Schreiben Sie zielgruppenorientiert. Wenn Sie für Jugendliche bloggen, können Sie Jugendsprache benutzen, aber wenn Sie sich an Firmenchefs, Techies, Mütter, Anwälte oder Hundezüchter wenden, sind jeweils unterschiedliche Formen der Ansprache angemessen. Bleiben Sie aber bei alledem authentisch! Wenn Ihre Beiträge sprachlich gekünstelt klingen, weil Sie sich bei einer bestimmten Zielgruppe anbiedern, vergraulen Sie Leser.

- Treten Sie professionell auf, mit einem guten Design. Die meisten Hosting-Plattformen bieten Designs (so genannte »Themes«) für jeden Geschmack an. Diese Themes von der Stange werden oft von sehr vielen Bloggern genutzt. Ein individuelles Design wirkt da professioneller. Am besten übernehmen Sie Ihr Corporate Design, wenn Sie ein solches haben, oder lassen sich von einem Grafiker ein gutes Design gestalten.

- Gliedern Sie Ihren Text optisch. Für das Lesen von Beiträge im Internet gelten andere Regeln als für das Lesen von Printmedien. Die Augen ermüden am Bildschirm schneller, auch wenn das vielen nicht bewusst ist. Hinzu kommt, dass viele Web-Inhalte heute gar nicht mehr vom Computerbildschirm, sondern von den viel kleineren Handy-Monitoren abgelesen werden. Durch Listen, Bilder, Überschriften, und Aufzählungspunkte können Sie Ihre Blogposts leserfreundlich gestalten.

- Binden Sie Multimedia-Elemente ein. Die meisten Blog-Systeme bieten Ihnen die Möglichkeit, Fotos, Videos und andere Elemente zu integrieren. Wenn Sie davon Gebrauch machen, werden Ihre Posts unterhaltsamer.

- Twittern Sie über Ihre Blogposts und verlinken Sie sie mit anderen Social Media-Aktivitäten. Auf diese Weise ziehen Sie mehr Besucher an. Sie können Ihre Posts auch auf Ihrer Homepage oder, in abgewandelter Form, bei XING, LinkedIn, Facebook usw. einstellen.

- Tragen Sie Ihr Blog in Blogverzeichnisse und Suchmaschinen ein. Auf diese Weise sorgen Sie dafür, dass Sie leichter gefunden werden, und erzielen bessere Suchmaschinenergebnisse. Sie können Ihr Blog bei Technorati, Networkedblogs, Google (das Unternehmen hat eine eigene Blog-Suchmaschine!), Bloggeramt, Blogalm und anderen Verzeichnissen eintragen lassen. Unter http://www.konzept-welt.de/promotion/blogverzeichnisse.html finden Sie eine umfassende Liste.

- Beantworten Sie Kommentare prompt (ausgenommen aggressive oder unsachliche Kommentare, diese können Sie löschen). Kommentare bedeuten Dialog, und Dialog ist genau das, worauf Sie mit Ihrem Social Media-Engagement aus sind. Ohne Nutzerfeedback und spannende Gespräche ist das Bloggen nur halb so interessant.

■ Schreiben Sie gelegentlich auch konstruktive Kommentare in anderen renommierten Blogs aus Ihrem Interessengebiet. Auf diese Weise können Sie wertvolle Kontakte knüpfen und sich selbst als kompetentes Mitglied der Community präsentieren. Aber Vorsicht: Es geht nicht um Selbstdarstellung, sondern um Mehrwert für die Nutzergemeinde. Schreiben Sie nur Beiträge, die es wert sind, gelesen zu werden.

■ Schützen Sie Ihr Blog vor Spammern. Spammer benutzen gelegentlich Blogs als Spam-Schleudern, indem sie Kommentare schreiben, die mit Links gespickt sind. Schützen Sie die Kommentarfunktion Ihres Blogs durch CAPTCHAs (das sind verzerrte Buchstaben/Zahlen-Kombinationen, die nur für das menschliche Auge lesbar sind, aber von automatisierten Systemen nicht erkannt werden können). Die meisten Blog-Hostingplattformen verfügen über eine automatische Spam-Erkennung.

11.2.5 Content is King

Nachdem Sie sich für ein Thema entschieden und die Szene eine Weile verfolgt haben, müssen Sie überlegen, welche Art von Inhalt Sie den Lesern bieten möchten. Folgende Inhalte haben sich bewährt:

■ Witziges

Mein Lieblingsblog aus dieser Kategorie ist das von der Hamburger Strafverteidigerin Alexandra Braun[14], deren kabarettistischer Humor eine große Fangemeinde erobert hat. Ihre Beiträge erhalten regelmäßig eine Vielzahl von Kommentaren und bescheren ihr einen Spitzenplatz im Ranking des Blogverzeichnisses http://www.jurablogs.com/.

Abbildung 11.4: Gute Laune garantiert: Humor aus der Anwaltspraxis.

---

14   http://rainbraun.blogspot.com/

■ Kundendienst

Ein gutes Beispiel für diesen Content-Typ bietet die Firma Dell mit ihren diversen Blogs. Dell ist mittlerweile ein ererfahren in der Social Media-Nutzung und hat gleich mehrere Blogs und Foren eingerichtet, in dem das Unternehmen gemeinsam mit den Kunden eine Community bildet, in der jeder sich Rat und Hilfe holen kann.

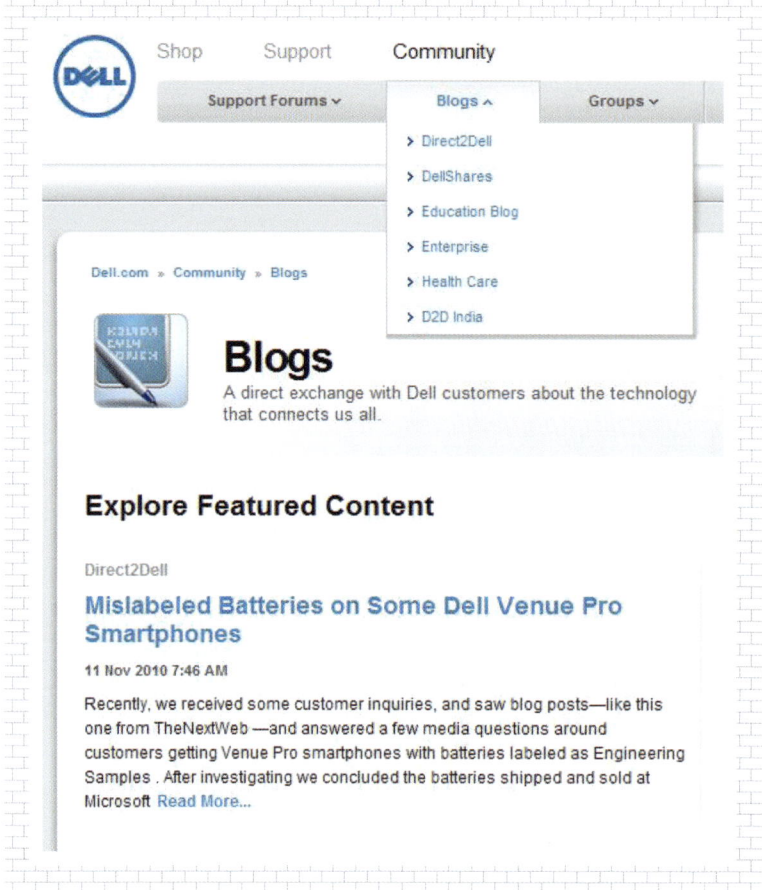

Abbildung 11.5: Blogs und Foren für alle Lebenslagen: Dell pflegt seine aktive Nutzer-Community.[15]

■ Berichte aus Ihrem Unternehmen

Die hohe Kunst des Social Media Marketing ist es, Menschen nicht nur zu erreichen, sondern zu aktivieren, sie hinter dem Ofen hervorzuholen und zur Interaktion mit Ihrem Unternehmen zu bewegen. Wettbewerbe und Gewinnspiele haben Hochkonjunktur im Social Web.

---

15   http://en.community.dell.com/dell-blogs/Direct2Dell/b/direct2dell/default.aspx

Ein Vorreiter des Corporate Blogging in Deutschland zeigt, wie es geht: die Firma Daimler. In ihren Corporate Blogs geht es um Themen wie Technik, Karriere, Einblicke ins Unternehmen und natürlich schöne Automobile. Die folgende Abbildung zeigt einen Blogbeitrag des Unternehmens zu seinem Designwettbewerb »Style your Smart«.

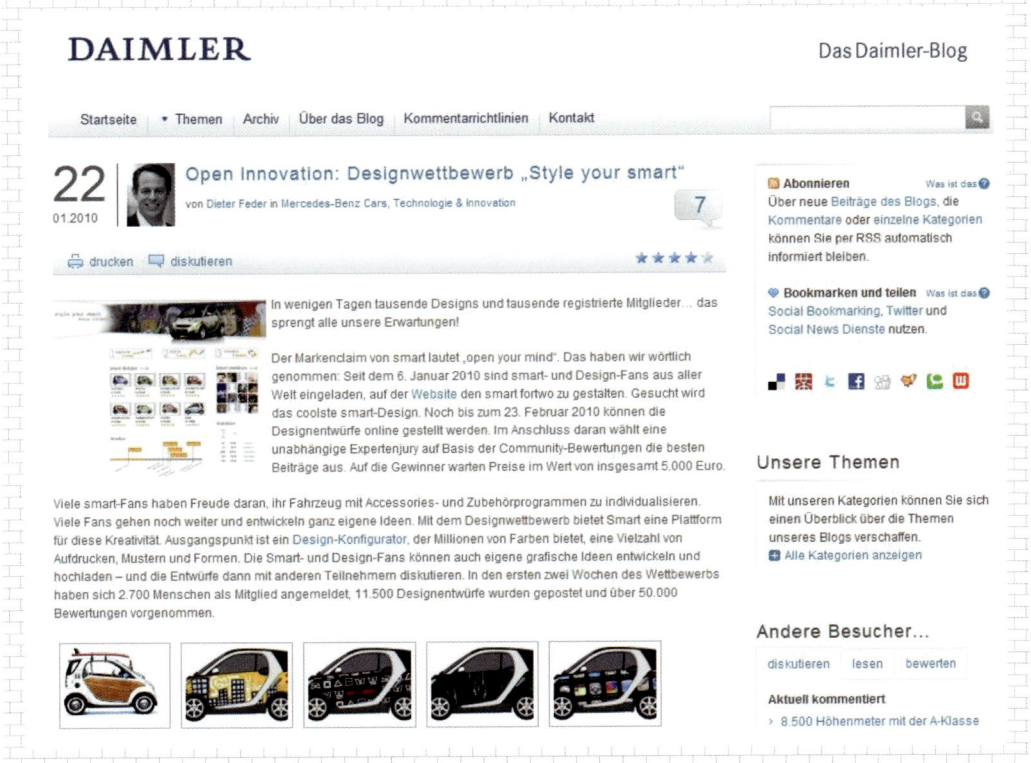

Abbildung 11.6: Das Daimler-Blog wirbt für einen Online-Designwettbewerb.

Da Daimler über eine gute Blogging-Policy verfügt und Mitarbeiter-Blogs fördert, haben sich unter dem Schirm der Daimler-Blogs wahre Fundgruben zu allen möglichen Themen im Daimler Konzern herausgebildet. Und das Schönste ist: Alle diese Blogger geben dem Konzern ein menschliches Gesicht, denn sie werden in der hauseigenen Blogging-Policy ausdrücklich ermutigt, in der Ich-Form zu schreiben und ihre eigenen Ansichten und Eindrücke authentisch und ehrlich wiederzugeben.

Wenn die Mitarbeiter Ihres Unternehmens ebenso leidenschaftlich und fachkompetent für Ihr Unternehmen eintreten, haben Sie möglicherweise einen PR-Schatz an Bord, der nur darauf wartet, gehoben zu werden.

▼ Themen   Archiv   Über das

Das Unternehmen (57)

Einstieg & Karriere (93)

Marken & Produkte (120)

   Mercedes-Benz Cars (70)

   Mercedes-Benz Vans (15)

   Daimler Trucks (26)

   Daimler Buses (9)

Technologie & Innovation (58)

Tradition & Geschichte (24)

Mitarbeiter & Gesellschaft (104)

Kommunikation & Web 2.0 (30)

Interview (15)

Gastbeitrag (18)

Umfrage (7)

Netzfundstücke (2)

Abbildung 11.7: Reiche Auswahl: Themenblogs bei Daimler.

Ein weiteres Unternehmen, bei dem die Blogbeiträge nicht glattgebügelt aus der PR-Abteilung, sondern authentisch und interessant herüberkommen, ist Frosta. Das Blog des Tiefkühlkost-Herstellers trifft den Nerv der Web-Community mit Witz und einem guten Content-Mix.[16] Ein Trainee berichtet über die polnische Niederlassung, in der er eingesetzt ist, und verlinkt den kultigen Frosta-Spot von YouTube, in dem Peter von Frosta die Spanierin Maria mit schnell zubereiteten Pasta becirct. In einem Beitrag aus dem Produktbereich entschuldigen sich Mitarbeiter dafür, dass sie zu spät berichtet hätten, welche Produkte aus dem Programm genommen wurden, und zeigen Bilder von den Tiefkühlmahlzeiten, die aktuell im Angebot sind. Ein humorvoll geschriebener Jahresrückblick 2010 gibt eine Fülle von Informationen über das Unternehmen, seine Marktstellung und seine Produktpalette und betont auch das Engagement des Unternehmens für Klimaschutz. Ein Making-of der beliebten Frosta-Werbespots zeigt Bilder vom Dreh – »In den Hauptrollen: Peter, Toni und ein Haartrockner.«

---

16   http://www.frostablog.de/

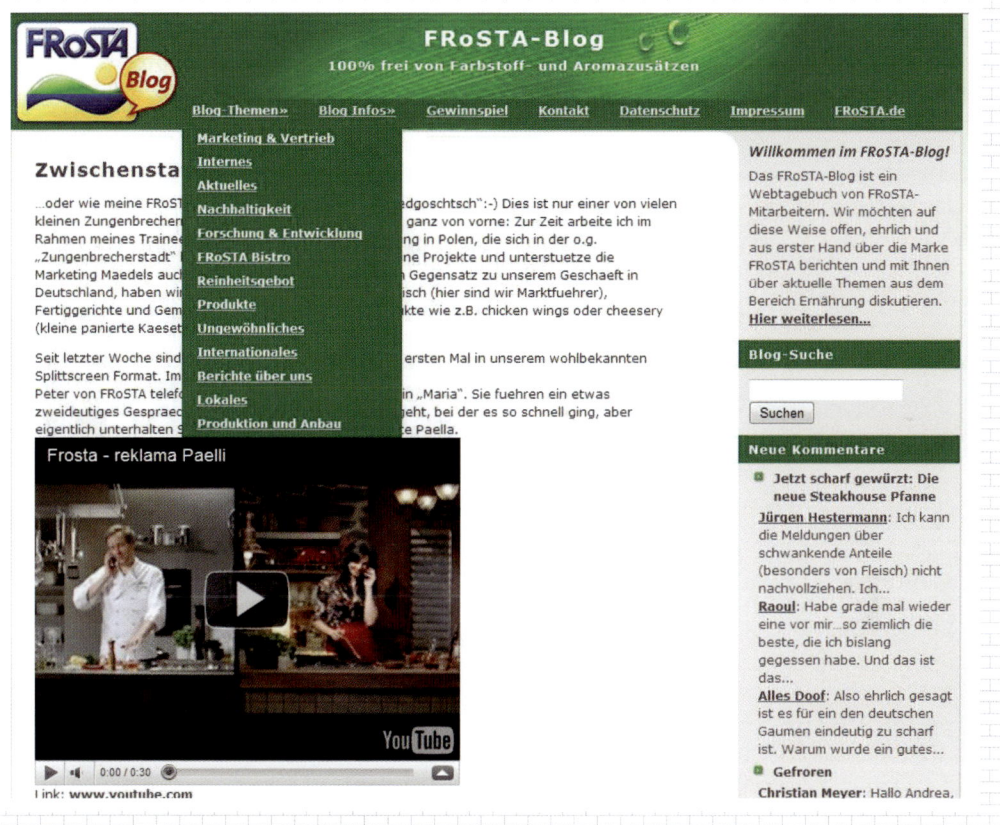

Abbildung 11.8: Humorvolle Beiträge und schöner Themenmix: Das Frosta-Blog.

■ Nachrichten

Wer es etwas sachlicher mag, kann versuchen, Nachrichten zu bloggen – wenn er schnell genug ist und den Aufwand nicht scheut, diese Nachrichten auch möglichst frisch zu beschaffen. Dieser Content-Typ erfreut sich naturgemäß bei Zeitungs- und Zeitschriftenverlagen großer Beliebtheit. Nicht zuletzt heißt es: Die Zeitung ist das Medium, in dem man lesen kann, was gestern im Internet stand.

Suchen Sie sich einen guten Nachrichtenlieferanten aus Ihrer Branche und schreiben Sie Artikel über alles, was neu und cool ist. Und vergessen Sie nicht, großzügig auf Ihre Quellen zu verlinken.

> ✆ Beenden Sie Ihren Beitrag möglichst mit einer Frage ans Publikum. So etwa nach dem Muster: Und was halten Sie davon? Haben Sie das auch schon einmal erlebt? Welche Erfahrungen haben Sie mit dem Verfahren xy gemacht? Auf diese Weise können Sie Leser motivieren, Kommentare zu Ihren Beiträgen zu schreiben.

■ Listen

Gerade in der Social Media-Szene sind sie beliebt: Beiträge unter dem Motto »Die zehn Tipps für…«, »Die fünf Geheimnisse«, »Die sieben Tools«, »Die dreizehn Todsünden« und dergleichen mehr. Solche Posts sind optisch gut zu strukturieren und ziehen viele Leser an, denn die Menschen machen sich das Leben gerne einfach.

Abbildung 11.9: 12 Tipps für eine erfolgreiche Twitter-Kampagne verrät Vasilis Vryniotis.

■ Tutorials

Solche Beiträge sind beliebt, weil sie auf die Bedürfnisse der Rezipienten und nicht der PR-Macher Rücksicht nehmen, und weil sie einen echten Mehrwert bringen. Und wenn sie gut gemacht sind, bekommen sie auch viele Backlinks und Retweets.

Tutorials eignen sich für fast jede Branche. Ein Computerbuch-Fachverlag kann ein Tutorial ins Netz stellen, das Programmierern verrät, wie sie ein bestimmtes Problem mit PHP lösen. Friseure können ein Video-Tutorial drehen, das zeigt, wie man eine Hochzeitsfrisur aufsteckt. Restaurants können Zubereitungstipps geben. Autohäuser können verraten, wie man einen PKW winterfest macht. Der Fantasie sind fast keine Grenzen gesetzt, erst recht nicht, da es ja heute die Möglichkeit gibt, Blogbeiträge durch Fotos und Videos anzureichern.

11.2.6 Hosting-Plattformen für Blogs

Die drei folgenden Blog-Plattformen gehören zu den beliebtesten Angeboten auf dem Markt. Ich halte sie für ebenbürtig. Für welches Sie sich letztlich entscheiden, ist Ihre Geschmackssache.

11.2.7 WordPress

WordPress ist eine Blogging-Software zum Herunterladen, aber gleichzeitig auch eine Blogging-Plattform, auf der Sie kostenlos Ihr Blog einrichten können. Das auf PHP und MySQL basierende, quelloffene System wurde im Dezember 2010 von 50.000 Bloggern verwendet und bietet umfangreiche Funktionen und jede Menge Plugins, Widgets und Themes. Wenn Sie WordPress ausprobieren möchten, richten Sie am besten zunächst unter http://de.wordpress.com/ ein gehostetes Blog ein. Unter http://wordpress-deutschland.org/beispiele finden Sie eine Fülle von Beispiel-Blogs als erste Orientierungshilfe.[17]

Wenn Sie Ihre Blogposts auch auf anderen Kanälen verbreiten oder verbreiten lassen möchten, dann sollten Sie einige Share-Widgets in Ihr Blog einbauen. Dabei handelt es sich um kleine Buttons, die dem Leser ermöglichen, Ihren Beitrag per Mausklick mit ihrer Community zu teilen – ein sehr nützliches kleines Feature.

Auf Wordpress.org bin ich auf einen interessanten Beitrag gestoßen, der eine solche Button-Sammlung nebst Installationshinweisen zum Herunterladen anbietet. Die Adresse lautet http://wordpress.org/extend/plugins/simple-social-sharing-widgets-icons/.

Blogger von Google bietet umfassende Services auf allen möglichen Social Media-Kanälen an, und der Blogger-Service (www.blogger.com) ist nicht der Geringste davon. Nach der kostenlosen Anmeldung können Sie den Vorlagen-Designer nutzen und alle möglichen textgebundenen oder multimedialen Inhalte in Ihrem Blog veröffentlichen. Die Nutzung ist einfach und intuitiv. Ein Vorteil von Blogger ist die Vernetzung mit anderen Google-Angeboten, wie zum Beispiel Picasa und Google Buzz.

11.2.8 Posterous

Ein weiteres Blogging-System ist Posterous (https://posterous.com/). Nach der Einrichtung Ihres Benutzerkontos bekommt Ihr Blog eine URL nach dem Schema http://nutzername.posterous.com/. Posterous-Nutzer loben dieses System als besonders einfach und intuitiv. Es bietet ähnliche Features wie die anderen Systeme: Multimediale Inhalte, Widgets, Schnittstellen und Vernetzung mit anderen Angeboten.

---

17   Die Plattform ist ein kommerzielles Angebot der Firma Auttomatic, siehe http://www.crunchbase.com/company/automattic

12 Business-Netzwerke

Auf den folgenden Seiten werde ich Ihnen die beiden wichtigsten Plattformen für geschäftliches Networking vorstellen und hinterfragen, wie man sie für Social Media Marketing einsetzen kann. Manche sind der Meinung, dass Business-Plattformen gar keine sozialen Netzwerke seien, sondern vielmehr Recruiting-Portale[1]. Tatsächlich wird beispielsweise XING intensiv für das Recruiting genutzt. Aber auch die Gruppen mit ihren Fachforen und die Events und Einladungen sind nützliche Werkzeuge, um mit Multiplikatoren und Interessenten in Verbindung zu treten. Da Social Media Marketing mehr ist als nur Werbung, sehe ich auch in Business-Netzwerken Potenzial, insbesondere für das Networking mit der Branche, Reputationsmarketing und B2B-Marketing.

Während XING in Deutschland, Österreich, der Schweiz und der Türkei stark ist, hat LinkedIn in allen anderen Ländern der Welt deutlich mehr Mitglieder[2]. Deshalb werde ich mich auf diese beiden Plattformen konzentrieren.

Business-Communities dienen dem Kontakt zwischen Berufstätigen verschiedener Disziplinen. Daraus lassen sich einige wichtige Aussagen ableiten:

- Sie haben weniger Mitglieder als Portale wie Facebook, die sich an die Allgemeinheit wenden.
- Dafür ist die Mitgliederstruktur anders, denn im Durchschnitt sind die Mitglieder der Business-Netzwerke gebildeter, älter und erfolgreicher.[3]
- Sie sind weniger auf den Spaßfaktor und mehr auf Wissenstransfer und Vernetzung ausgelegt.
- Sie sind seriöser und vertrauenswürdiger als Facebook und Co.
- Die Mitglieder sind mit ihrem echten Namen angemeldet und nicht unter einer erfundenen Identität.
- Sie eignen sich besonders für Recruiting, berufsspezifische Vernetzung und B2B-Marketing.

---

1   http://www.website-marketing.ch/7004-social-networks-teil-210---xing-die-headhunter-plattform
2   vgl. die demographischen Daten von Alexa unter http://www.alexa.com/siteinfo/linkedin.com und http://www.alexa.com/siteinfo/xing.com
3   Laut dem Analysedienst Alexa sind die XING-Besucher tendenziell 35 bis 44 Jahre alt, haben das Abitur oder ein Studium vorzuweisen und sind kinderlos, siehe http://www.alexa.com/siteinfo/xing.com

12.1 XING

XING (bis 2003 openBC) ist ein Netzwerk, das hauptsächlich dem Kontakt zu Communities rund um Ihre berufliche Sphäre dient. Da Sie dieses Buch gekauft haben, sind Sie mit einer gewissen Wahrscheinlichkeit bereits Mitglied bei XING, dem beliebtesten und größten Business-Netzwerk in Deutschland und weiten Teilen Europas. Vor Jahren tat ich meinen ersten Schritt in die sozialen Medien, indem ich auf Anraten einer technisch versierten Freundin ein Benutzerkonto bei XING einrichtete, und vielen anderen mag es ähnlich gegangen sein.

12.1.1 Wen erreichen Sie bei XING?

Nach den Zahlen der AGOF (Arbeitsgemeinschaft Online-Forschung) brachte es XING Mitte 2010 auf mehr als vier Millionen Nutzer, von denen knapp die Hälfte als Business Professionals gelten, die Akademiker sind oder über ein Haushaltseinkommen von mindestens 3.500 Euro verfügen.[4] Damit hat XING eine größere Reichweite als andere Business-Medien, was sowohl die klassischen Plattformen von Handelsblatt, FTD und ähnlichen als auch Portale wie LinkedIn im Web 2.0 umfasst. Knapp 60 Prozent der Nutzer gehören zur Altersgruppe zwischen 30 und 50 Jahren, rund 65 Prozent sind männlich. Die Nutzerstruktur ist also grundverschieden von der Facebook-Community.

> ❧ Unter Werben auf XING| Traffic & Zielgruppe finden Sie aktuelle und präzise Daten über die Nutzergemeinde dieses Portals. Der Link verbirgt sich in der unteren Navigationsleiste am Fuß der Seite.

80 Prozent der deutschen Führungskräfte haben ein Profil bei XING. Obwohl viele davon passiv bleiben, ist dieser Wert doch eine Empfehlung für alle, die XING für B2B-Kontakte nutzen möchten. Insofern ist XING auch für Social Media Marketing eine nützliche Plattform, denn Sie erreichen dort ein Publikum, das nicht unbedingt auch bei Facebook und Twitter zu Hause ist.

Marketingtreibende im B2B-Bereich finden auf XING vertrauenswürdige Profile, gute Targeting-Tools und eine wachsende Zahl von Werbemöglichkeiten. Diese sollen sich allerdings in Zukunft eher auf Kampagnen und Partnerschaften konzentrieren, um auszuschließen, dass die XING-Nutzer von Werbung überschwemmt werden.

Ein Beispiel: Wenn Sie über das Event-Tool von XING an einem bestimmten Ort ein Event buchen, bekommen Sie automatisch Hotelvorschläge in dieser Gegend, einige darunter zu Sonderkonditionen. Damit strebt XING eine unaufdringliche Form der Werbung an, die von der Community eher als Service denn als Belästigung empfunden wird.

12.1.2 Wie nutzen Sie XING richtig?

Der Einstieg gestaltet sich so ähnlich wie in Facebook und anderen sozialen Netzwerken: Sie eröffnen ein Benutzerkonto, laden ein Profilbild hoch und personalisieren Ihr Profil mit den Informationen, die Sie über sich preisgeben möchten. In der Rubrik Persönliches können Sie eintragen, was Sie bei XING suchen und was Sie anderen Community-Mitgliedern zu bieten haben. Unter Berufserfahrung haben

---

4   http://blog.xing.com/2010/06/die-neuen-agof-zahlen-sind-da-xing-mit-389-millionen-unique-usern/

Sie die Möglichkeit, Ihren Werdegang darzustellen. Viele XING-Nutzer entscheiden sich dafür, ihre KONTAKTDATEN nur bestätigten Kontakten zugänglich zu machen. Die Einstellungen zur Privatsphäre erreichen Sie über die Auswahl START | EINSTELLUNGEN | MEINE PRIVATSPHÄRE.

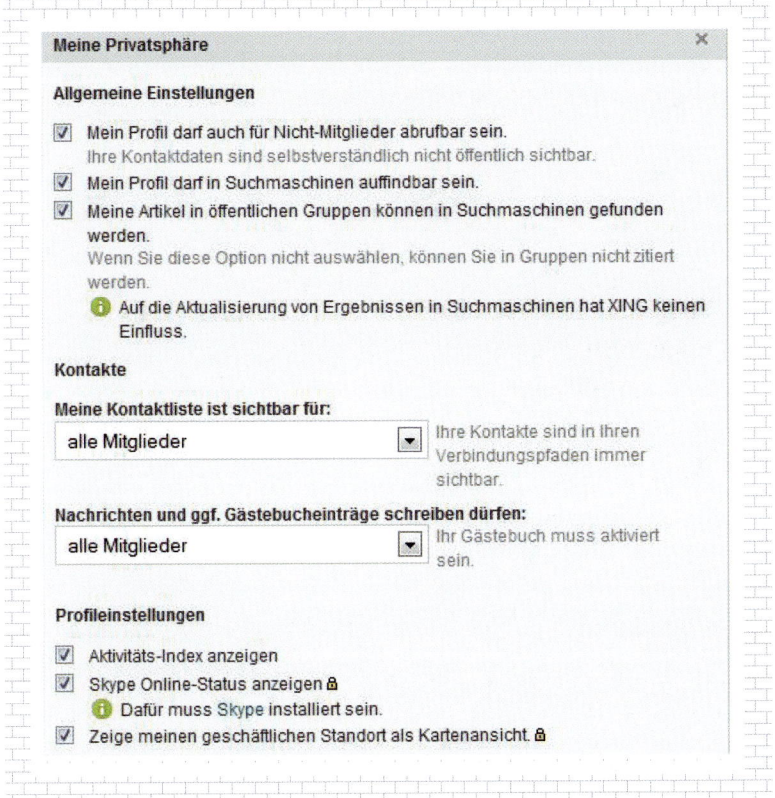

Abbildung 12.1: Ihre Kontaktdaten werden standardmäßig nicht für alle Welt freigegeben.

Wer XING richtig nutzen möchte, wird über kurz oder lang von der kostenlosen Basis-Mitgliedschaft auf die kostenpflichtige Premium-Mitgliedschaft wechseln. Diese kostet je nach Verlängerungszeitraum fünf bis sieben Euro pro Monat. Abgesehen davon, dass Sie damit die Werbung auf Ihrer XING-Seite loswerden, haben Sie Zugang zu erweiterten Funktionen und können beispielsweise Ihren XING-Kontakten direkt Nachrichten schreiben oder ermitteln, wer Ihr Profil aufgerufen hat.

> ☙ Je ausführlichere Informationen Sie geben, umso besser können sich potenzielle Interessenten oder Geschäftspartner ein Bild davon machen, was sie von Ihnen zu erwarten haben. Damit sinkt die Hemmschwelle für eine Kontaktaufnahme.

12.1.3 Community-Building bei XING

Es ist relativ einfach, über Gruppen und gemeinsame Interessen mit anderen XING-Mitgliedern Kontakt aufzunehmen. Entweder senden Sie selbst eine Kontaktanfrage, oder Sie werden von jemand anderem kontaktiert. Es gibt auch die Möglichkeit, zwei XING-Mitglieder einander vorzustellen.

> ✂ Es gehört zum guten Ton, die Kontaktaufnahme zu begründen und sich für die Annahme einer Kontaktanfrage zu bedanken.

Wie auch in anderen Netzwerken haben Sie die Möglichkeit, die Kontakte Ihrer bestätigten Kontakte einzusehen. Diese so genannten Kontakte zweiten Grades können Ihnen für den weiteren Aufbau Ihrer Community Anhaltspunkte liefern.

12.1.4 XING-Funktionen für Unternehmen

In der unteren Navigationsleiste finden Sie Links FÜR UNTERNEHMEN, die Informationen über Werbung auf XING, Recruiting und sonstige Unternehmensfunktionen erschließen.

Die Statistiken unter WERBEN AUF XING|TRAFFIC & ZIELGRUPPE wurden oben bereits angesprochen.

Die BEST OFFERS geben Unternehmen die Möglichkeit, Produkte und Dienstleistungen im XING- Newsletter oder auf der XING-Plattform zum Sonderpreis für Mitglieder oder in geschlossenen Nutzergruppen anzubieten. In diesem Programm können Sie zum Beispiel spezielle Sonderaktionen für XING-Mitglieder durchführen. Das Angebot kostet allerdings mindestens 12.000 Euro pro Vierteljahr.

Zunehmend entdecken Personalsuchende XING als Recruiting-Plattform. Diesem Bedarf trägt das Unternehmen mit einer Recruiter-Mitgliedschaft und speziellen Funktionen für Jobangebote, Kandidatensuche, Profilabgleich und Unternehmensvideos Rechnung.

In den XING-Enterprise Groups können Unternehmen, Organisationen und Hochschulen Communities in der Community einrichten. Die Vorteile dieser unternehmenseigenen Plattformen:

- Die Vernetzung und der Wissensaustausch im Unternehmen werden gefördert.
- Junge Talente, Bewerber und Alumni können Sie leichter finden.
- Sie verbessern die Sichtbarkeit Ihrer Marke.
- Die Gruppe ist geschlossen und Sie können selbst entscheiden, wer Zugang bekommt und wer nicht.
- Termine innerhalb der Gruppe lassen sich leichter organisieren.

Sie können ein Unternehmensprofil anlegen, um Ihre Präsenz auf XING auszuweiten und mit anderen Social Media-Aktivitäten zu vernetzen.

Wie bei allen anderen Social Media-Portalen empfiehlt sich natürlich auch bei XING, eine klare Strategie zu verfolgen. Die Deutsche Telekom beispielsweise stellt auf ihre Unternehmensseite bei XING hauptsächlich Nachrichten von TelekomKarriere via Twitter, um ihr Image bei technikaffinen Externen zu stärken. Dagegen richtet sich die Telekom-Community in den Enterprise Groups mehr an interne Mitarbeiter und Alumni des Unternehmens.

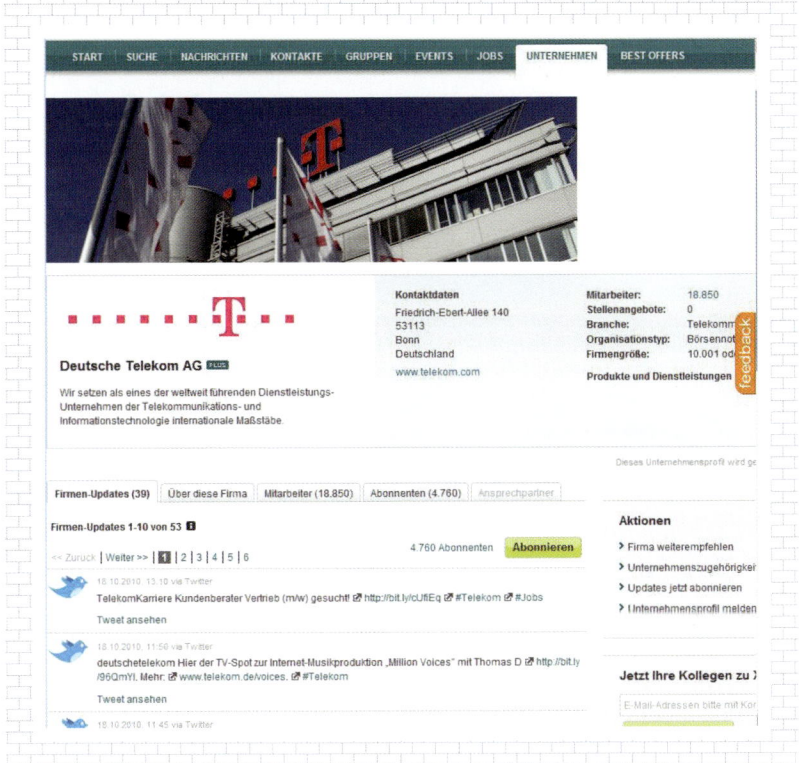

Abbildung 12.2: Die Telekom hat ihr Unternehmensprofil bei XING mit ihrem Twitter-Konto vernetzt.

12.1.5 Allgemeine Features von XING

Profil

Ihr Profil ist Ihre Visitenkarte im Netz von XING. Was Sie darin eintragen können, wurde weiter oben bereits besprochen. Auf der Profilseite können Sie aber auch in Erfahrung bringen, wer Ihr Profil in letzter Zeit aufgerufen hat, wer das sucht, was Sie bieten oder umgekehrt das bietet, was Sie suchen – eine nützliche Funktion für Mitglieder, die auf der Suche nach Jobs oder Projekten sind. Darüber hinaus können Sie über einen Link rechts oben auf der Seite tägliche Statusmeldungen einstellen.

Persönliche Startseite

Hier sehen Sie, was sich in Ihrem Netzwerk tut. Ähnlich wie bei Facebook werden die Statusmeldungen Ihrer Kontakte in einer Art Zeitleiste untereinander angezeigt und Sie haben die Möglichkeit, mit einer Nachricht auf den Eintrag des betreffenden Mitglieds zu reagieren. Außerdem haben Sie Zugriff auf Ihren Posteingang, denn bei XING können sich Mitglieder persönliche Nachrichten schicken. Zusätzlich können Sie sich über empfangene Event-Benachrichtigungen informieren. Auf der rechten Seitenleiste befindet sich ein Link, über den Sie die Startseite an Ihre individuellen Bedürfnisse anpassen können.

Suche

XING verfügt über eine allgemeine Suchfunktion und die Powersuche, die nur Premium-Mitgliedern offensteht. Die reguläre XING-Suche findet Personen nach Name, Stadt und Branche, sowie für Premium-Mitglieder auch nach Firma, Interessen oder beliebigen Stichworten. Die Suchergebnisse lassen sich nach verschiedenen Kriterien filtern. Darüber hinaus besteht die Möglichkeit, einen Suchauftrag einzurichten, der Ihnen neue Suchergebnisse per E-Mail meldet.

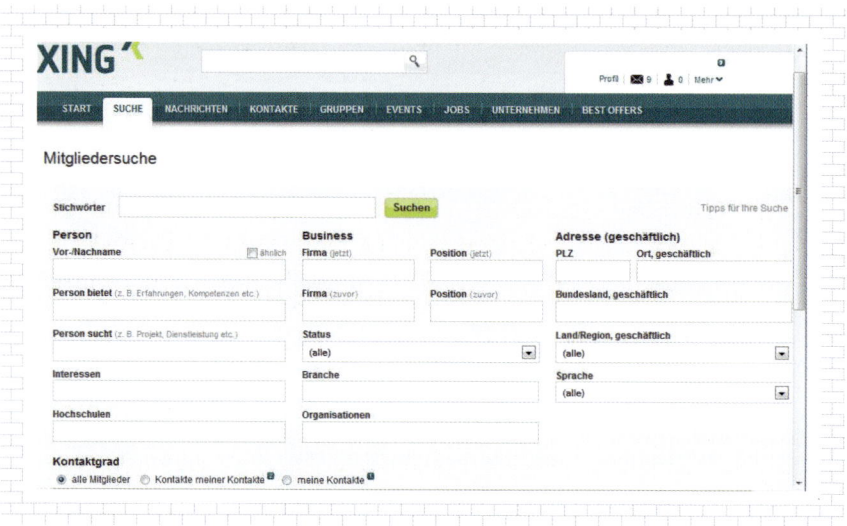

Abbildung 12.3: XING verfügt über komfortable Suchoptionen.

Powersuche

Die Powersuche bietet Ihnen die Möglichkeit, über die Standardsuche hinaus mehr als 20 zusätzliche Suchoptionen einzurichten und mit intelligenten Suchfiltern zu verknüpfen.

Nachrichten

Sie können bei XING anderen Mitgliedern Direktnachrichten schicken. Auf diese Weise treten Sie mit Personen per E-Mail in Kontakt, deren E-Mail-Adresse Sie nicht kennen, und brauchen umgekehrt auch nicht gleich Ihre »richtige« E-Mail-Adresse herausgeben, wenn der Kontakt zunächst einmal probehalber hergestellt werden soll. Ihren eigenen Posteingang bei XING können Sie mit Suchfunktionen durchforsten.

Adressbuch

Ursprünglich galt XING hauptsächlich als virtuelles, sich selbst aktualisierendes Adressbuch. Auf die Kontakte in Ihrem XING-Adressbuch können Sie auch mit dem Mobiltelefon oder dem iPad zugreifen.

Events

Die XING-Events dienen dem Netzwerken im realen Leben. Es gibt immer mal wieder Events in den Gruppen, zu denen dann auch die Gruppenmitglieder eingeladen werden. Diese sind ein angenehmer Rahmen, um Menschen, die man bisher nur aus Netzkontakten kennt, von Angesicht zu Angesicht kennen zu lernen oder Geschäfte im individuellen Gespräch anzubahnen. Sie können auch selbst mit wenigen Mausklicks Ihre Kontakte zu einem Event einladen; die Resonanz darauf ist meist stärker als die Reaktionen auf einen Newsletter.

Jobs

Die Jobbörse bei XING ist ein beliebtes Instrument für Recruiter und feste und freie Mitarbeiter gleichermaßen. XING ist in mancher Hinsicht ebenso sehr eine Headhunter-Plattform wie ein soziales Netzwerk, weil es für Personalsuchende und Stellensuchende besondere Funktionen bietet, darunter eine Jobsuche, die Möglichkeit, Jobangebote einzustellen und eine besondere Recruiting-Mitgliedschaft.

Applikationen

Hinter diesem Link im Startmenü verbergen sich Anwendungen, die Sie mit Ihrem XING-Profil verbinden können, etwa das Tool »Twitter Buzz«, das Ihnen einen thematischen Überblick über Neuigkeiten auf Twitter gibt. Darüber hinaus haben Sie die Wahl unter News-Applikationen und Anwendungen für die Planung von Meetings, Events und Projekten. Interessant: Die Applikation »XING-Mitglieder fragen« ermöglicht Ihnen, die Kompetenz der Community anzuzapfen und sich Rat zu holen. Mit dieser Funktion wird XING zu Ihrem Frage-und-Antwort-Portal.

> ℭℨ Beantworten Sie selbst auch Fragen anderer Mitglieder. Damit bringen Sie sich ins Gespräch, zeigen Fachwissen und Hilfsbereitschaft und können zusätzlich Kontakte herstellen. Wenn Sie besonders aktiv und kompetent in die Community hineinwirken oder interessante Diskussionen starten, können Sie sich sogar als Meinungsführer zu einem Thema etablieren.

XING für Smartphone

Mit internetfähigen Mobiltelefonen können Sie XING auch unterwegs nutzen, das heißt, Ihr Adressbuch, Ihre Nachrichten, Foren, Mitglieder, Events, Statusmeldungen und sämtliche anderen Features über XING Mobile abrufen.

12.1.6 XING-Gruppen

Da die Gruppen von XING für die Zwecke Ihres Social Media Marketing mit Abstand die wichtigste Funktion darstellen, behandele ich sie in einem eigenen Abschnitt. In mehr als 30.000 Gruppen können Sie sich mit den unterschiedlichsten Branchen und Interessengruppen vernetzen. Suchen Sie mithilfe von Stichworten nach Gruppen, deren Themen Sie interessieren, und verfolgen Sie die Diskussionen darin. Beachten Sie auch die Mitgliederzahlen, die ganz rechts in der Auflistung der relevanten Gruppen angezeigt werden.

> ℭℨ Aus den Profilen Ihrer Kontakte können Sie ersehen, in welchen Gruppen diese Mitglied sind. Vielleicht finden Sie dort wertvolle Anregungen, um einzuschätzen, in welchen Gruppen sich für Sie eine Mitgliedschaft lohnt. Außerdem können Sie sich von Kontakten in Gruppen einladen lassen, deren Zugang beschränkt ist.

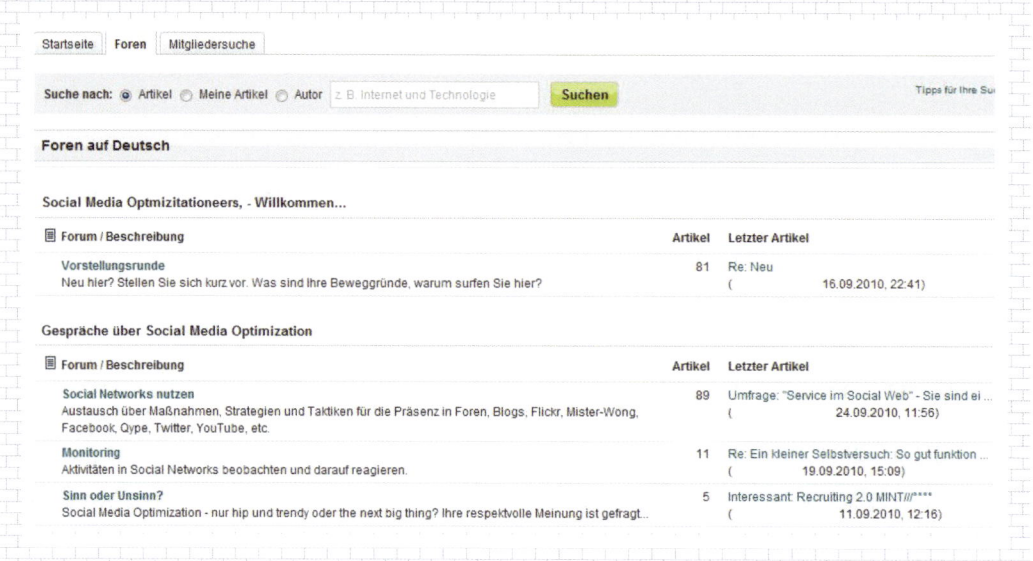

Abbildung 12.4: Eine Suche nach dem Stichwort »Social Media Marketing« liefert 123 relevante Gruppen.

Die Gruppen bei XING haben Foren, in denen Mitglieder Artikel einstellen und diskutieren. In diese Foren und Diskussionen können Sie auch Einsicht nehmen, ohne Mitglied der Gruppe zu sein.

Die größeren XING-Gruppen mit mehreren Tausend Mitgliedern haben häufig eine Vielzahl an Foren mit hochklassigen fachlichen Informationen zu bieten. Wenn Sie auf die Registerkarte FOREN klicken, werden diese untereinander aufgelistet, wobei neben dem jeweiligen Forum auch die Zahl der darin geschriebenen Artikel und das Thema des neuesten Eintrags einschließlich Autor ersichtlich sind. Typischerweise ist das oberste Forum einer Vorstellungsrunde gewidmet: Es gehört zum guten Ton, dass sich neue Gruppenmitglieder bei dem Rest der Community vorstellen.

🐾 Fallstricke bei XING

Wie in allen Foren sind auch die Beiträge in XING-Gruppen nicht immer von hoher Qualität. Das Niveau mancher Fragen und Antworten ist nicht viel besser als auf den klassischen F&A-Sites. Rechnen Sie bitte nicht damit, bei XING nur Profis anzutreffen und verlassen Sie sich nicht blind auf die Informationen in den Foren.

Manche Community-Mitglieder versuchen auf freche Weise, kostenlos von der Kompetenz anderer zu profitieren. So erzählte mir eine befreundete Rechtsanwältin, dass sie in XING-Foren häufig um kostenlose juristische Auskünfte angegangen worden sei. Ähnlich ärgerliche Erlebnisse hatten auch andere Dienstleister.

Wenn Sie sich entschlossen haben, einer Gruppe beizutreten, klicken Sie sie an und nutzen den Button JETZT MITGLIED WERDEN!. Alle Gruppen von XING sind moderiert und viele haben eine Zugangsbeschränkung. Um zu einer solchen geschlossenen Gruppe Eintritt zu bekommen, schicken Sie eine kurze Beitrittsbegründung an den Moderator und bekommen schon bald darauf eine Nachricht, die

Ihre Aufnahme bestätigt. Forenbeiträge können Sie per E-Mail oder als RSS-Feed abonnieren oder auf Ihrer Startseite anzeigen lassen. Natürlich können Sie auch durch die Einladung eines anderen Mitglieds Zutritt zu einer Gruppe bekommen.

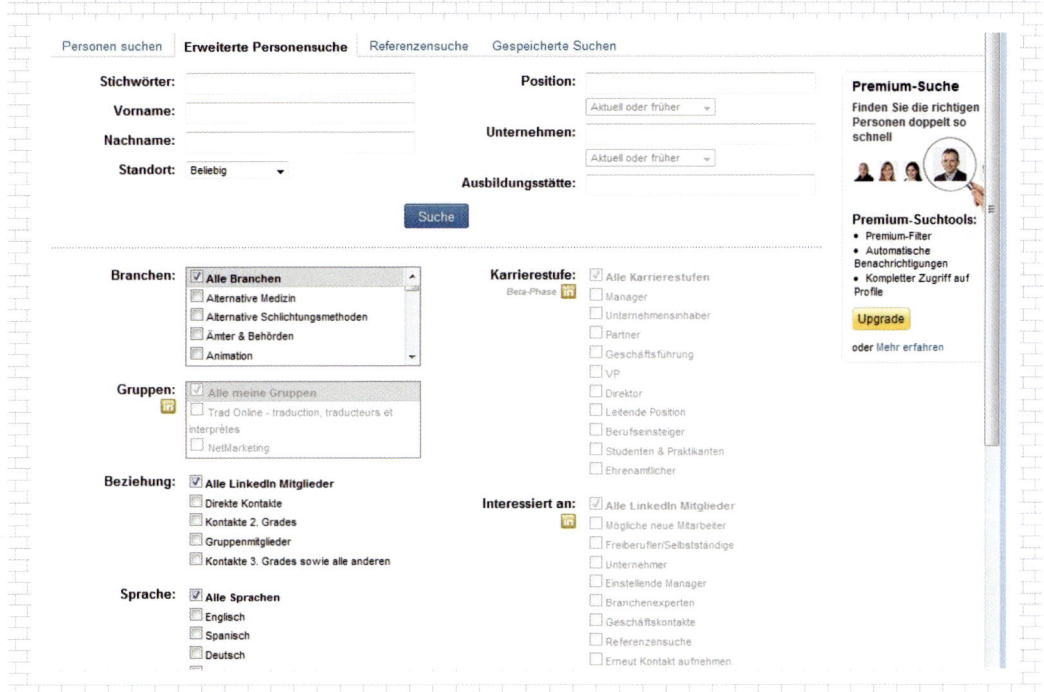

Abbildung 12.5: Das sind nur die ersten vier Foren der Gruppe »Social Media Optimization«.

Als Mitglied können Sie auch eine eigene Gruppe gründen, um Ihre Präsenz zu verstärken. Beachten Sie dabei aber die Regeln und ganz besonders die Relevanz Ihres Vorhabens, und denken Sie daran, dass eine eigene Gruppe, wenn sie denn gut laufen sollte, auch einen gewissen Pflegeaufwand erfordert. Manche Gruppen bei XING haben nämlich genau null Mitglieder – ein trauriges Bild.

Häufig wurde gesagt, dass sich XING für das virale Marketing weniger eigne als andere Plattformen, weil bei XING die klassische One-to-One-Kommunikation vorherrsche und nicht der dynamische Many-to-Many-Stil. Die Diskussionen in den Gruppen und Foren sprechen da eine andere Sprache. Denn hier wird nicht nur fachlich diskutiert, sondern es werden auch jede Menge Links gepostet.

Viele Beiträge in den Foren von XING-Gruppen zielen darauf ab, Marketing zu betreiben – sei es das Selbstmarketing von Job-Suchenden oder das Unternehmensmarketing von Firmen. Das ist legitim, solange die Verfasser sich an den Bedürfnissen der Leser orientieren und nicht nur an ihren eigenen. Für Beiträge bei XING gilt sinngemäß wie für alle sozialen Netzwerke: Nur wenn Sie der Community interessantes »Futter« anbieten, können Sie nützliche Kontakte knüpfen.

Werben Sie also nicht nur für Ihre neuen Produkte und missbrauchen Sie XING nicht als Link-Schleuder, sondern versuchen Sie auch hier, aktuell, offen, persönlich, kommunikativ und vor allem interessant zu sein. Beantworten Sie Fragen, flechten Sie bei passender Gelegenheit Verweise auf Ihre anderen Social Media-Accounts oder ihre Website ein, stellen Sie Fragen und animieren Sie die Community zu Feedback, um sich eine möglicht große Fangemeinde zu erobern.

> ✂ Wenn Sie bei XING auf interessante Personen treffen, schauen Sie doch einmal nach, ob Sie diese auch bei Twitter, Facebook und Co. finden können.

12.2   LinkedIn

Das amerikanische Business-Netzwerk LinkedIn trat 2009 in einer deutschsprachigen Version an, um XING hierzulande Konkurrenz zu machen. Leider hat es das größte Business-Netzwerk der Welt noch nicht geschafft, solche Links wie WERBUNG und LÖSUNGEN FÜR DIE PERSONALBESCHAFFUNG mit deutschem Text zu hinterlegen.

Ungeachtet dessen ist LinkedIn aufgrund seiner weltweiten Reichweite für Unternehmen und Personalsuchende in internationalen Firmen möglicherweise interessanter als XING.

12.2.1 Wen erreichen Sie bei LinkedIn?

Im Herbst 2010 hatte LinkedIn weltweit mehr als 80 Millionen Mitglieder in 200 Ländern, darunter 15 Millionen in Europa – allerdings nur rund 0,8 Millionen in Deutschland[5]. Daher ist diese Plattform für Sie vor allem dann interessant, wenn Sie sich auf internationalem Parkett bewegen. Sind Sie in Ihrem Unternehmen für Social Media Marketing zuständig oder als Community Manager aktiv, haben die einschlägigen Gruppen bei LinkedIn oftmals einen Wissensvorsprung gegenüber denen bei XING.

> ✂ Bei LinkedIn können Sie ein zweites Profil in einer anderen Sprache erstellen.

12.2.2 Wie nutzen Sie LinkedIn richtig?

Für eine effiziente Verwendung von LinkedIn kann ich Ihnen folgende Tipps mit auf den Weg geben:

1. Je mehr Kontakte Sie haben, umso höher ist Ihr Ranking, wenn jemand mit einem auf Sie zutreffenden Suchbegriff einen Geschäftspartner sucht. Außerdem sind Sie für den Suchenden als Kontakt eines anderen Geschäftspartner automatisch vertrauenswürdiger als ein völlig Fremder. Weben Sie Ihr Netz also möglichst dicht.

2. Bestimmen Sie, welche Profilinformationen von Suchmaschinen wie Google oder Yahoo! gefunden werden können. Der Suchalgorithmus von Google gibt LinkedIn-Profilen ein relativ hohes Ranking.

3. Auf Ihrem LinkedIn-Profil können Sie Ihre Webseiten, Blogs, und anderen Social Media-Kanäle veröffentlichen. Achten Sie darauf, dass in Ihren öffentlichen Profileinstellungen VOLLSTÄNDIGES PROFIL eingestellt ist.

---

5   http://www.compass-heading.de/cms/

4. Informieren Sie sich über die Referenzen potenzieller Geschäftspartner und schauen Sie, was Ihnen LinkedIn über die Fluktuation und eventuelle Probleme in der Branche oder dem Unternehmen, mit dem Sie es zu tun haben, verrät.

5. Stellen Sie Fragen. Mit dem Frage&Antwort-Feature von LinkedIn können sie an Ihr eigenes Netzwerk oder Gruppen oder die gesamte Community richten. Ich habe das selbst ausprobiert und war von der Qualität der Antworten positiv überrascht. Nichtzahlende Mitglieder dürfen allerdings nur maximal zehn Fragen pro Monat stellen.

> ✂ Wenn Sie Fragen anderer Mitglieder zügig beantworten und Ihre Antwort auch noch ein gutes Rating erhält, können Sie sich als Meinungsführer etablieren.

6. Ein Tipp, der auch für XING und andere Plattformen gilt, auf denen Sie vertreten sind: Setzen Sie auch in Ihre E-Mail-Signatur einen Link auf Ihr Profil und werben Sie in Ihrem Profil für Ihre anderen Auftritte im Social Web.

Suchen (Signal)

Die Suchfunktionen von LinkedIn sind komfortabel. Neben der Personensuche und der erweiterten Personensuche gibt es die Möglichkeit, nach Referenzen zu forschen und Suchaufträge zu speichern. Die Premium-Suchtools bieten noch viel mehr Filter, sind aber an ein kostenpflichtiges LinkedIn-Abonnement gebunden.

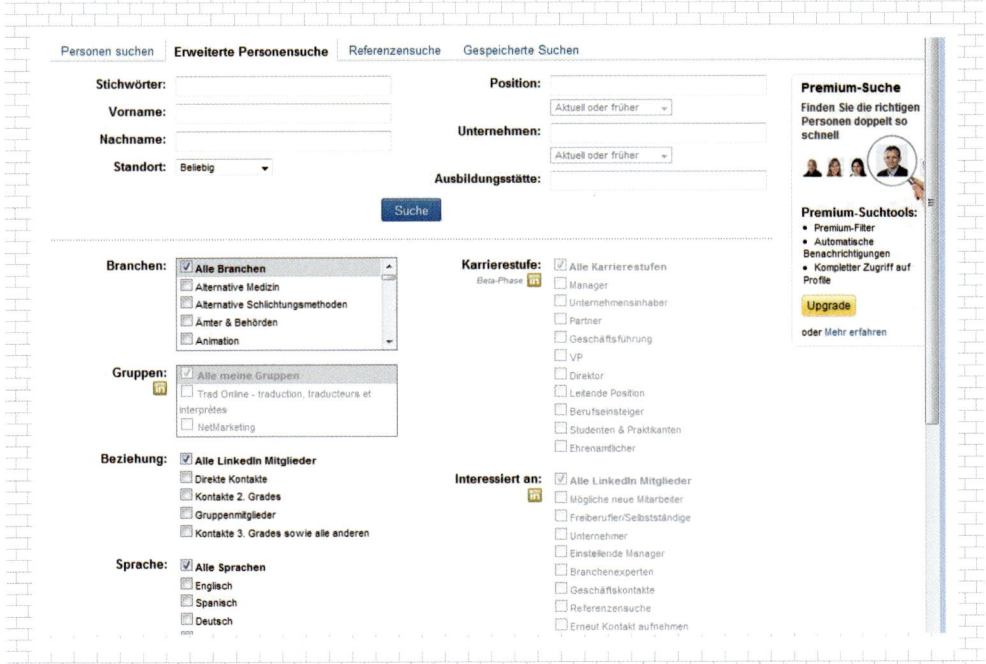

Abbildung 12.6: Auch ohne Premiumfunktionen recht komfortabel: Die Personensuche von LinkedIn.

Tools

Auf der oberen Navigationsleiste finden Sie unter Mehr|Anwendungsverzeichnis eine ganze Reihe von nützlichen Anwendungen, darunter einen Twitter-Client und ein Monitoring-Tool namens Company Buzz.

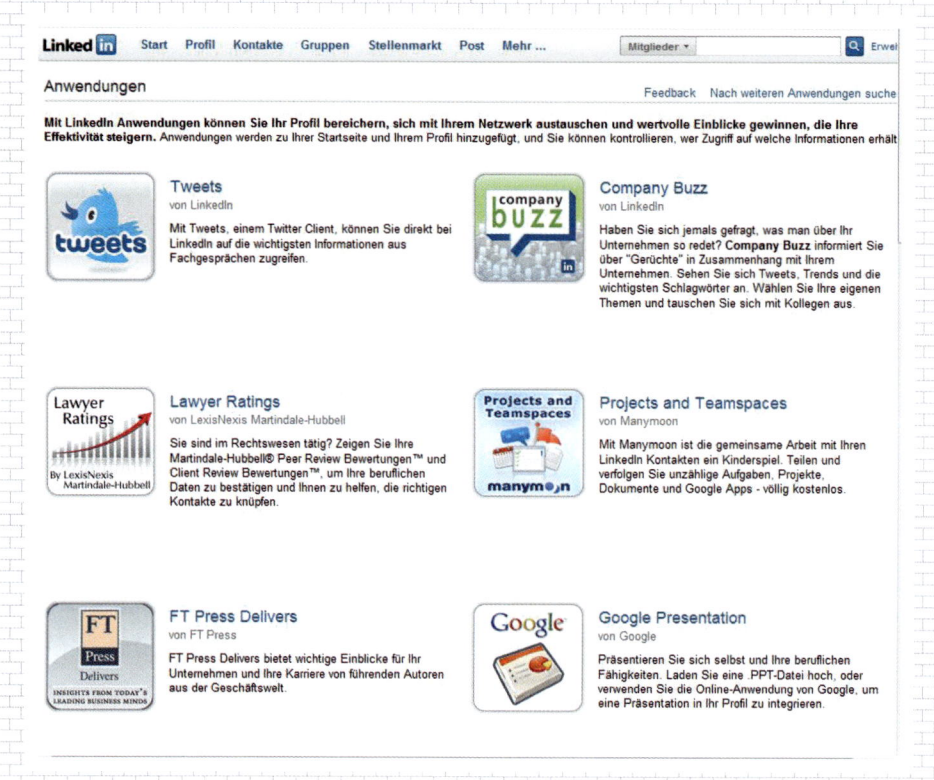

Abbildung 12.7: Diese Anwendungen lassen sich leicht in Ihr Profil integrieren.

13 Foto- und Videoportale

Spezielle Portale zum Teilen und Bewerten von Fotos und Videos gibt es viele. Ich werde mich auf die beiden wichtigsten beschränken, die auch im Social Media Marketing eine Rolle spielen: YouTube und Flickr.

Wann immer Sie im Unternehmen ein Video oder Foto aufnehmen, von Ihren Produkten, Schulungen, Präsentationen und Events, sollten Sie dieses nicht nur auf Ihrer Website, sondern auch auf den einschlägigen Media Sharing Sites zur Verfügung stellen. Und wenn Sie bisher noch keine Multimedia-Inhalte produzieren, geben Ihnen diese Seiten vielleicht den entscheidenden Schubs, es einmal zu probieren.

Die Grundregeln sind bei allen Social Media die gleichen. Das heißt, dass Sie nach dem bewährten Sechs-Schritte-Schema vorgehen:

1. Zuhören (oder in diesem Fall besser: Zuschauen)
2. Strategie entwickeln
3. Testen
4. Anpassen
5. Mitreden
6. Nicht nachlassen

Kaum ein Medium kann bessere virale Effekte erzielen als ein gutes Video oder Foto.

> ◔ Nutzen Sie das Know-how, das bereits in Ihrer Firma vorhanden sind, laden Sie Hobby-Videofilmer und andere kreative Köpfe aus Ihrer Belegschaft in Ihr Büro ein und überlegen Sie, welche pfiffigen Ideen sich in Videos umsetzen lassen.

Viele Chefs und Marketingtreibende unterschätzen das kreative Potenzial und den Sachverstand ihrer Mitarbeiter. Loben Sie Foto- und Videowettbewerbe aus und honorieren Sie die besten Ideen mit einem Gewinn. Auf diese Weise kommen mitunter authentischere und komischere Beiträge zustande, als sie eine Agentur ersinnen könnte.

13.1   YouTube

YouTube wurde im Jahre 2005 von drei Ex-Mitarbeitern der Firma PayPal in Kalifornien/USA gegründet und Ende 2006 an Google verkauft.

YouTube ist das größte Videoportal der Welt, gehört neben Facebook und Wikipedia zu den beliebtesten Angeboten im Web 2.0, und das Beste daran: Es ist kostenlos. Jeder kann ohne Weiteres Videos hochladen und in den Genuss der schier unerschöpflichen Serverkapazitäten von YouTube kommen, denn Videos auf der eigenen Website bereitzustellen, kann ein teures Unterfangen sein: Nicht genug damit, dass das Videomaterial viel Speicherplatz braucht, auch die Datenübertragung kann fulminante Ausmaße annehmen, wenn sich ein Video herumspricht und von vielen Nutzern aufgerufen wird – und genau das bezweckt ja ein virales Marketing.

Videos können ein machtvolles Marketing-Instrument sein. Sie fordern dem Betrachter mehr Aufmerksamkeit ab als Musik, Fotos oder Texte alleine, weil sie mehrere Wahrnehmungskanäle mit Beschlag belegen und dadurch mehr und andere Informationen transportieren als diese anderen Medien. Videos können sexy sein, aber auch unendlich langweilig.

13.1.1 Daten und Zahlen zu YouTube

Die Masse des Materials auf YouTube ist schier unglaublich, und jede Stunde kommen nach dem gegenwärtigen Stand der Dinge 24 Stunden an Videomaterial hinzu.

Laut der Statistik-Suchmaschine Alexa.com steht YouTube in Deutschland nach Google und Facebook an dritter Stelle der meistbesuchten Websites.

Zahlen zu YouTube sind nicht leicht zu bekommen. Die Muttergesellschaft Google ist bekanntlich nicht sehr freigebig mit Statistikdaten. Dennoch ergibt sich ein Gesamtbild, wenn man einige Statistiken miteinander vernküpft.

So meldete die Internet-Marktforschungsfirma Comscore im Juni 2010, dass in den USA 183 Millionen Internetnutzer insgesamt 34 Milliarden Videos hochgeladen hätten, davon vielleicht die Hälfte bei YouTube. Setzt man dies mit den Zahlen von Alexa in Beziehung, nach denen gut 22 Prozent der YouTube-Nutzer in den USA sitzen und knapp fünf Prozent in Deutschland, dann kann man sich ausrechnen, dass hierzulande die Nutzerzahlen auch recht eindrucksvoll sein dürften.

Eine Untersuchung des Netzwerktechnik-Spezialisten Cisco Systems geht davon aus, dass im Jahr 2014 Videos einen Anteil von 91 Prozent am gesamten Internet-Traffic haben werden. Der Datenverkehr durch Videos soll sich von 15 Exabyte im Jahr 2009 auf 64 Exabyte im Jahr vervierfachen. Das sind 64 Milliarden Gigabytes, eine Zahl mit 18 Nullen daran[1]. Schon im Jahr 2010 überholten Videos die sozialen Netzwerke à la Facebook, die bisher den höchsten Anteil am Datenverkehr im Internet verursachten.

---

[1]   vgl. Cisco Visual Networking Index: Forecast and Methodology, 2009-2014 unter http://www.cisco.com/en/US/solutions/collateral/ns341/ns525/ns537/ns705/ns827/white_paper_c11-481360_ns827_Networking_Solutions_White_Paper.html

> ❧ YouTube hat von allen sozialen Netzwerken die meisten passiven Nutzer, die kein Profil führen, sondern stattdessen die Videos anderer anschauen. Nicht nur in puncto Datenverkehr, sondern auch, was die Zugriffszahlen angeht, dürfte YouTube hinter Facebook kaum zurückstehen.

> ❧ Wer ein Video auf YouTube hochlädt, gibt damit seine Nutzerrechte an YouTube ab. In den Nutzerbedingungen behält sich YouTube vor, solche Videos weiterzugeben oder zu lizenzieren, ohne den Produzenten vorher um Erlaubnis fragen zu müssen.[2, 3]

13.1.2 Profil einrichten

Ein YouTube-Profil wird als Kanal oder Channel bezeichnet. Es lässt sich, wie jedes andere Profil in Social Media, mit einem Benutzernamen und individuellen Angaben personalisieren. Als Benutzernamen sollten Sie natürlich denselben Namen verwenden, den Sie auch in Ihren anderen Social Media-Profilen führen, denn dieser ist Ihre Marke und sowohl online als auch offline das vielleicht wichtigste Stück Ihrer Identität. Es ist der Name, nach dem Ihre Kunden suchen, wenn sie Ihre Firma suchen.

> ❧ Ihren Benutzernamen bei YouTube können Sie später nicht mehr wechseln. Er ist Bestandteil der individuellen URL, die Ihr YouTube-Kanal zugeteilt bekommt. Falls Ihr Eigen- oder Firmenname nicht mehr verfügbar sein sollte, müssen Sie sich einen anderen Namen suchen, der dem Gewünschten möglichst nahe kommt und zudem kurz und prägnant ist.

Nachdem Sie sich angemeldet haben, können Sie Ihre Kanalseite anpassen. Wichtig sind die Angabe eines Titels, der Ihren Namen enthalten sollte, aber auch Schlagworte oder so genannte Kanaltags, die den Nutzern verraten, worum es in Ihrem Videokanal geht. Welche Suchbegriffe könnten die Nutzer wohl eingeben, wenn sie nach Ihren Angeboten fahnden? Genau diese sollten in Ihrem Titel als Schlagwörter vorkommen. Oder Sie geben Kontaktinformationen dort ein und stellen sich kurz vor.

Darüber hinaus können Sie auf dem Reiter HINTERGRÜNDE UND FARBEN Designelemente für Ihren Kanal auswählen. Wenn Sie ein Farbschema haben, das zu Ihrer Corporate Identity gehört, sollten Sie allerdings dieses verwenden – oder Ihren Kanal mit Ihrem Logo oder anderen Elementen aufpeppen, die dazu beitragen, Sie unverwechselbar zu machen. Der Reiter BULLETIN POSTEN gibt Ihnen die Möglichkeit, eine Art Statusmeldung auf Ihrer Kanalseite einzustellen, die dann auch auf den Startseiten Ihrer Abonnenten und Freunde erscheint. Eine ähnliche Funktion bieten fast alle sozialen Netzwerke (und Twitter besteht aus fast nichts anderem...).

---

2   http://de.wikipedia.org/wiki/Youtube
3   http://www.youtube.com/t/terms

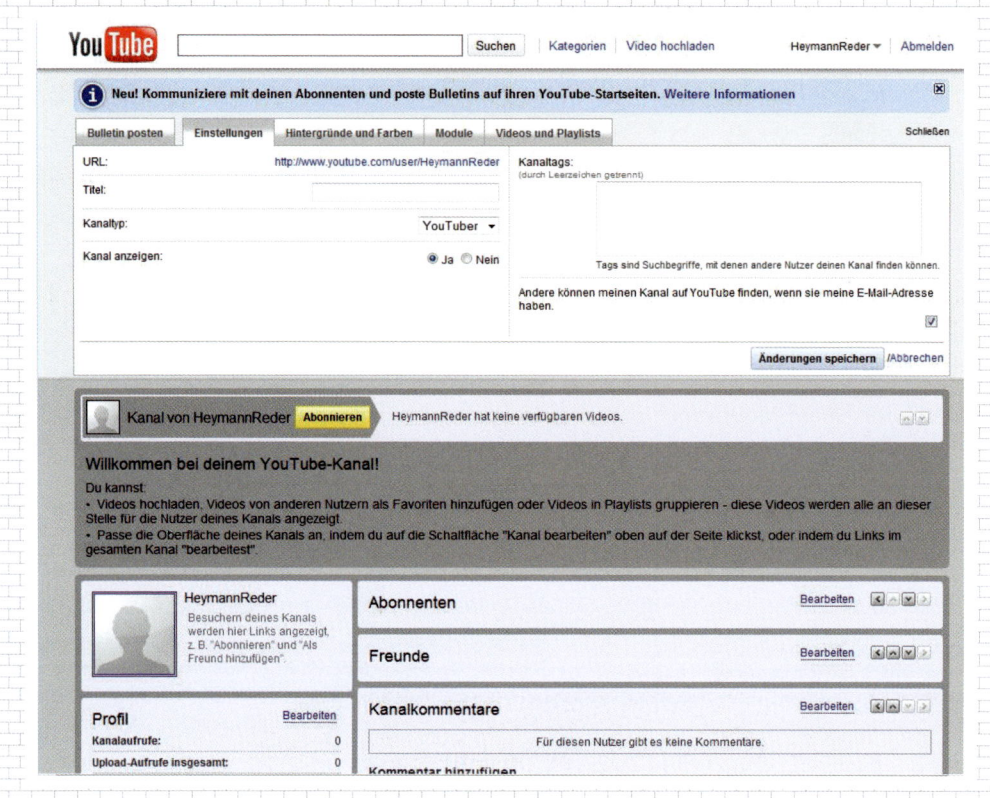

Abbildung 13.1: Die Einstellungsseite für einen neuen YouTube-Kanal.

13.1.3 Wozu ist YouTube gut?

Wenn Sie es richtig machen, können Sie auf YouTube sehr viel für die Sichtbarkeit Ihrer Marke, Ihre Reputation oder die Information Ihrer Kunden tun. Dabei sollten Sie immer im Kopf behalten, dass die meisten YouTube-Fans mehr den Unterhaltungswert dieses Mediums zu schätzen wissen als den Informationswert. Die erfolgreichsten Firmenvideos bei YouTube zielen nicht auf das Gehirn, sondern auf das Zwerchfell der Betrachter. TippEx, Hornbach, Blendtec und VW haben das auf sehr unterschiedliche Weise interpretiert und große Fangemeinden erobert.

13.1.4 Wie man es richtig macht

Ein Video darf über alles gehen, nur nicht über zwei Minuten. Gerade weil Videos so fesselnd sind, dass der Betrachter nichts anderes nebenbei tun kann, weil er sich ganz auf das Hören und Sehen einlassen muss, ist Zeit ein wichtiger Faktor. Die Informationskultur (oder -unkultur?) der sozialen Medien ändert nicht nur das Kommunikationsverhalten, sondern verkürzt auch die Aufmerksamkeitsspannen. Ein gutes Video ist kurz und unterhaltsam.

> ↬ Machen Sie nicht den Fehler, dieselben Werbespots, die im Fernsehen gesendet werden, auf YouTube zu übertragen. Die Nutzergemeinde von YouTube ist ebenso wenig auf platte Werbung aus wie die Nutzergemeinden anderer sozialer Netzwerke.

VW hat mit der leider sehr kurzen Videoreihe »Fast Lane« ein gutes Beispiel gegeben. Die drei Videos deklinieren das Thema »Überholspur« an alltäglichen Situationen durch, ohne auch nur ein einziges Auto oder VW-Logo zu zeigen[4].

Einmal wird neben dem Treppenabgang zu einer U-Bahn-Station eine Rutsche installiert, auf der jeder, der Spaß daran hat, mit Schwung und Tempo unter den ungläubigen Blicken der anderen Passanten in den Untergrund gleitet. An den Reaktionen der Leute kann man erkennen, dass hier keine Schauspieler oder vorgewarnten Personen zum Einsatz kommen. Davon zeugen die echte Überraschung auf der einen Seite und die Reaktionen der Rutschbahn-Benutzer zwischen Skepsis und Übermut.

Nach dem gleichen Schema hat VW auch eine Überholspur im Supermarkt mit Skateboard-getriebenen Einkaufswagen und eine Überholspur in einer Einkaufsgalerie mit einem Aufzug, der keine Zwischenstopps einlegt, geschaffen.

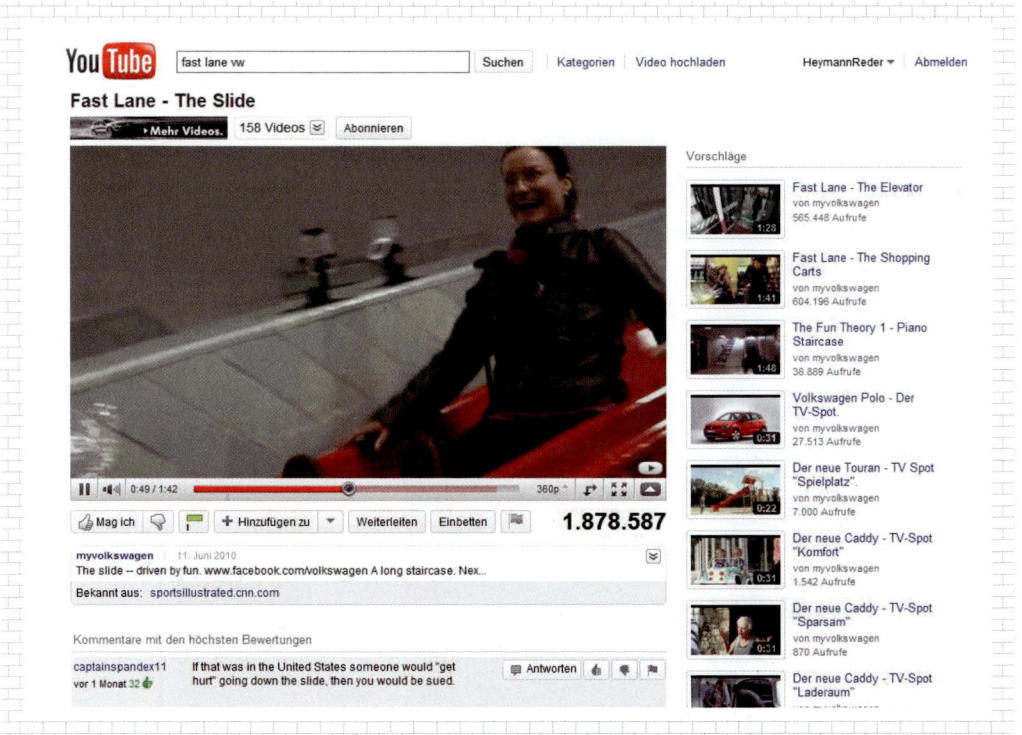

Abbildung 13.2: Leben auf der Überholspur: Die Fast Lane-Videokampagne von VW.

---

4   http://www.youtube.com/watch?v=W4o0ZVeixYU, http://www.youtube.com/watch?v=jEcbkusXUlo&feature=channel, http://www.youtube.com/watch?v=yPztb-c16as&feature=channel

Die Videoreihe ist übrigens ausschließlich von Musik untermalt und zeigt nur einige wenige englisch-sprachige Zwischentitel. Gesprochen wird nicht; die Bilder transportieren die gesamte Aussage. Damit ist sie für Betrachter aus unterschiedlichen Sprachräumen geeignet.

Zwei Kritikpunkte habe ich an dieser Kampagne:

- Sie wurde einmal angestoßen und dann nicht fortgesetzt. Alle drei Videos wurden vor vier Mona-ten hochgeladen, danach folgten im Wesentlichen nur noch TV-Spots. Diese erzielen bestenfalls ein paar Tausend Zugriffe, vermutlich nur von den Betriebsangehörigen des VW-Konzerns, wäh-rend die Fast Lane-Videos zwischen knapp 600.000 und 1,8 Millionen Mal angeschaut wurden.

- Sie ist sehr aufwändig. Vielleicht ist das auch der Grund, weshalb sie nicht fortgesetzt wurde. Es ist nicht leicht, Ideen zu finden, Genehmigungen einzuholen, Handwerker zu engagieren, Umbauten vorzunehmen und professionelle, witzige Videos zu drehen, wie es diese Kampagne vormacht.

Möglicherweise hat die Kampagne mit drei Videos schon ihren Zweck erfüllt. Schließlich hatte VW bereits im Herbst 2009 unter dem Motto »The Fun Theory« eine ähnliche Kampagne mit ebenfalls drei Videos gefahren[5].

Dennoch sind diese beiden Punkte bedeutsam, weil an ihnen so viele Videokampagnen von Unter-nehmen bei YouTube scheitern. Zuerst wird mit großem Elan ein kreativer Kraftakt vollzogen, dann wird das Ganze lästig, die Ideen gehen aus, das Tagesgeschäft gewinnt wieder die Oberhand – wie auch immer: Die Angelegenheit schläft ein. Zu teuer, zu anstrengend, zu zeitraubend.

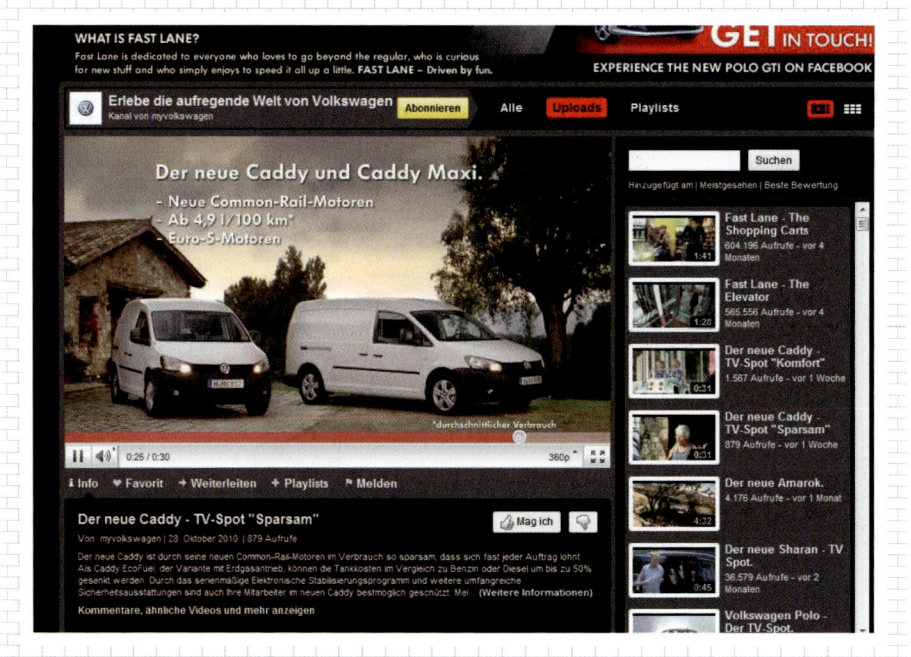

Abbildung 13.3: Recycling von TV-Spots auf YouTube: Thema verfehlt!

---

5   siehe u.a. http://www.thefuntheory.com/piano-staircase

Das muss nicht so sein.

In Deutschland kursiert der Glaube, dass Videos ungemein aufwändig und professionell gedreht werden müssen, um einen würdigen Eindruck von einem Unternehmen zu machen. Das stimmt nicht. Viel wichtiger sind Humor, interessanter Inhalt und Nachhaltigkeit.

Das zeigt das Beispiel der amerikanischen Firma Blendtec, die leistungsstarke Küchenmaschinen und Mixer herstellt.

Unter dem Thema »Will it blend?« rief der Marketingverantwortliche des Unternehmens, das zwar gute Produkte hatte, aber weitgehend unbekannt vor sich hin dümpelte, im Jahre 2006 eine brillante Kampagne ins Leben, bei der Firmenchef Tom Dickson, untermalt von launigen Kommentaren, die unterschiedlichsten Dinge in seinen Mixern schreddert: einen Sack Murmeln, ein iPhone, Feuerzeuge und ein ganzes Huhn nebst Cola (die Spezialität wurde »Colchicken« getauft und von dem unglücklichen Marketingchef vor laufender Kamera mit Todesverachtung probiert) Das Credo: Unser Mixer wird mit allem fertig.[6]

Der Lohn: Blendtec mixte sich mit bislang mehr als hundert Videos in die Herzen einer gewaltigen Fangemeinde. Die besten Videos der Reihe erreichen alleine auf YouTube mehr als neun Millionen Aufrufe, hinzu kommen weitere Views auf der eigenen Website des Unternehmens und über andere Kanäle. Zwischenzeitlich rangierte Blendtec ganz oben auf der Beliebtheitsskala von YouTube. Und das Unternehmen steigerte seinen Umsatz angeblich um 700 Prozent.[7]

Abbildung 13.4: Wir schreddern unser iPhone – Blendtec-Kanal bei YouTube.[8]

6   Die Zubereitung von Cochicken sehen Sie unter http://www.youtube.com/watch?v=K0m4x0y3QNw&feature=related

7   Quelle: u.a. Tamar Weinberg: Social Media Marketing. O'Reilly 2010.

8   http://www.youtube.com/watch?v=qg1ckCkm8YI

Welche Lehren kann man aus einem Vergleich der beiden Beispiele von VW und Blendtec ziehen? Beide Firmen drehen sehr gute Videobeiträge und beide halten sich an die Zeitbeschränkung von circa hundert Sekunden. Doch warum schafft es Blendtec, eine langfristige Kampagne zu fahren, während bei VW nach drei Folgen die Luft schon wieder raus ist?

- Blendtec dreht seine Videos selbst, während VW eine Agentur eingespannt hat.
- Bei Blendtec gibt es jemanden, dem die Sache offensichtlich Spaß macht, während sich bei VW wahrscheinlich intern niemand so richtig zuständig fühlt.
- Blendtec hält den Aufwand gering, während VW einen sehr großen Aufwand treibt. Beides hat Vor- und Nachteile, aber meiner Ansicht nach lässt sich der weniger aufwändige Ansatz länger durchhalten.
- Blendtec schafft es, authentisch zu wirken. Der Firmenchef Tom Dickson ist auf schrullige Weise sympathisch und unverwechselbar. Er prägt sich als Persönlichkeit ein und ist nach zwei Folgen schon ein guter alter Bekannter.[9]

Die Tipps, die ich daraus ableite, sind:

1. Videos bei YouTube sollten nicht nur Ihren Gästen, sondern auch Ihnen selbst Spaß machen. Wenn Sie keinen Draht zum Medium Video haben, können Sie auch keinen Erfolg haben. Sie werden die Videoproduktion als lästige Pflicht auffassen, und das spüren auch die Betrachter. Und nach kurzer Zeit wird Ihr Engagement einschlafen.

2. Machen Sie es nur nicht zu kompliziert. Das Beispiel von VW zeigt: Selbst wenn Sie ein großes Unternehmen mit viel Manpower und Know-how im Rücken haben, sind komplizierte Aktionen schwer durchzuhalten.

3. Wenn Ihr Engagement ein Dauerbrenner werden soll, suchen Sie im eigenen Unternehmen einen Hobby-Videofilmer und einen Ideenlieferant, wenn möglich in Personalunion. Geben Sie diesem oder diesen Beauftragten Richtlinien sowie ein festes Zeit- und Geldbudget an die Hand und sorgen Sie für Unterstützung im Unternehmen. Kampagnen, die nicht ewig laufen, sind auch bei einer Agentur gut aufgehoben. Manche Agenturen sind sehr professionell und erfolgreich. Es kommt auf Ihren Anspruch und auf den Einzelfall an, ob Sie sich in der Lage sehen, YouTube-Videos selbst zu produzieren oder lieber Hilfe von Externen in Anspruch nehmen.

4. Machen Sie feste, realistische Vorgaben für einen Erscheinungsrhythmus der Videos, damit Ihr Projekt nicht nächste Woche schon wieder einschläft.

5. Vernetzen Sie Ihr YouTube-Engagement mit Ihren Aktivitäten in anderen sozialen Netzwerken. Machen Sie auf Ihre neuen Videos aufmerksam, indem Sie auf anderen Plattformen darüber berichten und Links einstellen. Denken Sie viral!

13.1.5 Virale Verbreitung

Das, was Sie wollen, ist eine virale Verbreitung Ihrer Videos. Dazu kann es jedoch nur kommen, wenn diese Videos auch publik gemacht werden. Betten Sie also Links auf Ihre Produktionen auch in allen anderen Social Media Sites ein, bei denen Sie ein Profil unterhalten: Bei Facebook, Twitter, Flickr, in Ihrem Blog, auf Ihrer Website. Posten Sie die Links bei Social Bookmarking Sites und – ganz wichtig! – erleichtern Sie auch anderen Nutzern das Einbetten Ihres Videos auf deren eigenen Websites.

---

9   Nicht jede Firma hat eine solche Persönlichkeit aufzubieten. Wenn Sie kein Naturtalent in Ihren Reihen haben, müssen Sie andere Wege finden, um auf Ihre ganz eigene Weise unverstellt und authentisch Eindruck auf die Video-Gemeinde zu machen.

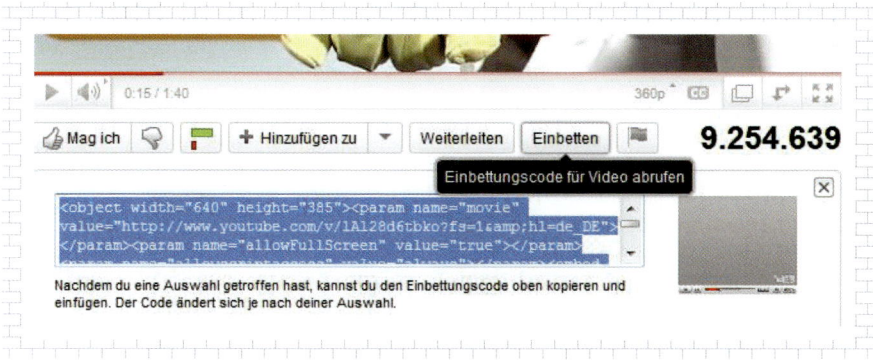

Abbildung 13.5: Den Einbettungscode für YouTube-Videos finden Sie, wenn Sie auf Einbetten klicken.

> ✂ Erlauben Sie beim Hochladen, dass Fans Ihr Video auf ihren eigenen Seiten einbetten
> dürfen. Auf der Button-Leiste unterhalb des Videos finden diese dann den Button Einbetten.
> Wenn sie darauf klicken, ist der Einbettungscode für den Video-Link bereits markiert, sie müs-
> sen ihn nur noch kopieren und einfügen.

13.1.6 Interaktion mit den Nutzern

Die für meine Begriffe schönste interaktive YouTube-Kampagne unserer Zeit hat sich Tipp-Ex einfallen
lassen. Kennen Sie schon »A Hunter Shot a Bear« oder, in der deutschen Version, »Ein Jäger erschießt
einen Bären«? Das Video handelt von einem Jäger, der es nicht übers Herz bringt, den Bären zu
erschießen, der sich gerade anschickt, sein Zelt zu verwüsten und seine Vorräte zu plündern.

Abbildung 13.6: Er möchte schießen, aber er kann's einfach nicht.

Flugs greift der Jäger zur rechts neben dem Video-Fenster aufgehängten Tipp-Ex-Maus, um das Verb »erschießt« zu löschen.

Abbildung 13.7: Tipp-Ex kommt zur Hilfe.

Alsdann bittet der Jägersmann den Betrachter des Videos, ein anderes Verb einzutippen. Da der Jäger so viel Mitleid mit dem Bären empfindet und ich mich nach Romantik und Harmonie sehne, gebe ich einmal das Wort »liebt« ein.

Abbildung 13.8: Ganz klar, da muss ein anderes Verb hin.

Kaum habe ich »liebt« in die Lücke eingegeben, wird ein neues Video eingespielt, in dem der Jäger dem Bär doch tatsächlich einen Heiratsantrag macht, und das sogar auf Knien, wie es sich gehört.

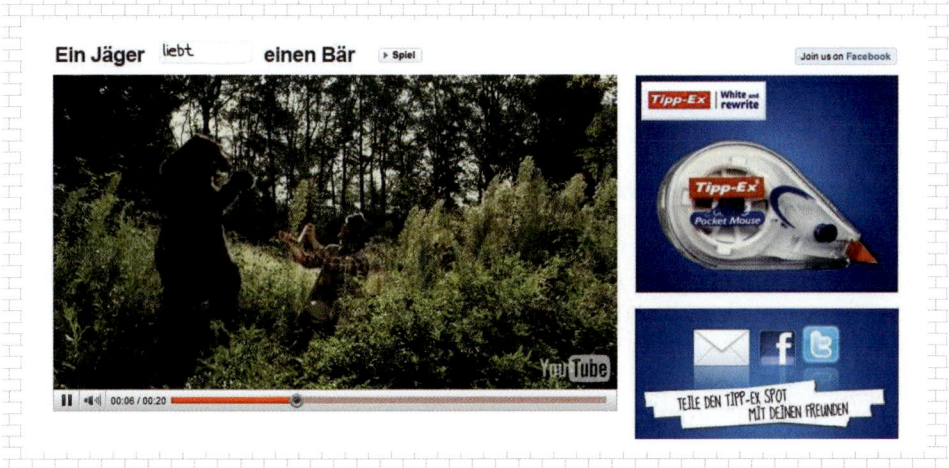

Abbildung 13.9: Ein schönes Paar...

Allerdings lässt es sich der verliebte Grünrock nicht nehmen, seinem angebeteten Bären vor dem ersten Kuss eine gute Ladung Mundwasser in den Rachen zu sprühen. Und schon lassen sich die beiden in die Büsche plumpsen.

Haben Sie auf der Bilderreihe genau hingeschaut? Fast 33.000 Abonnenten und mehr als 9,2 Millionen Aufrufe hat das Video bereits verzeichnet. Die englischsprachige Version funktioniert übrigens noch besser als die Deutsche und für eine ganze Reihe von Wörtern wurden bereits Videos gedreht.

Ich finde, TippEx hat mit dieser witzigen Kampagne eine hervorragende Image-Pflege betrieben. Vorbei die Zeiten, als die weiße Zauberlösung als biederes Sekretärinnen-Utensil galt; heute möchte TippEx Lifestyle und Spaß in einer Weise vermitteln, die auch Schüler, Studenten und andere Konsumentengruppen in Privathaushalten und Büros anspricht.

13.1.7 Wie man es nicht machen sollte

Die Grundempfehlung für alle Netzwerke lautet: Laden Sie kein anstößiges Material hoch. Was als anstößig empfunden wird, kann natürlich von Land zu Land und von Branche zu Branche variieren. Sex- und Gewaltdarstellungen sowie Beiträge, die bestimmte Bevölkerungsgruppen diskriminieren oder Kinder zum Konsum von Alkohol oder Drogen animieren, sollten tabu sein. Erlaubt und ausdrücklich erwünscht sind dagegen erotische Anspielungen in witziger Verpackung, wie es Axe iin dem Video »Clean your Balls« vormacht[10].

Verletzen Sie außerdem keine Urheberrechte. Wenn Sie kein eigenes Material hochladen, vergewissern Sie sich, dass Sie nutzungsberechtigt sind.[11]

---

10   http://www.youtube.com/watch?v=mPwhMoQBg_8

11   ‚Wer bei YouTube Videos einstellt, überträgt damit seine Lizenz an YouTube, einschließlich des Rechts, hochgeladene Videos ohne Rücksprache mit dem Autor weiterzuverkaufen oder zu lizenzieren, vgl. http://de.wikipedia.org/wiki/Youtube.

YouTube ist nicht nur zum Zeigen, sondern auch zum Bewerten und Weiterempfehlen von Videos da, und von dieser Möglichkeit machen die Mitglieder der Community kräftig Gebrauch. Das ist auch Werbetreibenden nicht verborgen geblieben.

Community-Mitglieder, die viele Bewertungen einstellen, werden inzwischen gezielt von Unternehmen angesprochen und für ihre Zwecke eingespannt. Diese aktiven User bekommen Produkte oder Leistungen von den Herstellerfirmen gratis zur Verfügung gestellt, mit der Bitte – oder Anweisung – dazu eine positive Kritik zu verfassen und auf dem YouTube-Kanal der Firma zu veröffentlichen. Manche Unternehmen lassen sich die Beiträge sogar vorher vorlegen, um sie zu redigieren. Diese Praxis lehne ich ab. Sie ist meiner Meinung nach um keinen Deut besser als Bewertungen, die Werbetreibende von Fake-Accounts aus verschicken, um ihre Produkte durch fingierte Nutzer-Votings besser aussehen zu lassen.

13.1.8 Meinungsführerschaft

Der Begriff »Meinungsführer« lässt sich auf YouTube nur eingeschränkt anwenden, weil es hier mehr um witzigen Content als um Meinung und Information geht. Meinungsführer bei YouTube zu sein bedeutet, ein hohes Ranking in den internen Statistiken dieses Portals zu erzielen. Das gelingt aber eher Teenie-Stars wie Miley Cyrus oder den Gegnern des Castor-Atommüll-Transportes, wie ein Blick auf die Kategorien bei YouTube zeigt.

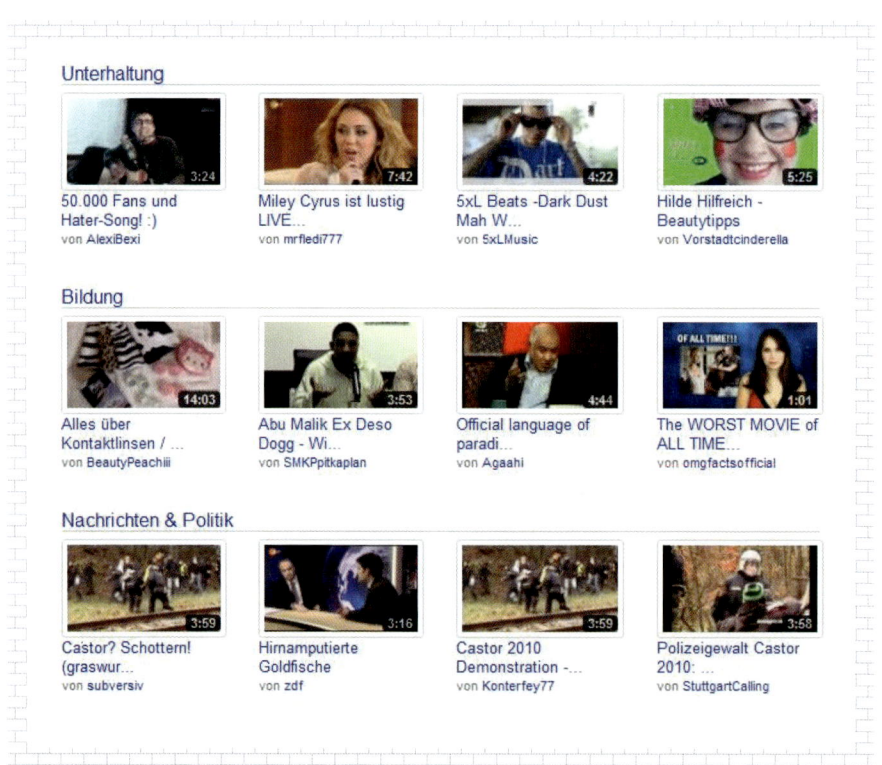

Abbildung 13.10: Meinungsführer bei YouTube.

13.1.9 YouTube für Werbetreibende und Entwickler

Ganz unten rechts auf der YouTube-Seite befindet sich ein Link mit dem vielversprechenden Namen WERBUNG, der Ihnen Zugang zu einer Reihe von interessanten Ressourcen gibt. Leider sind nur die Links auf der seitlichen Navigationsleiste übersetzt, die dahinter liegenden Inhalte sind alle auf Englisch. Trotzdem lohnt sich ein Blick auf diese Seiten, und sei es nur, um sich Anregungen zu holen. Es gibt Informationen über YouTube-Marketingkampagnen, YouTube-Anzeigen, YouTube für Handys, YouTube-Startseiten und YouTube-Markenkanäle

Eine hervorragende Quelle für gute Beispiele ist die CREATIVE GALLERY, die unter dem gleichnamigen Link auf der Werbeseite von YouTube zu erreichen ist[12]. Die Leichtigkeit des Seins auf YouTube demonstriert hier unter anderem die Männer-Parfummarke Axe mit dem Knüller-Video »Clean your Balls«.

Abbildung 13.11: »Can you clean these filthy balls?« – Axe-Kampagne bei YouTube.

Unter dem Link ENTWICKLER werden technisch versierte Nutzer auf der Suche nach Widgets und APIs fündig, die in eigene Websites oder andere Social Media-Profile eingebunden werden können.

---

12   http://www.youtube.com/ytshowandtell

> ✍ Mit YouTube Direct können Sie einen Uploader auf Ihrer Website einbetten, der es Ihren Besu-
> chern gestattet, eigenes Filmmaterial hochzuladen. Auf diese Weise können Sie Wettbewerbe um
> das schönste Video ausschreiben oder einen Dialog mit Ihren Besuchern anstoßen.

Abbildung 13.12: APIs, Widgets, Apps – hinter jedem Link liegen umfangreiche Ressourcen.

13.1.10   YouTube-Tools

Daten und Statistiken

Zu jedem Video bei YouTube, bei dem diese Option vom Produzenten nicht ausdrücklich deaktiviert
wurde, finden Sie unterhalb des Videoplayers einen Link namens Statistik und Daten, der Ihnen Zugriff
auf die wichtigsten Zahlen gibt. Sie erfahren dort folgende Details:

- Wie oft und von welchen Quellen das Video insgesamt aufgerufen wurde
- Welche Interaktionen mit der Community stattgefunden haben, darunter Kommentare, Bewer-
  tungen und Favoriten
- Wie es zu den Aufrufen kam, etwa durch Suchbegriffe, Einbettung, Werbung, ähnliche Videos usw.
- Die drei Gruppen nach Alter und Geschlecht, bei denen das Video am besten angekommen ist
- Die Länder, in denen das Video besonders gerne gesehen wurde.

APIs

Wie weiter oben bereits gesagt wurde, finden Entwickler unter dem gleichnamigen Link ganz unten auf der YouTube-Seite das Eingangstor zu einer Vielzahl von Widgets und anderen Erweiterungen und Erweiterungsschnittstellen. Es würde über den Rahmen dieses Buchs hinausgehen, alle diese Erweiterungen hier vorzustellen. Am besten verfahren Sie so, wie Sie es immer tun sollten, nämlich indem Sie die Kandidaten, die ihnen brauchbar erscheinen anschauen, testen, evaluieren und, sofern Sie sie für gut befinden, letztlich auch verwenden.

13.1.11 Andere Video Sharing-Portale

Es ist ja nicht so, als sei YouTube das einzige Videoportal auf der Welt – es ist eben nur das mit Abstand wichtigste.

Andere Beispiele für Videoportale sind Sevenload, Vimeo, Clipfish oder andere. Die Philosophien hinter diesen Angeboten sind unterschiedlich, so blendet zum Beispiel Sevenload Werbung in die Videos ein, die auf diesem Portal hochgeladen werden. Andere Portale, wie etwa Vimeo, sind nicht so werbeaffin. Auch an die Qualität und das künstlerische Niveau der Videos werden unterschiedliche Maßstäbe angelegt.[13]

> ☞ Bitte respektieren Sie die Regeln der jeweiligen Plattformen und versuchen Sie nicht, Marketing zu treiben, wo dies unerwünscht ist.

Ob diese anderen Portale für Sie eine Alternative oder eine sinnvolle Ergänzung Ihres Social Media-Engagements darstellen, hängt von Ihrer Zielgruppe und Strategie ab.

13.2 Flickr

Flickr ist das größte spezialisierte Fotoportal der Welt. Ich sage »spezialisiert«, weil tatsächlich auf Facebook mehr Fotos gehostet werden als bei Flickr, aber Facebook ist eben keine dedizierte Fotosharing-Site. So wie YouTube zu Google gehört, gehört Flickr zu dem ewig Zweiten der Suchmaschinen-Szene, nämlich Yahoo. Fotos auf Flickr hochzuladen ist eine gute Möglichkeit für Firmen, ihre Produkte, Events oder witzigen Ideen zu präsentieren.

Da die Registrierung bei Flickr ähnlich wie bei allen anderen Social Media-Portalen funktioniert, spare ich mir hier eine Schritt-für-Schritt-Beschreibung. Gehen Sie einfach zu http://www.flickr.com/, klicken Sie auf ERSTELLEN SIE IHREN ACCOUNT und folgen Sie der Benutzerführung. Wenn Sie nicht möchten, dass Flickr Ihre Kontakte durchsucht, können Sie vorerst darauf verzichten, von Flickr herausfinden zu lassen, wer von Ihren Freunden und Bekannten bereits Teil der Community ist.

Wichtig ist, dass Sie zwar Ihren Benutzernamen bei Flickr später noch ändern können, aber nicht Ihre Flickr-URL, unter der Ihr Fotostream abrufbar ist. Daher sollten Sie auch hier, genau wie bei YouTube, nicht unüberlegt vorgehen. Am besten ist es ohnehin, mit Ihrem eigenen Firmennamen aufzutreten – der ist hoffentlich noch nicht an jemand anderen vergeben.

---

13   Bei Vimeo behält der Uploader die Rechte an seinem Material.

Grundsätzlich ist die Registrierung bei Flickr kostenlos, aber es gibt auch die Möglichkeit, für umgerechnet rund 20 Euro pro Jahr einen Pro-Account einzurichten.

Mit einem kostenlosen Account haben Sie folgende Möglichkeiten:

- Foto-Uploads im Umfang von maximal 100 MB pro Monat (10 MB pro Foto)
- Zwei Video-Uploads pro Monat (maximal 90 Sekunden und 150 MB pro Video)
- Die Fotostream-Ansicht ist auf die 200 neuesten Bilder begrenzt
- Sie können Fotos in bis zu zehn Gruppenpools bereitstellen
- Zugriff nur auf kleinere Bilder (mit angepasster Größe), die Originale werden gespeichert, falls Sie ein Upgrade zu einem späteren Zeitpunkt durchführen

Ein kostenpflichtiger Pro-Account bietet Ihnen dagegen Folgendes:

- Unbegrenzte Foto-Uploads (20 MB pro Foto)
- Unbegrenzte Video-Uploads (maximal 90 Sekunden und 500 MB pro Video)
- Die Möglichkeit, HD-Videos anzuzeigen
- Unbegrenzter Speicherplatz
- Unbegrenzte Bandbreite
- Archivierung von Originalbildern mit hoher Auflösung
- Die Möglichkeit, ein Foto zu ersetzen
- Fotos oder Videos in bis zu 60 Gruppenpools bereitstellen
- Werbefreies Surfen und Freigeben
- Statistik zur Anzahl der Aufrufer und der Referrer

Wer unter Datenschutz-Paranoia leidet, sei allerdings gewarnt: Die Pro-Leistungen werden nicht von Flickr in Deutschland[14] sondern von der US-amerikanischen Mutter bereitgestellt – mit der Folge, dass alle Ihre Bilder nach Amerika überspielt werden. Die besonderen Datenschutzrichtlinien, die in den USA gelten, können bei der Anmeldung zu einem Pro-Account angezeigt werden.

> ❈   Wenn Sie es mit Ihrem Flickr-Engagement ernst meinen, würde ich ihnen zu einem Pro-Account raten. Er kostet nur knapp 25 Dollar pro Jahr und bietet mehr Vor- als Nachteile. Und schließlich sollten Sie ohnehin keine Fotos in sozialen Netzwerken veröffentlichen, die nicht jeder sehen darf.

---

14   In Deutschland gehört Flickr zur Yahoo! Deutschland GmbH.

13.2.1 Daten und Zahlen zu Flickr

Zu der Zeit da ich dies schreibe, sagt eine Meldung auf der Flickr-Homepage, dass alleine innerhalb der letzten Minute fast sechstausend Fotos hochgeladen worden seien. Dieser Wert gilt allerdings für den späten Nachmittag. Vormittags, wenn viele Nutzer an ihren Arbeitsplätzen sitzen, sinkt die Zahl schon mal auf weniger als dreitausend – immer noch eine stolze Leistung.

13.2.2 Wozu ist Flickr gut?

Am besten eignet sich Flickr natürlich für Unternehmen, die etwas zu zeigen haben. Rechtsanwälte oder Notare können womöglich darauf verzichten, für Fotografen ist Flickr dagegen ein Muss. Die meisten Unternehmen können in irgendeiner Form von Flickr oder allgemein von der Nutzung einer Foto-Community profitieren. Ein Friseurgeschäft könnte beispielsweise Frisuren auf Flickr ausstellen oder eine Mode-Boutique ihre neuen Kollektionen. Automobilsalons können Fotos von ihren schönsten Fahrzeugen zeigen und Delikatessenläden ihre schön arrangierten Präsentkörbe, Gärtner ihre Gärten, NGOs ihre Projekte, Architekten ihre Häuser. Der Fantasie sind kaum Grenzen gesetzt.

Auch kurze Videos können bei Flickr hochgeladen werden. Die Streifen dürfen maximal 90 Sekunden lang sein, weil sie aus der Idee der »langen Fotos« entstanden sind. Was zunächst spartanisch erscheint, ist aber eine durchaus sinnvolle Begrenzung: Nur die allerwenigsten Betrachter lassen sich länger als 90 Sekunden auf ein Video ein, wenn es nicht gerade den Auftritt eines Kabarettisten oder Popstars zeigt.

Mitglieder mit Pro-Accounts können sogar HD-Videos hochladen und auf ihrem Fotostream anzeigen.

> ✎ Die Zahl der bei Flickr ausgestellten Fotos geht in die Milliarden[163]. Wie bei allen derart großen Angeboten ist auch hier Kreativität Trumpf. Versuchen Sie, sich aus der Masse herauszuheben, indem Sie Ihre Bilder interessant gestalten. Vergessen Sie nicht, dass es immer darum geht, der Community einen Mehrwert zu geben und denken Sie auch daran, dass soziale Netzwerke nicht dazu da sind, um Werbung zu treiben. Die Nutzungsbedingungen von Flickr legen fest, dass dieses Portal ausschließlich für den privaten Gebrauch da ist, und untersagen eine kommerzielle Nutzung oder Vermarktung von Produkten über diese Plattform[164].

Den meisten Gewinn bringt Flickr, wie jede andere Social Media-Community, wenn nicht Sie selbst, sondern die andere Mitglieder der Nutzer-Community Ihr Produkt promoten.

Als der Daimler-Konzern feststellte, dass die Flickr-Community mehr als 200.000 Fotos von Mercedes-Autos hochgeladen hatte, verfiel er auf die Idee, daraus ein Flickr-Buch zu machen, in dem nicht nur die besten Fotos abgedruckt wurden, sondern auch die Fotografen ihre Geschichte dazu erzählen konnten. Mehr als 100.000 dieser Bücher wurden weltweit an Kunden verschickt – als »Random Act of Kindness«, eine freundliche Geste, die völlig unerwartet und dadurch umso willkommener ist.

---

15   http://blog.flickr.net/en/2010/09/19/5000000000/

16   http://www.flickr.com/guidelines.gne

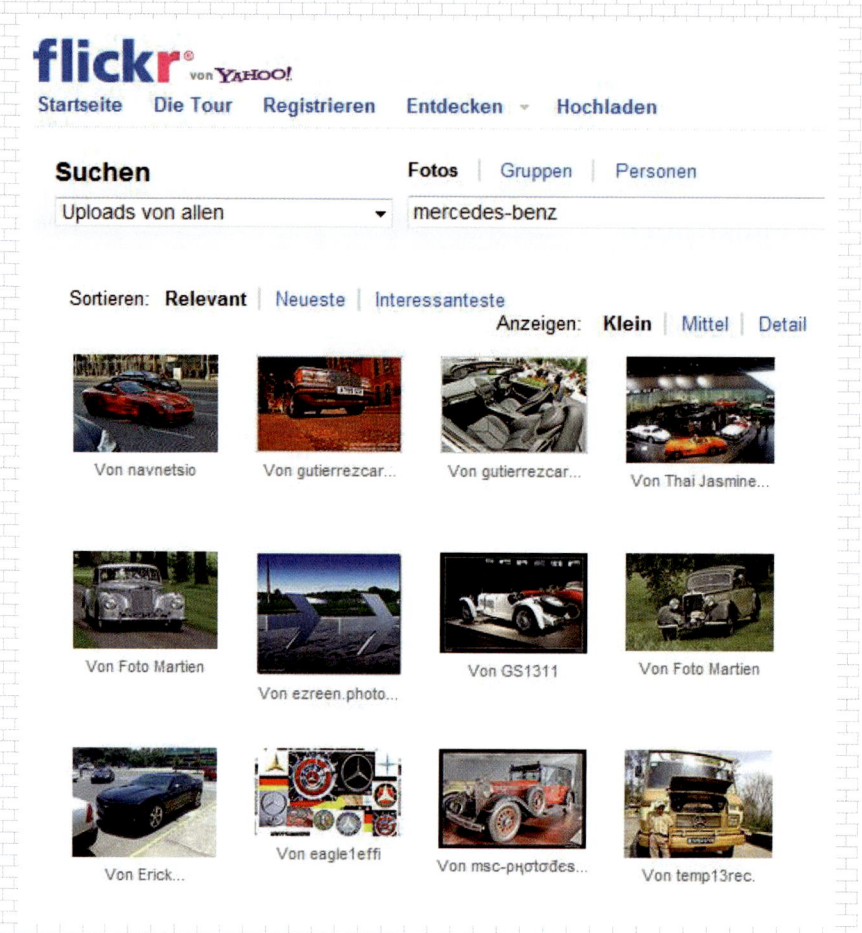

Abbildung 13.13: Vielleicht schlummern bei Flickr ungehobene Schätze auch für Ihr Unternehmen.

13.2.3 Flickr richtig einsetzen

Kennen Sie den Mobile City Walk von Addison Wesley? Der Verlag, für den ich schreibe, hat am
12. Juni 2010 in 16 deutschsprachigen Städten gleichzeitig Menschen mit Fotohandys auf die Pirsch
geschickt. Jeder konnte mitmachen und der Grundgedanke war es, die jeweilige Stadt durch die
Kameralinse wahrzunehmen und zu interpretieren. Die Teilnehmer der kostenlosen Spaß-Aktion
konnten ihre Bilder in Echtzeit auf speziell dafür eingerichtete Seiten bei Flickr und bei Facebook
hochladen. Eine eigens eingerichtete Website mit allen Informationen und sogar einem eigenen Blog
unterstützte das Event.

Abbildung 13.14: Die Website zum Mobile City Walk.

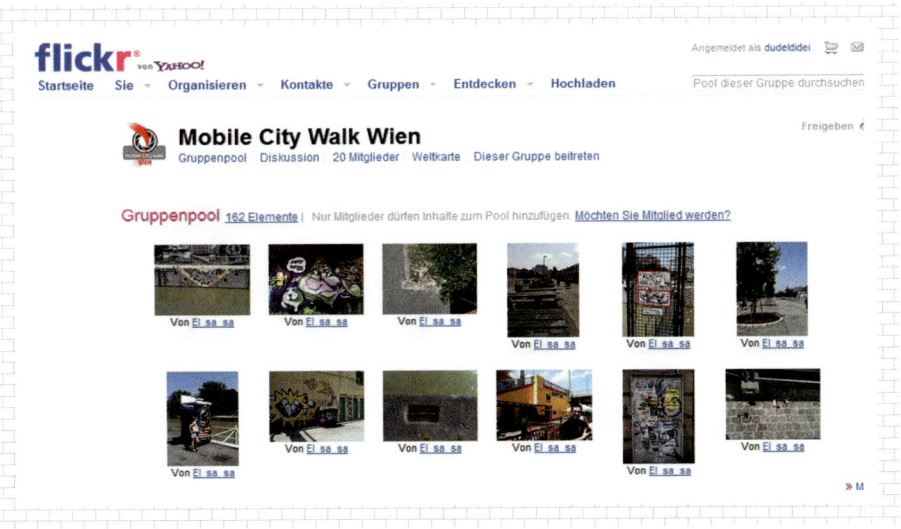

Abbildung 13.15: Die Flickr Seite der Wien-Gruppe auf dem Mobile City Walk.

Die Idee trug Früchte: Für kurze Zeit enterte der Verlag die Spitzen der Internet-Charts und schaffte es, viel Buzz und Aufmerksamkeit auf sich zu ziehen.

Flickr ist vermutlich kein absolutes Muss unter den sozialen Netzwerken, aber wenn Sie interessante Fotos zum Ausstellen haben, kann es nichts schaden, diese auf der Foto-Plattform bereitzustellen, zumal es kinderleicht ist, die Bilder simultan auch auf Facebook zu veröffentlichen.

> ☙   In Ihren Account-Einstellungen können Sie unter dem Reiter FREIGEBEN & ERWEITERN Ihre Flickr-Fotos automatisch auch auf Facebook übertragen. Ein Service namens Yahoo! Updates macht es möglich, beide Benutzerkonten miteinander zu verbinden.

Für eine sinnvolle Nutzung von Flickr sollten Sie folgende Tipps beachten:

- Vergessen Sie nicht den Community-Charakter von Flickr. Wie in anderen sozialen Netzwerken ist auch hier niemand, der platte Werbung derselben Art wie in Zeitschriften und anderen Print-medien sehen will. Die Community möchte unterhalten oder mit interessanten, bereichernden Inhalten versorgt werden. Wettbewerbe oder Mitmach-Aktionen wie der Mobile City Walk schaffen einen Dialog und eine Interaktion mit der Community, von der beide Seiten etwas haben.

- Seien Sie großzügig mit Tags. Vor allem sollten Sie Ihre Fotos mit Ihrem Firmennamen taggen, aber auch mit Produktnamen, Event-Titeln oder anderen interessanten Merkmalen, die sich auf den Inhalt und die Aussage der Fotos beziehen.

- Versehen Sie Ihre Aufnahmen mit einer Creative Commons-Lizenz. Hintergrund: Normalerweise sind Ihre Fotos urheberrechtlich geschützt und dürfen von niemandem weitergegeben werden. Da Sie aber gerade wollen, dass sich Ihre Fotos verbreiten, sollten Sie sie standardmäßig mit den kostenlosen Lizenzen von Creative Commons ausstatten, die eine Weitergabe und Nutzung der Bilder für nicht-kommerzielle Zwecke zulassen. Sie erreichen die Einstellungsseite entweder über den Link CREATIVE COMMONS am Fuß der Flickr-Seite oder über den BEARBEITEN-Link neben dem Copyright-Symbol, das Ihren Bilder schmückt.

Abbildung 13.16: Mit Creative Commons-Lizenzen erleichtern Sie der Community die Weitergabe Ihrer Bilder.

- Community-Mitglieder mit einem kostenpflichtigen Pro-Account haben mehr Speicherplatz, dürfen auf Statistik-Funktionen zugreifen und wirken durch den kleinen »Pro«-Badge neben ihrem Benutzernamen allgemein glaubwürdiger.

- Im Beschreibungsfeld zu Ihren Fotos können Sie auch HTML verwenden und mit diesem Mittel einen Link auf Ihre Website oder andere Ressourcen Ihrer Firma einfügen. Umgekehrt können Sie Ihr Foto als HTML-Link in Ihre anderen Internetauftritte einbinden oder einen Link auf das Foto bloggen oder posten. Diese Optionen sind über den FREIGEBEN-Link oberhalb des Fotos zugänglich.

- Der Link AKTIONEN, der ebenfalls über dem Foto steht, gibt Ihnen eine Fülle weiterer Möglichkeiten, darunter die wichtige Option, Personen auf einem Foto zu markieren oder zu taggen. Dadurch werden die Personen auf Ihr Foto aufmerksam und es können sich Dialoge ergeben. Seien Sie aber vorsichtig mit der Nutzung personenbezogener Daten, nicht jeder Kunde sieht es gerne, wenn sein Foto für alle sichtbar ins Internet gestellt wird.

Abbildung 13.17: Wally hat nichts dagegen, wenn ich ihn tagge.

- Stellen Sie zu besonderen Events, Produkten, Themen, Fragen, Nutzer- oder Kundengruppen Alben zusammen. Sonst wird Ihr Fotostream irgendwann unübersichtlich und die Betrachter schalten ab.

- Suchen Sie nach Gruppen, in denen Ihre Branche oder Ihre Interessen- oder Zielgruppe vertreten ist. Wenn Sie regional operieren, sollten Sie sich anschauen, welche Gruppen in Ihrer Region aktiv sind. Gruppen sind ein großartiges Mittel, um sich eine Community aufzubauen.

- Vergessen Sie nicht die Interaktion. Beteiligen Sie sich auf sinnvolle, bereichernde Weise an der Konversation und stellen und beantworten Sie Fragen. Lassen Sie vor allem Ihren Account nicht einschlafen.

■ Überlegen Sie sich eine klare Strategie. Bilder können sehr unterschiedliche Aussagen transportieren. Nicht jedes Bild ist geeignet Ihre Reputation zu stärken. Andererseits sollten Sie sich schon zutrauen, Persönlichkeit zu zeigen und authentisch aufzutreten. Das kann eine Gratwanderung sein. Wie in allen Social Media Communities sollte Ihr Engagement auch bei Flickr nicht unüberlegt und Ihr Content nicht beliebig sein.

13.2.4 Tools

Auch für Flickr gibt es unterschiedliche Zusatzprogramme und integrierte Funktionen, die Ihnen helfen, mehr aus Ihrem Foto-Archiv herauszuholen. Da der Bedarf an Tools ziemlich individuell ist und ich hier unmöglich alle Hilfsprogramme vorstellen kann (und täglich neue hinzukommen), sollten Sie die folgenden Vorschläge nur als Anregung und Ausgangspunkt auffassen, um auf eigene Faust weiter zu forschen.

Ein guter Ort, um sich nach Tools umzuschauen, ist der »App Garden« auf der Flickr-Homepage. In diesem Garten befindet sich ein bunter Blumenstrauß von Programmen, die mithilfe der Flickr-API programmiert und dann für die Allgemeinheit zur Verfügung gestellt wurden. Klicken Sie auf der oberen Navigationsleiste auf ENTDECKEN und dann in der rechten Liste auf DER APP GARTEN. Sie gelangen dann auf eine Seite, auf der Anwendungen gezeigt werden, die besonders positiv aufgefallen sind, die aber auch über eine Tag-Cloud und Stichwortsuche Zugang zu sortierten Suchergebnissen gibt. Die Beliebtheit der Apps können Sie über die Favoritenmarkierungen und Kommentare nachvollziehen.

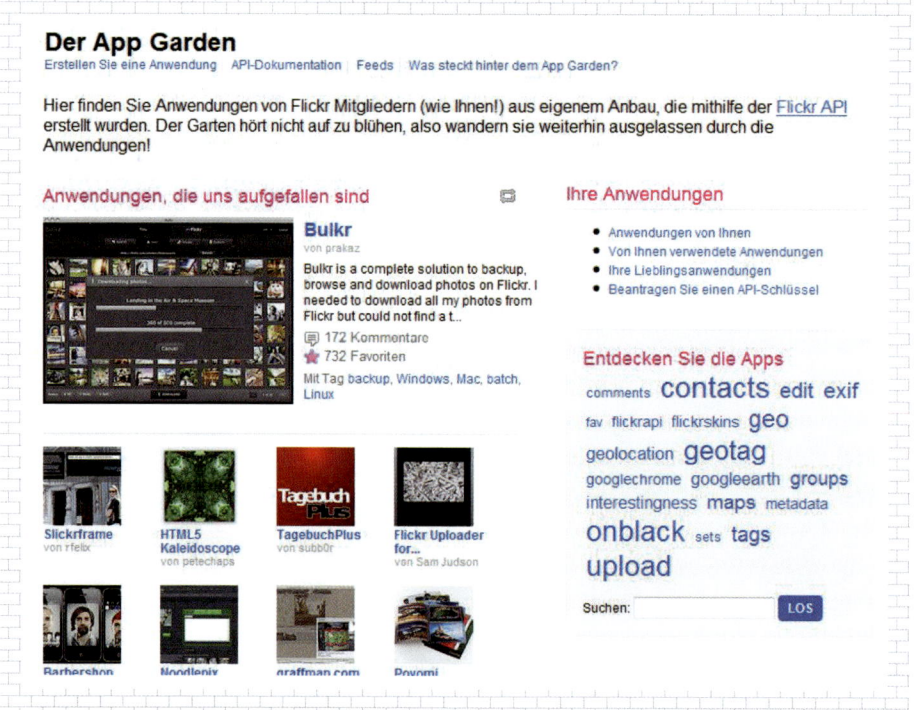

Abbildung 13.18: Im App Garden von Flickr gibt es Apps für alle Lebenslagen.

Eine weitere Fundgrube für Flickr-Erweiterungen erschließt sich über die FAQ-Funktion ganz unten auf der Flickr-Homepage. Interessierten Lesern empfehle ich folgende Rubriken:

- **Verwenden der Flickr-Tools**: Über einen hier erreichbaren Link oder von http://www.flickr.com/tools/ können Sie die plattformübergreifende Anwendung Uploadr herunterladen, die das Einstellen von Fotos bei Flickr erleichtert.

- **Organizr**: Dies ist ein praktisches Tool zum Verwalten Ihrer Fotos in Serien und Alben[17]

- **Verwenden von Flickr mit Ihrem Telefon**: Hier erfahren Sie, wie Sie von Ihrem Kamerahandy aus auf Flickr zugreifen und Fotos posten können.

- **Die Flickr-API**: Hier finden Entwickler Tipps und Tools, um eigene Programme zu erstellen.

- **Blogging**: Eine Anleitung, wie Sie Bilder in Ihr Blog posten können, sehr nützlich für eine maximale Vernetzung der Inhalte Ihrer Social Media-Accounts.

- **Nokia und Flickr**: Wer ein Mobiltelefon besitzt, kann seine Bilder auch direkt vom Handy aus hochladen. Das gilt übrigens ebenso gut auch für iPhone und Android-Geräte.

- **Darkslide**: Diesen Flickr-Client für iPhones gibt es zwar nicht im Flickr-App-Garden, aber dafür bei http://connectedflow.com/darkslide und http://itunes.apple.com/de/app/darkslide-flickr-client.

---

17   http://www.flickr.com/tour/#section=organize

14 Präsentationen und Frage&Antwort-Portale

Präsentationen ins Netz zu stellen ist kein Muss im Social Media Marketing, aber Fragen in Frage&Antwort-Portalen, die Sie beantworten können oder die sich gar um Ihr Unternehmen oder Ihr Produkt- und Leistungsspektrum ranken, sollten Sie beachten. Auf diese Weise können Sie Sympathien, Fans und vielleicht sogar Umsatz gewinnen. Das Gleiche gilt für Wikis.

14.1 Präsentationen in Slideshare veröffentlichen

Wenn in Ihrer Firma gelegentlich interessante Präsentationen gestaltet werden, ist das ein guter Anlass, um ein Konto bei Slideshare einzurichten.

Das Sharing-Portal für Präsentationen wurde vom »Centre for Learning and Performance Technologies« auf den fünften Platz des Top 100 Tools-Index gewählt und von den Nutzern einhellig als großartiger Ort für Lernen und Ideenfindung gelobt[1]. Darüber hinaus können Sie Verweise auf Ihre Slideshare-Präsentationen auf allen Ihren anderen Profilen und Websites posten. Präsentationen werden von interessiertem Fachpublikum gerne aufgerufen, ein Umstand, der für das B2B-Marketing wichtig ist.

Dabei müssen Sie noch nicht einmal unbedingt aller Welt zeigen, was sie haben. Viele Firmen nutzen Slideshare auch für ein eingeschränktes oder privates Publikum. So können Sie zum Beispiel eine Präsentation für ein Projekt, eine Abteilung, Ihre Kunden oder Ihre Partner oder irgendeinen anderen Nutzerkreis freigeben und allen anderen den Zugriff darauf verwehren.

Natürlich ist Slideshare keine Einbahnstraße: Schauen Sie sich als Erstes die Präsentationen an, die andere zu Ihren Interessengebieten hochgeladen haben. So bekommen Sie ein Gefühl für die Community und die Gruppen, die eventuell für Sie interessant sind. Community-Building ist der Kern der sozialen Plattformen und auch bei Slideshare geht es um ein ausgewogenes Verhältnis von Geben und Nehmen.

---

1   http://www.c4lpt.co.uk/Top100Tools/slideshare.html

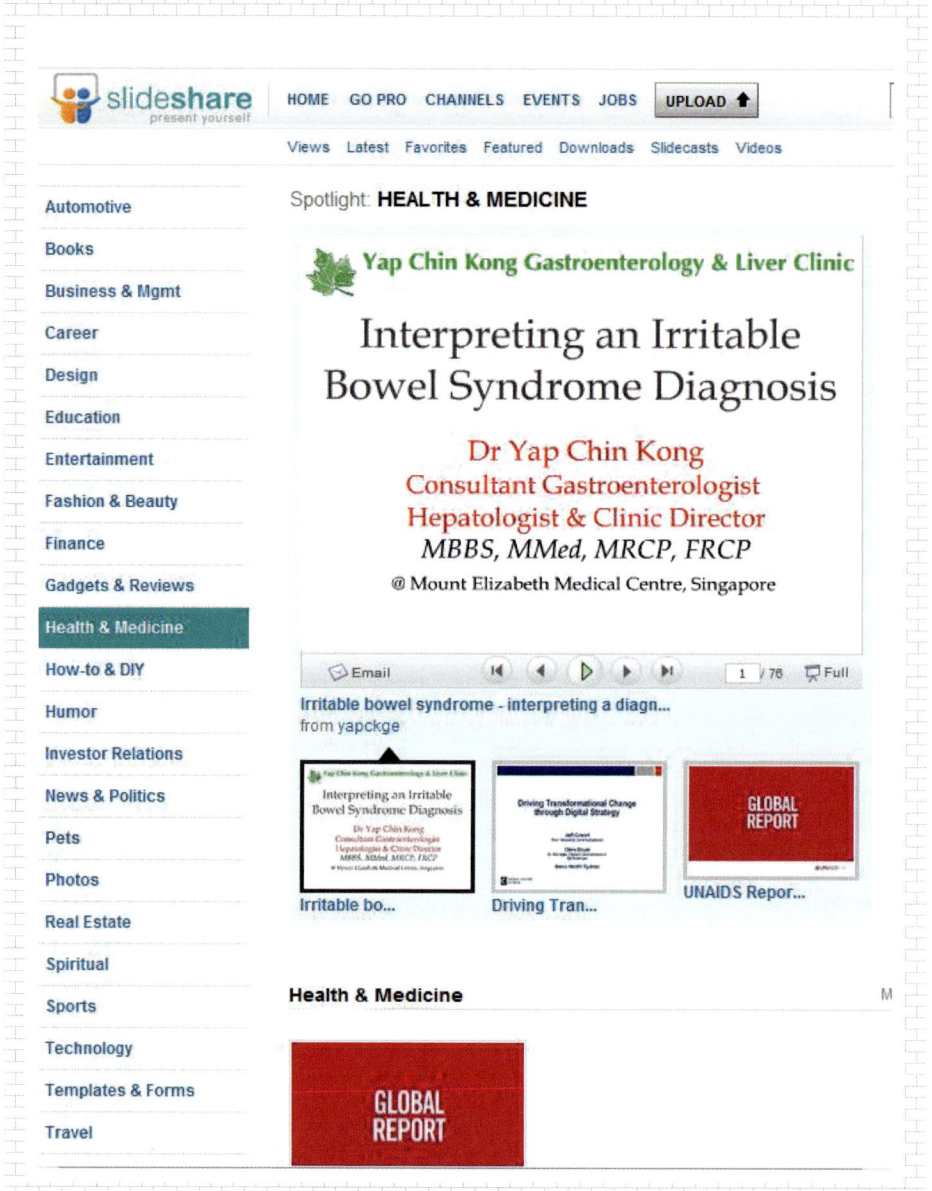

Abbildung 14.1: Slideshare hostet Präsentationen aus vielen Kategorien.

> ✍ Slideshare akzeptiert Powerpoint, Open Office und PDF als Präsentationsformate.

Durch die Möglichkeit, Audiodateien mit Ihren Präsentationen zu synchronisieren, können Sie die Nutzungsmöglichkeiten noch weiter ausbauen, bis hin zu Webinaren und musikalischen Präsentationen.

Darüber hinaus können Sie Gruppen und Events anlegen oder die Events anderer verfolgen, Sie können sich an Wettbewerben beteiligen oder selbst Wettbewerbe um die schönste Präsentation ausloben, und Sie können durch die Einbindung entsprechender Widgets eine maximale Vernetzung mit Ihren anderen Social Media-Benutzerkonten erreichen.

🐦 Virale Verbreitung durch Slideshare + Twitter

Der Blogger Philipp Sauber schilderte in seinem Blog Website-Marketing (http://www.website-marketing.ch/), wie er eine Präsentation gleichzeitig bei Slideshare eingestellt und den Link bei Twitter und Facebook veröffentlicht hatte. Schon beim Präsentieren projizierte er den Link auf eine Wand.

Zusätzlich empfiehlt er: Wer noch mehr Öffentlichkeit für seine Präsentation möchte, kann eine Audioversion davon als Podcast bei Vimeo einstellen und diesen Link gleichfalls twittern und auf Facebook bekannt machen.

Der Erfolg: Obwohl im Saal nur 250 Personen anwesend waren, verzeichnete Saubers Präsentation bei Slideshare mehr als 1.600 Zugriffe![2]

🐟 Bitte vergessen Sie bei diesem schönen Beispiel nicht, dass es sich um eine Präsentation zu Social Media Marketing vor einem Publikum von Social Media Marketern gehandelt hat. Manchmal habe ich das Gefühl, der halbe Buzz in Social Networks stammt nur von dieser Gruppe.

Auch für den Umgang mit Slideshare gibt es einige bewährte Methoden, an die Sie sich halten sollten:

- Ähnlich wie Videos nehmen auch Präsentationen die Aufmerksamkeit des Betrachters so stark gefangen, dass er nichts anderes nebenbei erledigen kann. Deshalb sollten Sie sich auch in Ihrer Präsentation kurz fassen. Denken Sie an die Hundert-Sekunden-Regel: Wieviele Folien kann jemand in dieser Zeitspanne, die einer durchschnittlichen Aufmerksamkeitsspanne entspricht, durchblättern? Wohl kaum mehr als 30, und auch das nur dann, wenn Sie den Regeln für gute Präsentationen folgen, das heißt, suggestive Bilder und Grafik mit kurzem, prägnantem Text verbinden und nicht mehr als eine einzige Kernaussage pro Folie vertreten.

- Sorgen Sie dafür, dass Ihre Präsentation gefunden wird: Geben Sie ihr einen aussagekräftigen Titel, denn dieser wird später zur URL Ihres Beitrags. Fügen Sie Schlüsselwörter ein und formulieren Sie den Text im Beschreibungsfeld zu Ihrer Präsentation sorgfältig, wobei Sie natürlich mit dem Wichtigsten beginnen. Denken Sie daran, dass der Besucher anfangs nicht mehr als die ersten paar Zeilen des Beschreibungstextes sieht.

- Präsentationen bei Slideshare lassen sich per E-Mail versenden, herunterladen, einbetten oder als Favoriten kennzeichnen.

- Die Möglichkeiten, Slideshare mit anderen Social Media-Aktivitäten zu verlinken, werden immer mehr. Inzwischen kann man auch YouTube-Videos in Slideshare-Präsentationen einbetten. Außerdem befinden sich am unteren Seitenrand der Slideshare-Homepage unter SLIDESHARE OUTSIDE die beiden Links FACEBOOK APP und LINKEDIN APP. Beide Links führen zu Seiten, auf denen erläutert wird, wie Sie Ihre bei Slideshare veröffentlichten Dokumente praktisch ohne zusätzlichen Aufwand auch auf Facebook und LinkedIn einstellen können. Die Inhalte aller drei Plattformen können synchronisiert werden.

---

2   http://www.website-marketing.ch/6373-social-media-marketing-how-to-teil-1114-leads-dank-prasentation

- Natürlich können Sie Slideshare-Präsentationen auch in Ihre Blogs einbinden. Von dieser Möglichkeit wird in der Praxis viel Gebrauch gemacht.

- Animieren Sie die Betrachter, auf Ihre Beiträge zu reagieren oder sie selbst per Twitter, Facebook oder E-Mail weiter zu verbreiten. Stellen Sie Fragen, stoßen Sie Diskussionen an und erlauben Sie dem Publikum nach Möglichkeit, Ihren Content auf eigenen Seiten einzubetten oder herunterzuladen.

Auch Slideshare bietet unterschiedliche Professional-Konten an. Das beliebteste, weil billigste, kostet 19 Dollar im Monat. Dafür bekommen Sie eine werbungsfreie Oberfläche, Analysedaten und Buzz-Tracking[3] sowie die Möglichkeit, zehn Videos hochzuladen (in der kostenlosen Basis-Version sind es nur drei).

14.2 Frage- und Antwort-Portale

Auf diesen Plattformen, mit Kurznamen »F&A-Portale« genannt, können Besucher Fragen an die Community stellen und diese antwortet. Antworten werden mit Punkten belohnt und wenn die Antwort dann auch noch von den anderen Teilnehmern zur besten gekürt wurde, gibt es noch ein paar Punkte obendrauf. Auf diese Weise können Sie sich als guter und kompetenter Antwortgeber Meriten verdienen.

Auf manchen Portalen müssen sich die Besucher registrieren, um sie nutzen zu können, andere liefern ihre Antworten auch ohne Registrierung. Die Portale haben einen recht unterschiedlichen Anspruch. Wer-weiss-was.de vermittelt selbst ernannte Experten, die in den Bereichen Computer, Wissenschaft, Technik, Business und Finanzen, Behörden und Recht, Kultur und Gesellschaft, Politik und Freizeit Rede und Antwort stehen. Man sieht, das Angebot ist breit gefächert.

Als Unternehmen können Sie sich natürlich auf F&A-Portalen mit Ihrem Fachwissen prächtig positionieren. Wie auf allen anderen Plattformen sollten Sie allerdings offen sagen, wer Sie sind, und den Ratsuchenden gute und hilfreiche Tipps geben.

✎ Deutsche F&A-Portale im Test[4]

Im April 2010 berichtete die Online-Ausgabe der Zeitung »Die Welt« über einen Test der Frage- und Antwort-Portale im deutschen Sprachraum. Dabei wurden 20 Fragen auf die verschiedenen Portale gepostet und im Anschluss die Schnelligkeit, Qualität und Menge der Antworten bewertet

1. Den ersten Platz erhielt Yahoo! Clever (de.answers.yahoo.com) mit einer akzeptablen Reaktionszeit und vielen qualitativ hochwertigen Antworten.

2. Auf dem zweiten Platz konnte Kurzefrage.de ebenfalls mit guten Antworten punkten, hat aber gravierende Mängel im Datenschutz.

3. Bei Cosmiq.de trudelten die Antworten am schnellsten ein, hatten aber mit 26 Prozent falscher Antworten auch die höchste Fehlerquote – Platz drei.

4. Platz vier ging an Gutefrage.net, wo die Antworten zwischen wenigen Minuten und etlichen Stunden dauerten und qualitativ schlechter waren als bei Yahoo.

5. Wer-weiss-was.de brachte die besten Antworten, aber leider blieb ein Drittel der Fragen gänzlich unbeantwortet, deshalb nur Platz fünf. Das Portal hat eine halbe Million Mitglieder und fast fünf Millionen Beiträge.

---

3 Dieses Tool meldet Ihnen, welche Besucher Ihre Slideshare-Präsentationen auf Twitter und Facebook teilen oder retweeten.

4 http://www.welt.de/die-welt/vermischtes/article7158514/Frage-Antwort-Portale-im-Test.html

Auf den F&A-Portalen ist Schnelligkeit Trumpf. Die meisten Fragesteller hätten ihre Antwort gerne ganz kurzfristig und die Antwortzeiten liegen bei den großen Portalen im Schnitt bei acht bis zwölf Minuten.

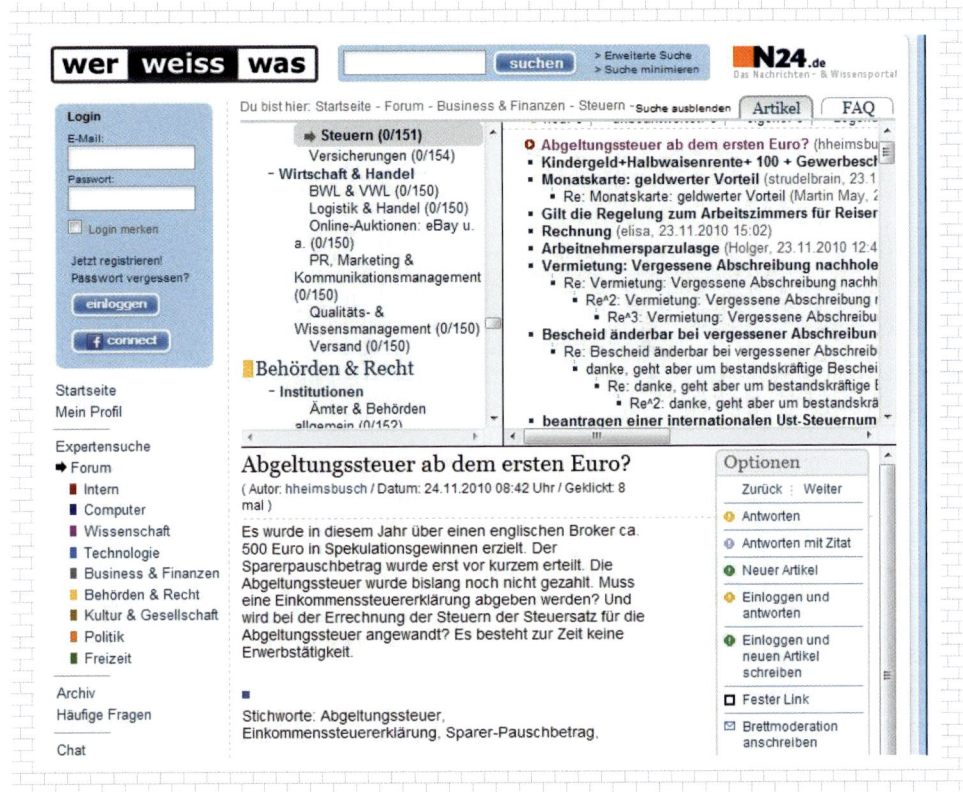

Abbildung 14.2: Steuerberater an die Front: Fragen bei Wer-weiss-was.de.

Wie alle Community-Websites sind auch F&A-Portale nicht für eine kommerzielle Ausbeutung gedacht. In den Nutzungsbedingungen von wer-weiss-was heißt es explizit:

> »wer-weiss-was soll nicht zur Anbahnung von Geschäftskontakten dienen – entsprechende Einträge löschen wir. Dazu am besten ein paar Beispiele – gelöscht werden z.B.:

– *Jobangebote*

– *Kooperationsanfragen*

– *kommerzielle Angebote*

– *Anfragen nach kostenloser Arbeit, mit der man normalerweise seine Brötchen verdient; vor allem wenn es mehr als 5-10 min dauert, die Lösung zu finden*

– *ganz allgemeine Fragen, bei denen klar wird, dass jemand die Benutzer des Forums kostenlos für seine kommerziellen Zwecke ausnutzen möchte*

Erlaubt dagegen sind durchaus Anfragen von Firmen, wo z. B. ein Mitarbeiter für die Lösung eines Arbeitsproblems konkrete Tipps sucht oder eine Wissensquelle, die ihm bei der Arbeit helfen kann. Ziel von wer-weiss-was ist und bleibt der kostenlose und umfassende Austausch von Wissen.«

Während Wer-weiss-was.de auf Seriosität und hohe Qualität baut und teilweise sehr hochklassige Diskussionen hostet, findet man auf Yahoo! Clever eher alltägliche Fragen und Themen, die sich nicht immer auf einem erträglichen Niveau bewegen.

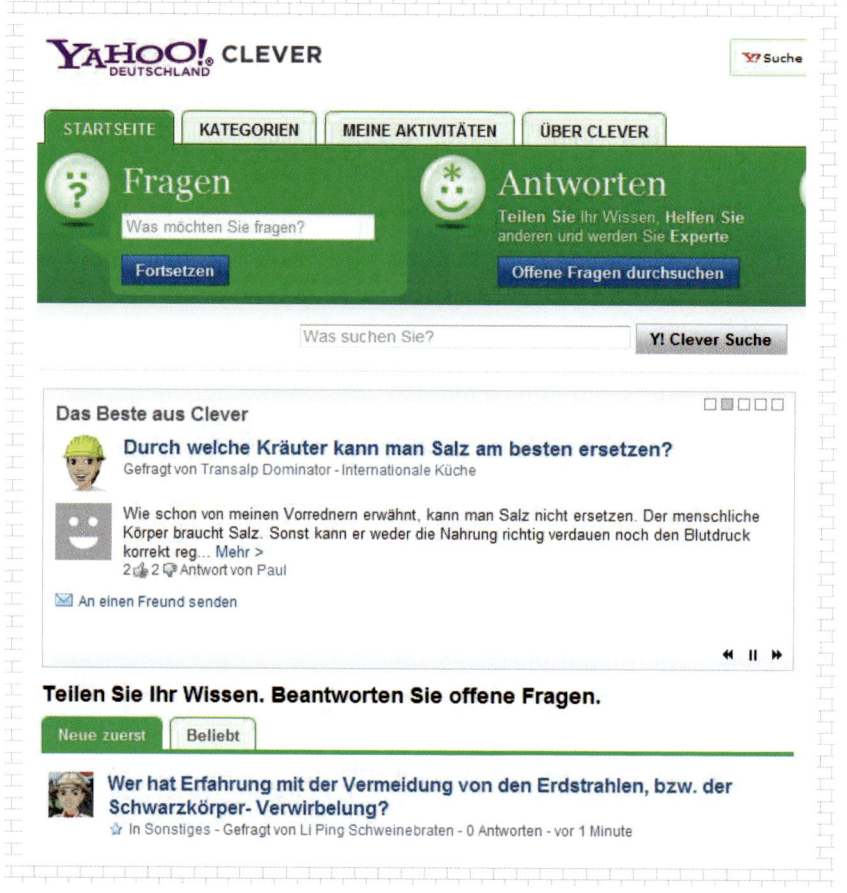

Abbildung 14.3: Bananen? Timbuktu? Van Gogh? Erdstrahlen? Yahoo! Clever weiß alles.

✇ Sarrazin, Seehofer und jetzt auch noch Terrorwarnungen: Kein Wunder, dass in manchen Communities und Portalen Ausländerfeindlichkeit hochkocht. Für mich ist ein Portal nur dann akzeptabel, wenn es keine rassistischen Hetzreden enthält. Klicken Sie auf POLITIK UND GESELLSCHAFT oder KULTUR oder RELIGION, oder wie auch immer die entsprechenden Rubriken heißen, und machen Sie sich ein Bild von der Gesellschaft, in die Sie sich begeben.

Ein noch relativ neues Angebot auf dem deutschen Markt der F&A-Portale ist Wikianswers. Anders als die anderen großen Portale funktioniert diese Website auf dem Wiki-Prinzip. Dadurch können die Teilnehmer Fragen leichter beantworten oder bereits vorhandene Antworten bearbeiten.

14.2.1 F&A-Portale richtig nutzen

Für Unternehmen ist es natürlich sinnvoll, Portale, die stark frequentiert werden, häufig nach Fragen oder bestimmten Phrasen zu durchforsten, die den eigenen Markt, die eigenen Produkte oder die eigene Firma betreffen. Bei Yahoo! Clever können Sie eine entsprechende Suche einrichten und die Ergebnisse als RSS-Feed abonnieren.

Klicken Sie dazu auf der Startseite von Yahoo! Clever auf OFFENE FRAGEN DURCHSUCHEN und dann auf ERWEITERTE SUCHE. Wenn Sie das tun, erscheint ein Formular, in das Sie eine sehr detaillierte Stichwortsuche eingeben und speichern können.

Es kann Ihrem Unternehmen nützen, wenn Sie sich als aktiver und kompetenter Antwortgeber in F&A-Communities profilieren. Sie erscheinen auf Bestenlisten und werden gerne konsultiert. Ihre Reichweite und Ihre Reputation profitieren davon und wenn andere Teilnehmer auf Ihre guten Antworten verlinken, verbessert sich auch Ihre Klickrate.

Bei Yahoo! Clever können Sie auch ein so genannter »Wissenspartner« werden. Diese Option bleibt explizit Unternehmen und Organisationen vorbehalten, die besonderes Fachwissen auf ihrem Gebiet teilen möchten.

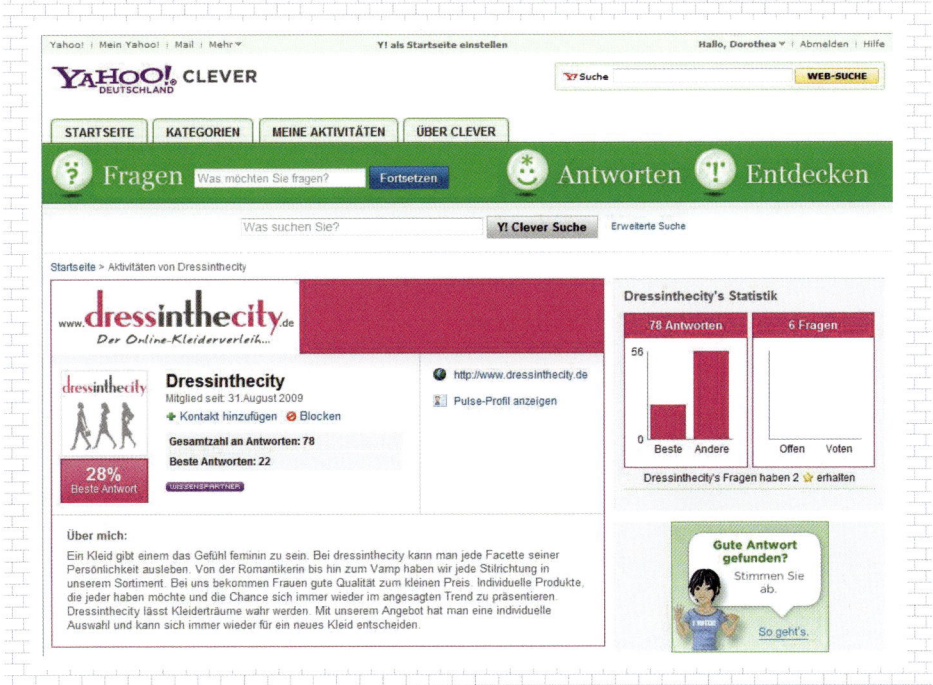

Abbildung 14.4: Wissenspartner haben bei Yahoo! Clever einen eigenen Auftritt.

15 Social Bookmarking und News

Social Bookmarking-Sites sind Portale, auf denen die Nutzer einander ihre Internet-Favoriten mitteilen, also Websites, die sie mit elektronischen Lesezeichen (engl. Bookmarks) versehen. Sie speichern also ihre Favoriten nicht mehr im Browser, sondern online, und können dadurch ihre Lieblings-Websites nicht nur veröffentlichen und an Freunde oder die gesamte Internet-Community weiterempfehlen, sondern auch von jedem internetfähigen Computer oder mobilen Gerät aus auf diese Websites zugreifen. Umgekehrt können Sie auch erfahren, welche Sites Ihre Freunde oder andere Community-Mitglieder empfehlen.

Die Social Bookmarking-Sites haben jedoch noch eine zusätzliche Funktion: Man kann sie als Suchmaschine für Web 2.0-Content einsetzen. Das deutsche Bookmarking-Portal Linkarena (http://linkarena.com/) bezeichnet sich sogar selbst in erster Linie als »Die andere Suchmaschine«.

Je mehr Empfehlungen ein Link oder eine Nachricht bekommt, umso höher steigt er in der Beliebtheitsskala der Portale auf und umso besser wird infolgedessen auch seine Sichtbarkeit und Außenwirkung. Eine solche Abstimmung über die Beliebtheit von Inhalten bezeichnet man als »Voting«. Entscheidend für ein hohes Ranking eines Beitrags ist nicht nur die Zahl der Votings (Stimmen), die er bekommt, sondern auch die Schnelligkeit, mit der diese Stimmen abgegeben werden.

Social News-Portale sind Nachrichten-Communities, in denen nicht primär die Medienredaktionen, sondern die Nutzer selbst Meldungen einstellen. Ähnlich wie auf den Bookmarking-Portalen stimmt auch hier die Benutzergemeinde über die Beliebtheit der Nachrichten ab. Die Nachrichten, die per Voting an eine besonders hohe Rangstelle katapultiert werden, können mitunter große Zugriffszahlen erreichen.

Sowohl im Social Bookmarking wie auch in Social News gilt, wie in den meisten Communities, das Following-Prinzip: Wenn Ihnen die Beiträge eines Community-Mitglieds regelmäßig gut gefallen, können Sie diese Inhalte abonnieren, indem Sie der betreffenden Person oder Firma folgen.

> ☙ Social Bookmarking und Social News leben vom Voting. Als Marketingtreibender sollten Sie also nicht nur versuchen, selbst interessante Beiträge zu veröffentlichen, sondern sich auch an Abstimmungen über andere Beiträge beteiligen.

15.1   Social Bookmarking

Social Bookmarking kann Publikum auf Ihre Website oder Ihre sonstigen Internetauftritte führen, wenn Ihre Links von der Community gut aufgenommen werden, und zusätzlich kann es auch Ihr Suchmaschinen-Ranking verbessern, denn die Bookmarks, die in den Bookmarking-Portalen gespeichert werden, werden von Suchmaschinen indiziert. Wie auf anderen Social Media-Sites sollten Sie auch hier gut abwägen, welche Inhalte für die Community interessant sein könnten, und nicht etwa ausschließlich Ihre eigene Website promoten.

Im Laufe der Zeit sind leider viele Internet-Unternehmen entstanden, die gegen Entgelt gleich Tausende von Bookmarks für ihre Kunden lancierten. Auf diese Art und Weise können Sie meiner Meinung nach keinen nachhaltigen Dialog mit der Community etablieren, und diese Praxis verstößt auch gegen den Grundgedanken der Social-Bookmarking-Sites, andere Nutzer auf interessante Links aufmerksam zu machen.

2400 Social Bookmarks – 6 x 400 versch. SB–Seiten – 3 Wochen

2400 Social Bookmark Hochqualitative Bookmarks

– 2400 SB, in 6 x 400 verschiedene Social Bookmarking Dienste

Eintragungszeit ca. 3 Wochen

Preis: 470 EUR
Jetzt Bestellen

4000 Social Bookmarks – 10 x 400 versch. SB–Seiten – 5 Wochen

4000 Social Bookmark Hochqualitative Bookmarks

– 4000 SB, in 10 x 400 verschiedene Social Bookmarking Dienste

Eintragungszeit ca. 5 Wochen

Preis: 720 EUR
Jetzt Bestellen

Abbildung 15.1: Auszug aus einem Angebot, Bookmarks kommerziell zu erstellen.[1]

---

1   http://www.1stag.com/lang/de/services/social-bookmarks/?lang=de&gclid=COe6rJWa6aYCFQQj3gody3N7Bw

Heute sind viele Blogger der Meinung, dass die besten Zeiten der Bookmarking-Portale vorbei sind.[2] Ein Indiz dafür ist, dass der größte Bookmarking-Service, Delicious.com, von seiner Muttergesellschaft Yahoo wohl nicht mehr lange betrieben werden wird.[3]

Trotzdem kann es nichts schaden, die Möglichkeiten von Social Bookmarking zu nutzen, um Ihrem Unternehmen zu zusätzlicher Popularität zu verhelfen. Wenn Sie das möchten, legen Sie bei den Bookmarking-Services, von denen ich die wichtigsten weiter unten kurz beschreibe, jeweils unter demselben Benutzernamen, den Sie auch sonst in Ihren Social Media-Aktivitäten verwenden, ein Profil an und füllen dieses sehr gründlich aus. Auf manchen Social Bookmarking-Portalen können Sie Unternehmenspräsenzen einrichten. Sagen Sie genau, wer Sie sind und was Sie bezwecken.

Im nächsten Schritt setzen Sie natürlich Verweise auf Ihre eigenen Webseiten und Informationen auf Ihre Seite. Die wichtigsten Verhaltensregeln fasst SEO-Spezialist Robi Lack auf seinem Blog wie folgt zusammen:[4]

- ■ Achten Sie auf einen guten Mix von fremden und eigenen Links. Ungefähr zwei Drittel Ihrer Empfehlungen sollten den Beiträgen Anderer gelten, ein Drittel dürfen auch auf eigene Beiträge verweisen. Die sollten dann allerdings auch aktuell und hochwertig sein.

- ■ Eine gute, knackige Überschrift ist wichtig. Der Besucher sollte daraus ersehen können, worum es in dem von Ihnen empfohlenen Beitrag geht. Nur Artikel mit attraktiven Überschriften bekommen viele Stimmen.

- ■ Markieren Sie die Schlüsselwörter des Beitrags durch Tags, damit Sie selbst und andere ihn später in der Fülle der Informationen noch wiederfinden.

- ■ Stellen Sie jeden Link nur ein einziges Mal ein, um sich nicht als Spammer in Verruf zu bringen.

15.1.1 Mister Wong

Die bekannteste deutschsprachige Bookmarking-Site ist Mister Wong (http://www.mister-wong.de). Hier können Sie nicht nur Links, sondern auch Dokumente einstellen. Mithilfe von Tags (Markierungen) ordnen Sie die Inhalte in Kategorien ein, damit sie bei einer themenbezogenen Suche leichter auffindbar sind. Mister Wong hat sich Ende 2010 vom reinen Bookmarking-Service zu einer freien Bibliothek digitaler Dokumente weiterentwickelt. Neben den Bookmarks, die auch weiterhin eine wichtige Rolle spielen, können nunmehr also bei Mister Wong auch Dokumente geteilt und getaggt werden. Die Standardfunktionen sozialer Netzwerke, wie Statusmeldungen und ein Newsstream ähnlich der Pinnwand von Facebook, runden den Auftritt des neuen Mister Wong ab.

Am besten ist es, wenn andere Nutzer Ihre Beiträge auf Social Bookmarking- oder Social News-Sites weiterempfehlen. Um das zu erleichtern, sollten Sie in Ihre eigenen Websites und sonstigen Internetressourcen Buttons einbinden, die es den Besuchern leicht machen, mit einem einzigen Mausklick ein Votum für Ihren Beitrag oder Ihre Website abzugeben. Den Code für diese Buttons können Sie von den Bookmarking-Portalen herunterladen.

2   Vgl. u.a. http://www.marketingspiritual.com/2011/social-bookmarking-do-you-still-use-it-does-it-work/

3   http://mashable.com/2010/12/16/leaked-slide-shows-yahoo-is-killing-delicious-other-web-apps/, http://www.website-marketing.ch/7712-delicous-am-ende-zeichen-fur-den-niedergang-von-yahoo/

4   http://www.digiprodukte.ch/allgemein/social-bookmarking-sites-machen-sie-bekannter/

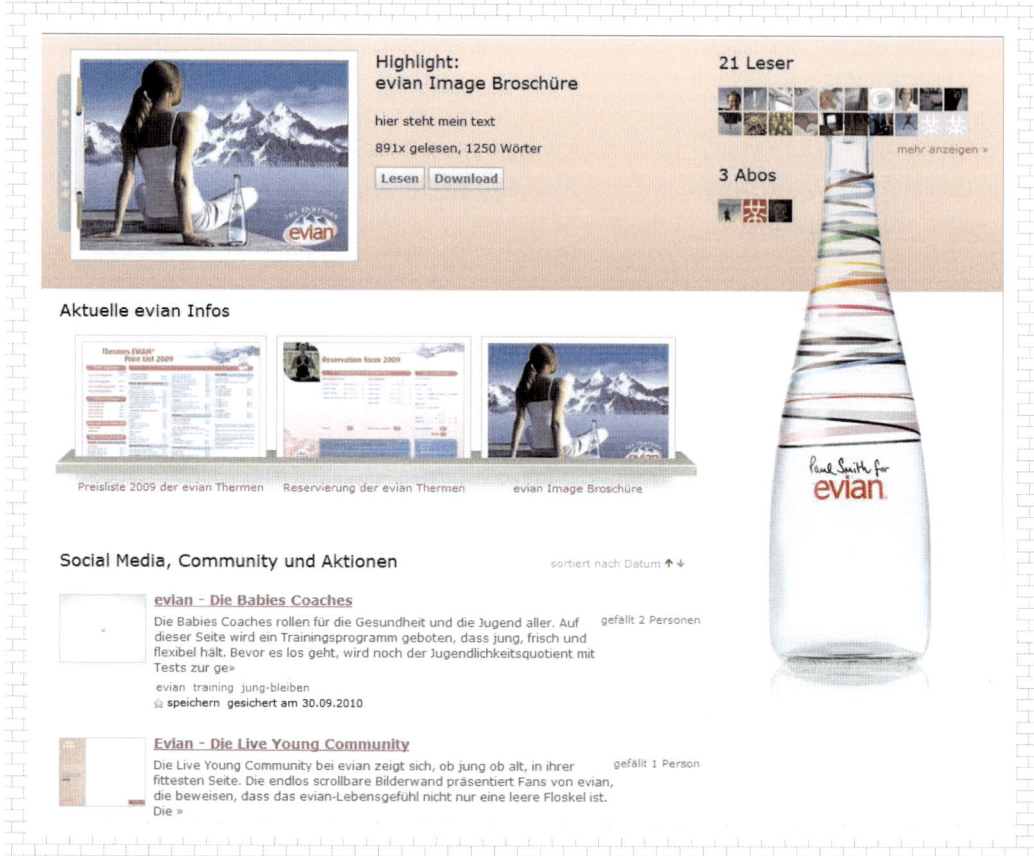

Abbildung 15.2: Auszug aus der Evian-Seite bei Mister Wong.[5]

Den Bookmarking-Button von Mister Wong erhalten Sie, indem Sie auf der Website von Mister Wong ganz unten in der Rubrik NÜTZLICHES auf FÜR WEBMASTER klicken. Sie gelangen dann auf die Seite http://www.mister-wong.de/stuff/, von der Sie verschiedene Browser-Erweiterungen und eben auch einen Button herunterladen können. Klicken Sie in der Liste der verfügbaren Tools auf WONG BUTTON FÜR BLOG ODER WEBSEITE und kopieren Sie den Code, der daraufhin in einem Textfeld angezeigt wird, in den Quelltext Ihrer Website oder anderen Web-Ressource.

Interessante Add-Ins gibt es auch für verschiedene Browser und für das Blogging-System Wordpress sowie für mobile Geräte, wie Smartphones und iPad.

---

5   http://www.mister-wong.de/user/evian/

Wong Button für Blog oder Website

Den Mister Wong Button kannst du in dein Blog oder in deine Website einbinden, so dass deine
hinzufügen können.

WONG.

weitere Wong Buttons

Nutze dafür folgenden Quelltext:

```
<a href="http://www.mister-wong.de/add_url/"
onclick="location.href=&quot;http://www.mister-wong.de/index.php?
action=addurl&amp;bm_url=&quot;+encodeURIComponent(location.href)
+&quot;&amp;bm_description=&quot;+encodeURIComponent
(document.title);return false" title="Diese Seite zu Mister Wong
hinzufügen" target="_top"><img src="http://www.mister-
wong.de/img/wong.gif" alt="Diese Seite zu Mister Wong hinzufügen"
border="0" /></a>
```

Wong Widgets & Gadgets & Plugins

Mit dem "Mister Wong Widget" für Mac OS X & dem "Mister Wong Gadget" für Windows Vista ha
von Mister Wong immer griffbereit auf Deinem Dashboard - ohne Browser und ideal zum Bookm

Alle 6 Stunden eine neue Website die gerade besonders populär ist, 7 Tage die Woche.

Download Wong Mac Mini Widget
Download Wong Vista Mini Gadget

Abbildung 15.3: Neben dem Wong-Button für Ihre Website stehen auch noch andere Tools und Plugins zur Verfügung.[6]

Gut gefallen hat mir die Seite, die der World Wildlife Fund bei Mister Wong betreibt. Diese Organisation ist in allen Social Media aktiv und das äußerst professionell. Die Inhalte, die empfohlen werden, beziehen sich auf unterschiedliche Quellen für Nachrichten und Informationen über Natur und
Umwelt. Des Weiteren stellt der WWF interessante Dokumente und Grafiken zur Verfügung, darunter
den »Living Planet Report« über Biodiversität.

---

6   http://www.mister-wong.de/stuff/#button

Abbildung 15.4: Die Seite des WWF in Mister Wong zeigt mehr als 18.000 Aufrufe der verlinkten Sites an.[7]

15.1.2 Andere Social Bookmarking-Sites

Die anderen Social Bookmarking-Portale funktionieren in etwa ähnlich, sind aber meist nur in englischer Sprache verfügbar. Zu den beliebtesten zählen die folgenden:

- StumbleUpon (http://www.stumbleupon.com), ein US-Portal, das es in den USA geschafft hat, mit seinen zwölf Millionen Nutzern mehr Traffic zu generieren als Facebook mit seinen fast 600 Millionen.[8] Wenn Sie Social Bookmarking in Ihr Social Media Marketing-Konzept einbeziehen möchten, sollten Sie sich unbedingt mit StumbleUpon (was auf Deutsch ungefähr »über etwas stolpern« heißt) befassen. Einen Stumble-Button für Ihre Website finden Sie, wenn Sie unten auf der Homepage von StumleUpon unter der Rubrik Tools and Services auf »Stumble Badges« klicken.

- Delicious (http://www.delicious.com), ein Unternehmen, das zurzeit noch zum Yahoo!-Konzern gehört, aber möglicherweise in absehbarer Zeit abgegeben wird.[9] Den »Bookmark this on Delicious-Button« finden Sie über den Link Tools ganz unten auf der Website von Delicious.

---

7   http://www.mister-wong.de/user/WWFDeutschland/

8   http://soshable.com/stumbleupon-surpasses-facebook-for-social-media-traffic-generation/

9   http://infobib.de/blog/2010/12/18/yahoo-zum-delicious-verkauf/

Mein Tipp: Selbst wenn das Social Bookmarking heute weniger im Trend sein sollte, kann es trotzdem nicht schaden, den Besuchern durch die Einbindung der entsprechenden Buttons die Möglichkeit zu geben, für Ihre Beiträge und Websites zu stimmen.

15.2 Social News-Portale

Die Abgrenzung zwischen Social Bookmarking und Social News ist eher fließend. Im Grunde geht es auch bei Social News darum, der Community interessante Artikel und Informationen zu empfehlen und umgekehrt die Empfehlungen der Community zu sehen. Manche Auflistungen beliebter Links in Social Bookmarking-Portalen lesen sich wie eine Nachrichtenseite.

Wenn Sie es schaffen, viele Votings für Ihren Beitrag auf einem Social News-Portal zu bekommen, können Sie damit die Zugriffe auf Ihre Website oder sonstige Ressource, auf die der Artikel verweist, deutlich steigern. In den USA nennt man das nach dem Pionier der Social News, Digg, den »Digg-Effekt«. Besonders in den frühen Morgenstunden, wenn viele Menschen die Nachrichten im Internet lesen, kann dieser Effekt recht eindrucksvoll sein.

Dan Zarrella empfiehlt in seinem Social Media-Buch[10], Artikel circa 18 bis 22 Stunden vor dem Zeitpunkt einzustellen, an dem der meiste Traffic erwartet wird, damit eine Geschichte Zeit hat, genügend Votings einzusammeln, um in die Liste der beliebtesten Artikel Eingang zu finden.

> ☙ Wenn Sie Spaß daran haben, Nachrichten für die Community zu schreiben, können Sie sich als Poweruser in Social News-Communities betätigen. Veröffentlichen Sie häufig gute Beiträge, bekommen Sie mit der Zeit Fans und Abonnenten, die für Ihre News abstimmen.

Wie beim Social Bookmarking gilt auch hier, dass die Kontakte in der Community wichtig sind. Wenn Sie die Beiträge anderer Mitglieder loben, bekommen Sie von diesen Lob zurück und umgekehrt.

Als besonders aussichtsreiche Inhaltstypen empfiehlt Dan Zarrella neben Exklusivmeldungen auch Listen, die wegen ihrer Übersichtlichkeit im Internet ohnehin beliebter sind als reiner Text, sowie Kontroversen, die zu Diskussionen anregen, Spiele, die zum Mitmachen anregen, sowie Videos und Fotos.

15.2.1 Digg und Co. – die wichtigsten Social News-Sites

Im Folgenden führe ich kurz die wichtigsten Social News-Sites auf. Je nach Ihren Interessen können Sie auch noch andere Angebote finden.

- Digg (http://digg.com) ist die bekannteste Social News-Site, hat aber nach mehreren Geschäftsführerwechseln und einem verpatzten Relaunch 2010 etwas an Popularität verloren.[11] Am 31. Januar 2011 kündigte Digg eine umfangreiche Generalüberholung mit neuen Features und neuem Look&Feel an. Der Slogan »Digg it!« für positive Votings bei Digg ist legendär. Den Digg-Button bekommen Sie unter TOOLS FOR PUBLISHERS (http://about.digg.com/publishers).

---

10   S. 139, Dan Zarrella: Das Social Media-Buch. O'Reilly 2010.

11   http://www.website-marketing.ch/6996-digg-das-urgestein-am-ende/

■ YiGG (http://www.yigg.de) ist die deutsche Kopie von Digg und ein positives Voting auf dieser Site heißt, natürlich, »YiGG it!«. Übrigens: Wenn Sie eine Nachricht aus YiGG über Twitter weiterverbreiten, nennt man das einen »TwiGG«. In der Rubrik HILFE finden Sie den Eintrag HILFE FÜR WEBMASTER mit einer Anleitung zur Einbindung eines YiGG-Buttons.

Abbildung 15.5: Neueste Nachrichten bei YiGG am 2.2.2011.[12]

■ Die zu den Lokalisten gehörende Plattform Webnews (http://www.webnews.de/) hat viele Rubriken, von Politik, Wirtschaft und Unterhaltung bis hin zu Lifestyle-Themen. Hier werden die Votings, die eine Geschichte erhält, in eine Bewertung mit maximal fünf Sternen umgesetzt, wie sie aus anderen Bewertungsportalen bekannt ist.

■ Die Social News-Site Shortnews (http://www.shortnews.de/) bedient ein ähnlich breites Themenspektrum. Unter der Rubrik Wirtschaft habe ich von mehreren deutschen Unternehmen Mitteilungen gefunden, die es bis ganz oben auf die Seite geschafft haben.

■ Reddit (http://de.reddit.com), ein englischsprachiges Angebot, gehört ebenfalls zu den großen Social News-Portalen, ist aber wohl eher für Unternehmen interessant, die sich auf internationalem Parkett bewegen.

Die Buttons, mit denen Ihre Beiträge auf Social News-Seiten gepostet werden können, sollten Sie ebenso in den Quelltext Ihrer Internetseiten einbinden, wie die Buttons der Social Bookmarking-Portale. Der Hochdaumen von Digg hat nach wie vor einen hohen Erkennungswert.

---

12   http://www.yigg.de/neueste-nachrichten

16 Agenturen

Ob Sie das Thema Social Media Marketing mit Ihren internen Ressourcen anpacken sollten oder nicht, hängt von unterschiedlichen Faktoren ab. Bevor Sie sich mit Feuereifer an die Arbeit machen, sollten Sie folgende Überlegungen anstellen:

- Welche Kompetenz im Umgang mit Social Media haben Sie bereits im Hause?
- Was möchten Sie erreichen? Welche strategischen Ziele verfolgen Sie?
- Welche Ressourcen an Zeit und Personal können und möchten Sie investieren?
- Haben Sie Spaß am Umgang mit Social Media?

Wenn Sie ein junges Unternehmen aus der IT-Branche oder dem Medienbereich sind, haben Sie oder ihre Mitarbeiter wahrscheinlich bereits Erfahrungen mit sozialen Netzwerken gemacht und haben Freude an den Online-Kommunikationsplattformen. In diesem Fall können Sie sich mit einem guten Buch bewaffnen – hoffentlich dem, das Sie gerade in der Hand halten – und die ersten Schritte alleine tun.

Auch in anderen Branchen findet man mehr und mehr Mitarbeiter und Manager, die in Social Media beschlagen sind, insbesondere in Firmen mit einer überwiegend jungen Belegschaft, die mit Social Communities aufgewachsen ist.

Andere Unternehmen sind jedoch überfordert von der Vielfalt und Dynamik der Communities, in denen sie sich nicht zu Hause fühlen. Wieder andere hätten zwar durchaus die Kompetenz, aber nicht die Ressourcen für ein selbst gesteuertes Social Media-Engagement.

Ein wichtiger Faktor ist auch die Unternehmensgröße. Große Unternehmen und Marken beauftragen häufiger Agenturen als kleine, denn sie haben ein größeres Marketing-Budget und einen höheren Anspruch an den Umfang ihres Social Media-Engagements. Solche Unternehmen können sich keine Anfängerfehler leisten. Daher sollten sie zumindest fachlichen Rat einholen, wenn nicht gar einen Teil der Umsetzung ihrer Kampagnen an Fachfirmen übergeben.

Bevor ich nun aber beschreibe, was Sie von Agenturen und Consultants erwarten können und was nicht, möchte ich Sie warnen:

Social Media Marketing hat seit 2010 gewaltig an Schwung gewonnen. Und wie immer, wenn ein neues, lukratives Geschäftsfeld sich auftut, schießen die selbst ernannten Experten wie Pilze aus dem Boden. Jede Werbeagentur, die auf sich hält, bietet heutzutage auch Social Media Marketing an, aber nicht jede kann es. Und nicht jeder, der sich Social Media Consultant oder Spezialist nennt, hat diese Bezeichnung wirklich verdient.

Bitte lassen Sie sich nicht von Scharlatanen blenden. Fragen Sie nach Referenzen und schauen Sie sich an, welche Social Media-Auftritte die Agentur Ihrer Wahl bereits realisiert hat. Passen diese Fallbeispiele zu Ihnen? Haben Sie Vertrauen zu Ihrem Berater?

Achten Sie darauf, dass das Unternehmen nicht versucht, Ihnen eine Standardlösung überzustülpen. Jede Firma ist ein Unikat und es ist diese Individualität, die ihren Reiz und ihre Persönlichkeit ausmacht, in der Realität ebenso wie im Web 2.0. Den Dialog in Social Media müssen Sie mit Ihrer eigenen Stimme führen und nicht mit der Stimme eines Menschen, sei er Consultant oder Kreativer, der nichts von Ihrer Unternehmenskommunikation weiß.

16.1   Was leisten Agenturen?

Um diese Frage zu beantworten, wandte ich mich an Felix Holzapfel von der Agentur Conceptbakery[1], die in Köln und Denver ansässig ist. Warum? Weil mir einige Kampagnen des Unternehmens gut gefallen, weil es in den USA, der Heimat des Social Media Marketing, ebenso zu Hause ist wie in Deutschland, und weil Herr Holzapfel selbst ein Buch über Facebook-Marketing geschrieben hat – als Autoren sind wir sozusagen Kollegen.

Die meisten der nachfolgenden Informationen stammen aus einem Telefon-Interview, das ich mit Felix Holzapfel im Dezember 2010 geführt habe.

> ✎ Ich möchte hier keine Werbung für eine spezielle Agentur machen – es gibt auch andere gute Agenturen. Aber irgendwo musste ich mich ja informieren. Meine Wahl hätte auch auf ein anderes Unternehmen fallen können.

Das Leistungsspektrum von Agenturen ist breit gefächert. Haben Sie erst eine gute Agentur gefunden, so bestehen folgende Möglichkeiten:

- Wenn Sie jemanden haben, der Ihre Social Media-Aktivitäten umsetzen kann, und kein großes Marketing-Budget in die Hand nehmen möchten, weil Sie vielleicht nur ein kleines Unternehmen haben, dann besteht die Möglichkeit, einen Workshop zu besuchen oder sich individuell einige Stunden lang von einer Agentur oder einem fähigen Consultant beraten zu lassen.

- Agenturen können Ihnen helfen, eine Strategie zu entwickeln. Häufig äußern Unternehmen den Wunsch, eine Facebook-Seite einzurichten, sind sich aber nicht im Klaren darüber, was sie in Social Media erreichen möchten. Eine gute Agentur kann Ihnen dabei helfen. Möchten Sie eine Zielgruppe ansprechen, Kundendienst leisten oder Ihr Image aufmöbeln? Abhängig von diesen Fragen kann Ihnen ein Berater helfen, von Anfang an die richtigen Weichen zu stellen.

---

1   http://www.conceptbakery.com/

- Sie können – und sollten! – immer auch Eigenleistung erbringen, wenn Sie als Unternehmen in Social Media aktiv werden. Wenn Sie selbst personelle und fachliche Ressourcen haben, sollten Sie diese nutzen. Medienunternehmen haben es gut, denn bei ihnen sind kreative Leute beschäftigt, die gut schreiben können. Für solche Unternehmen genügt es häufig, mit einer Agentur zusammen Ideen zu entwickeln und die technischen Aspekte der Social Media-Kommunikation abzugeben, während der Content im eigenen Hause erstellt wird.

- Agenturen können Ihnen auch helfen, eine Social Media-Policy zu entwickeln und zu implementieren, die für Ihr Haus passend ist. Holzapfel empfiehlt, die Richtlinien nicht übermäßig starr zu handhaben, weil sonst die Umsetzung, besonders in Unternehmen mit vielen Mitarbeitern, leicht scheitern kann.

- Ein Vorteil bei der Einschaltung externer Berater ist: Sie sind nicht betriebsblind. Sie haben eine unverstellte Sicht auf das Unternehmen, dessen Eigenwahrnehmung nicht immer mit der Fremdwahrnehmung übereinstimmt. Sie sehen Fehler, die Ihnen vielleicht entgehen würden, und haben Ideen, auf die Sie nicht gekommen wären.

- Agenturen helfen Ihnen, Ihren Content Social Media-tauglich zu machen. Zum Beispiel hängt das Suchmaschinen-Ranking Ihrer Texte davon ab, welche Stichworte Sie im Titel verwenden. Für den Leser ist es das Gleiche, ob Sie im Titel den Begriff »Soziale Netzwerke« oder »Social Web« gebrauchen, aber für Suchmaschinen nicht.

- Wer sich selbst überfordert sieht oder absolut keine Zeit für Social Media hat, kann auch ein Full-Service-Paket bekommen, einschließlich Strategie-Entwicklung, Policy, Erstellung von Profilen, Gestaltung von Auftritten, Entwicklung und Umsetzung von Kampagnen und laufendem Feedback, einschließlich First-Level-Support. Nur wenn die Fragen der Profilbesucher zu tief ins Fachliche hineingehen, werden sie an die Spezialisten der Firma weitergeleitet.

- Wenn Social Media für Sie noch Neuland sind, kann der Fachmann zum Coach werden, der Sie behutsam an die neue Welt des Web 2.0 heranführt. Ein Traditionsunternehmen, das sich erstmals den Social Media öffnet, kann nicht in zwei Sekunden von null auf hundert beschleunigen. Das würde auch gar nicht zum Image passen. Für solche Unternehmen ist eine Schritt-für-Schritt-Umsetzung besser.

- Darüber hinaus können gute Agenturen Sie auch in der Frage beraten, was bei Facebook oder auch in anderen Netzwerken erlaubt ist und was nicht. In meinem Kapitel über Facebook habe ich Ihnen bereits einen Einblick in die Nutzungsbedingungen dieses Netzwerks gegeben. Da die Regeln der verschiedenen Kanäle durchaus unterschiedlich sind, ist die Einhaltung oft eine Wissenschaft für sich.

- Der letzte Punkt ist vielleicht der wichtigste: Gute Agenturen haben Erfahrung mit Social Media Marketing, auch mit der Implementierung viraler Kampagnen. Sie selbst vermutlich nicht. In einer Frage, die derart fundamentale Bedeutung für die Außenwirkung Ihres Unternehmens hat, sollten Sie besser nicht unter die Heimwerker gehen.

Es ist klar, dass angesichts einer derartigen Leistungspalette und der hochgradig individuellen Lösungen keine Standardkonditionen möglich sind. Je nach Leistungs- und Beratungsumfang können Sie zwischen einigen Hundert Euro und Beträgen im fünfstelligen Bereich ausgeben.

ଔ Sparen Sie sich nicht kaputt, wenn Sie sich entscheiden, fachlichen Rat einzuholen.

16.2   Fehler vermeiden, Know-how nutzen

Wenn Ihr Social Media-Engagement keinen Erfolg bringt, haben Sie vermutlich etwas falsch gemacht. Felix Holzapfel nannte mir im Interview einige elementare Fehler, die immer wieder gerne gemacht werden, und beschrieb einige wichtige Tipps und Kniffe, die die Handschrift des Profis verraten.

Ein typischer Anfängerfehler ist es, in Facebook, YouTube oder anderen Kanälen den verkehrten Benutzernamen zu wählen. Wenn Sie Ihren Namen später ändern, gehen Ihnen damit sämtliche Fans und Follower verloren, sämtliche Kontakte müssen neu aufgebaut werden, alle Links sind wertlos, alle Arbeit war umsonst. Sie können wieder bei Null anfangen.

Ich habe bereits an anderer Stelle gesagt, wie schädlich es ist, in sozialen Netzwerken Push-Marketing zu betreiben oder dieselben Strategien und Werbebotschaften wie in traditionellen Medien einzusetzen. Netzwerke wollen sinnvollen, hochwertigen Content, der sie informiert, bereichert und unterhält. Wenn Sie diesen Content dann auch noch so formulieren, dass er von Suchmaschinen leicht aufgefunden wird, erreichen Sie mehr Menschen.

> ✎   Sie können ein und denselben Artikel »Zehn gute Ratschläge für den Umgang mit sozialen Netzwerken« nennen oder als Hauptüberschrift »Social Web« und als Unterzeile »Zehn Tipps für Profis« wählen. Die zweite Version ist suchmaschinenfreundlicher als die erste, weil sie Schlagworte verwendet, die von Suchmaschinen stark beachtet werden. Dem Inhalt Ihres Beitrags schadet es nicht, wenn Sie für die Überschrift solche suchmaschinenfreundlichen Formulierungen verwenden.

Keyword-Marketing und Suchmaschinenoptimierung sind nicht Kernthemen dieses Buchs. Unternehmen, die vom Keyword-Marketing leben, sind auf dem Laufenden, welche Schlüsselwörter Erfolg versprechen und welche nicht. Wenn Sie sich für Keywords interessieren, können Sie auch nach Suchbegriffen und Phrasen googeln, die Sie für Ihr Produkt als relevant erachten, und einen Blick auf den Text der entsprechenden Beiträge werfen. Um die Meta-Tags der Ergebnisseiten zu sehen, schauen Sie sich den HTML-Quelltext an, der über die Ansichtsfunktion Ihres Browsers geöffnet werden kann. Auf diese Weise bekommen Sie ein Gefühl dafür, welche Keywords in Ihrer Branche und in Ihrem Betätigungsfeld funktionieren.

Ein weiterer wichtiger Punkt ist die Vernetzung Ihrer Aktivitäten: Wenn Sie ein Twitter-Konto haben, können Sie Ihre Tweets per RSS automatisch auch auf andere Seiten veröffentlichen, die entsprechend verlinkt sind. Das sollten Sie aber nicht übertreiben: So erwarten Facebook-Nutzer eine andere Art von Nachrichten als Twitterati, und wenn Sie den Eindruck erwecken, Sie wollten nur Linkjuice für ihre sonstigen Internet-Präsenzen generieren, dann nimmt Ihnen das die Fangemeinde bei Facebook übel.

Wichtig ist, dass Sie die Technik des Social Web sinnvoll einsetzen, ohne die Web-Gemeinde zu verprellen. Wenn Sie soziale Netzwerke als Link-Schleudern zu missbrauchen versuchen oder Spam verteilen, wird sich das rächen.

16.3   Kampagnen – ja oder nein?

An anderer Stelle dieses Buchs gehe ich kritisch der Frage nach, ob sich irgendjemand noch für Gewinnspiele und Gratisgaben interessieren wird, wenn jedes zweite Unternehmen auf Facebook das anbietet. Sind die Nutzer nicht irgendwann überfüttert?

Laut Holzapfel ist das nicht der Fall. Gewinnspiele und Werbegeschenke haben immer Konjunktur, übrigens ganz unabhängig vom Medium. Auch die Werbung in traditionellen Medien setzt immer wieder auf diese Instrumente und hat Erfolg.

Der Gewinn muss nicht immer unbedingt einen Geldwert repräsentieren, es darf ruhig auch einmal ein ideeller Wert sein. Verleihen Sie doch einen witzigen Titel oder eine Ehrenmedaille für eine besondere Idee Ihrer Kundschaft. Oder küren Sie einen Superstar, wie es die Kosmetikfirma L'Oréal im weiter unten geschilderten Beispiel tut. Aktivieren Sie Ihre Besucher durch einen »Call to Action«. Die Agentur Conceptbakery hat zum Beispiel für einen Kunden einen Tuning-Ehrentitel verliehen. Die Aktion lief sehr erfolgreich, alle möglichen Facebook-Besucher wollten unbedingt diesen Titel verliehen haben.

Um im interaktiven Web jedoch nicht nur die Profiteure und Absahner zu erreichen, sondern einen echten Dialog mit echten Kunden anzustoßen, sollte die Kampagne oder das Gewinnspiel in eine Story eingebettet werden. Nur wenn die Leute etwas zu erzählen haben, reden sie über Ihr Unternehmen. Und wenn Sie ihnen keine Story geben, was sollen sie dann, bitteschön, erzählen?

> ✄   Wenn Sie möchten, dass über Sie geredet wird, müssen Sie den Leuten Gesprächsstoff geben.

Firmen und Kunden sind wie Mann und Frau: Sie gehen eine Beziehung ein, die nicht selten hoch emotional ist. Wenn ein Kunde Vorwürfe erhebt, die ungerechtfertigt sind, ist es nicht immer geschickt, diese zurückzuweisen und dagegen zu argumentieren.

Kundenpflege ist Beziehungspflege. Sie haben mit Menschen zu tun, und Menschen sind nun einmal emotionale Wesen. Manchmal kann es geschickter sein, sich zu entschuldigen, auch wenn Sie sich im Recht fühlen. Auch bei der Einschätzung solcher Situationen kann fachlicher Rat Ihnen helfen.

🐾   Casting-Kampagne von Moccu[2] für L'Oréal[3]

Die Berliner Agentur Moccu entwickelte Anfang 2011 eine Kampagne für die Kosmetikfirma L'Oréal, bei der sich junge Frauen unter dem Slogan: »Werde das Gesicht von L'Oréal« als Werbe-Ikone für ein Haarprodukt der Firma bewerben können.

Auf Facebook wählt die Nutzergemeinde zunächst die 50 besten Kandidatinnen aus; danach entscheiden Fachleute, welche fünf von diesen in eine Endausscheidung kommen, und zu guter Letzt kürt wieder die Facebook-Community die Siegerin, die das Gesicht von L'Oréal wird und einen Vertrag mit einer renommierten Model-Agentur erhält.

---

2   http://www.moccu.com/#/Home/

3   http://www.agentur-mag.de/2011/moccu-entwickelt-deutsche-social-media-kampagne-fur-l%E2%80%99oreal-paris/

Abbildung 16.1: L'Oréal sucht den Superstar[4].

16.4   Außenwirkung delegieren?

Wer mit einer Werbeagentur arbeitet, delegiert immer bestimmte Aspekte seiner Außenwirkung. Aber, wie bereits gesagt: Social Media funktionieren grundsätzlich anders als die traditionellen Werbemedien. Wer sich in Social Media engagiert, muss darauf vorbereitet sein, die Deutungshoheit über

---

4   http://www.facebook.com/permalink.php?story_fbid=151595441561807&id=100001163163080&ref=notif&notif_t=feed_
    comment_reply#!/lorealparis

seine Botschaften zu verlieren. Und, was vielleicht das Wichtigste ist: In Social Media sprechen Menschen und nicht Unternehmen. Die Persönlichkeit und die individuelle Stimme sind es, die den Charme Ihrer Botschaft ausmachen – und den Unterhaltungswert. Daraus folgt eine paradoxe Situation:

- Weil Social Media so anders sind als traditionelle Werbemedien und andere Formen der Unternehmenskommunikation, sind viele Unternehmer und Marketingverantwortliche den Herausforderungen im Social Web nicht gewachsen.
- Weil Social Media so anders sind, ist es problematisch, die Aktivitäten nach außen zu delegieren.

Der Grund: Nur Sie selbst haben Ihre Persönlichkeit. Niemand sonst. Nur Sie können mit Ihrer authentischen Stimme sprechen.

Das ist nicht nur bei der Zusammenarbeit mit Agenturen ein Problem, sondern auch dann, wenn Sie externe Blogger anheuern oder externe Lohnschreiber Ihre Tweets und Posts verfassen lassen. Sind das noch Sie, der da spricht?

Nach meiner Einschätzung ist die Zusammenarbeit mit einer Agentur nur dann fruchtbar, wenn diese Ihnen hilft, Ihre eigene Stimme zu finden und eine unverwechselbare – weil authentische – Persönlichkeit im Social Web zu werden.

Wenn Sie sich nicht sicher sind, wie Sie vorgehen möchten, können Sie eine SWOT-Analyse machen:

- S steht für Strenghts – Stärken
- W steht für Weaknesses – Schwächen
- O steht für Opportunities – Chancen
- T steht für Threats – Risiken

Wenn Sie aus diesen Elementen ein Raster erstellen, dann können Sie besser einschätzen, welche Informationen Sie noch benötigen, und welche Entscheidung Sie für oder gegen die Beauftragung einer Agentur treffen sollten.

Schematisch sieht das folgendermaßen aus:

Agentur beauftragen	Stärken	Schwächen
Chancen	Kompetenz einkaufen Erfolg in Social Media	Geld investieren Erfolg in Social Media
Risiken	Kompetenz einkaufen Misserfolg in Social Media	Geld investieren Misserfolg in Social Media

Tabelle 16.1: Schema einer SWOT-Analyse

16.5   Fazit

Es ist nie verkehrt, sich Know-how einzukaufen. Wenn Sie im Social Web nur herum dilettieren, werden Sie eine Enttäuschung erleben. Im schlimmsten Fall wird Ihr Ruf nicht besser, sondern schlechter, und Zeit verloren haben Sie obendrein.

Wenn Sie keine Full Service-Agentur bezahlen wollen oder können, oder wenn Sie eventuell nur ein kleines Unternehmen haben, gibt es da immer noch das Heer der Social Media-Consultants, die sich über Kunden freuen. Eine Stunde individuelle Beratung (die auch das beste Buch nicht leisten kann) wird Ihnen womöglich Wochen an fehlgeleiteten Aktivitäten ersparen.

Für die Auswahl eines Consultants gelten dieselben Regeln wie für die Auswahl einer Agentur: Qualifikation, Erfahrung und Referenzen. Wenn Sie jemanden finden, der die Qualität der Kommunikation über die Quantität setzt und in Ihrem Social Media-Profil Ihre Einzigartigkeit hervorhebt, ist das schon ein guter Anfang.

17 Expertenrat

17.1 Virales Marketing durch Repurposing

»Statt den Leuten Fische zu bringen, will ich sie das Fischen lehren.«
Axel Meierhöfer

Axel Meierhöfer betreibt die Beratungsfima Coachingacademy.com für USA und Europa und bietet Coaching, Projektleitung und Schulung rund um Social Media Marketing an.

Am Anfang stand das E-Mail-Marketing und klassisches Online-Marketing; etwa um das Jahr 2000 bot Meierhöfer RSS-Feeds seiner Beiträge an. Zu Social Media kam er durch OpenBC, den Vorläufer von XING, sowie durch LinkedIn und die englische Ecadamy, denen er relativ früh beitrat. Vor vier Jahren kam er über eine Reihe von Radio-Interviews zu einem MySpace-Konto, das »genau null einbrachte«.

Er erkannte, dass traditionelles Branding extrem teuer ist und suchte Wege, Menschen zu helfen, ihre Bekanntheit ohne großes Budget zu steigern. Was tun, um eine Präsenz aufzubauen, ohne viel zu bezahlen? Die Core-Plattformen dazu sind XING und Edacamy für Europa sowie Twitter, Blogs und Facebook (das jüngst die Marke von einer halben Milliarde Nutzern überschritten hat) auf dem internationalen Parkett.

17.1.1 Virales Marketing durch Repurposing

Es ist ein Fehler, wenn man die Plattformen als monolithische Komponenten betrachtet. Google legt bei seiner Bewertung neben der Anzahl der Besucher zunehmend den Grad der Verlinkung zugrunde. Das heißt, dass Sie LinkedIn, XING, Facebook, Twitter, Ihr Blog, YouTube, Flickr, Slideshare, StumbleUpon und Co. maximal verknüpfen sollten, um möglichst viel »Linkjuice« zu generieren, das heißt, möglichst viele Verweise auf Ihre Seite zu ziehen, um damit Ihre Sichtbarkeit zu verbessern.

Der größte ROI ergibt sich dabei aus einer Strategie des Repurposing. Dazu folgendes Beispiel:

Sie schreiben einen Fachartikel im Umfang von ca. 1000 bis 1500 Wörtern. Die erste Hälfte besteht aus einer Einleitung, einer Aufzählung der Kernpunkte (»Die fünf Tricks«, »Die sieben Geheimnisse«, »Die zehn Do's und Dont's«) und

einer Kurzzusammenfassung. Die zweite Hälfte des Artikels greift die Kernpunkte auf und erläutert sie eingehender.

Jetzt gehen Sie folgendermaßen vor:

1. Sie stellen den Artikel in Facebook Notes ein, eventuell mit Bildern verknüpft.

2. Sie teilen allen Freunden bei Facebook und anderen sozialen Netzwerken den Link mit.

3. Sie stellen den vollständigen Artikel auf Ihre Webseite und in Ihr Blog.

4. Sie stellen bei LinkedIn ein Announcement ein und starten eine neue Diskussion, indem Sie nur die Aufzählungspunkte bringen, und setzen darunter einen Link zu LinkedIn, Ihrem Blog und Ihrer Website unter dem Hinweis: »Weitere Informationen finden Sie unter...«

5. Den LinkedIn-Link der neuen Diskussion verschicken Sie mit Twitter.

Abbildung 17.1: Twitterer bei der Arbeit.

6. Bei Expertenforen wie Sqidoo.com oder Hubpages.com bringen Sie die detaillierten Erläuterungen, wieder mit Links auf alle anderen sozialen Netzwerke.

7. In News-Sites wie zum Beispiel Ezinearticles.com besteht zusätzlich die Möglichkeit, dass Sie sich als Expertenautor »hochdienen« und zum Einflussnehmer aufsteigen.

Der Clou dabei ist: Der Artikel wird jedesmal umgearbeitet, mal bringen Sie die Aufzählungspunkte, mal die Kurzzusammenfassung, mal einen Einleitungssatz, mal die eingehenden Erklärungen oder eine Kombination davon. So brechen Sie nicht die Regel, die da besagt, dass Sie immer neue Inhalte veröffentlichen müssen, und nicht etwa nur einen Content, der bereits an anderer Stelle eingestellt ist.

17.1.2 Effektivität und ROI

Heute gilt es nicht mehr nur, sich in einer Nische zu qualifizieren, man muss zusätzlich auch auf breiter Front so viele Menschen wie möglich erreichen. Der Trick besteht darin, seinen Status auszubauen, ohne seinen Aufwand zu erhöhen.

Um dies mit einem vertretbaren Zeit- und Kostenaufwand zu erreichen, wird folgendes Vorgehen empfohlen:

■ Es kostet Sie vielleicht zwei Stunden, einen Artikel entsprechend dem oben gezeigten Muster zu schreiben, der dann an zehn Stellen in abgewandelter Form wiederverwendet werden kann. Diese Wiederverwendung nennt man Repurposing.

■ Mit Facebook und Twitter erreichen Sie ganz andere (und viel mehr) Nutzer, als bei Fachforen und Gruppen.

■ Sie generieren auf diese Weise viele Links und schaffen eine maximale Vernetzung.

■ Sie werden von vielen, sehr unterschiedlichen Menschen, Interessengruppen und Communities wahrgenommen, was eine virale Verbreitung fördert.

An irgendeinem Punkt fängt dann die repetitive Arbeit an: Wenn Sie pro Woche zwei oder drei Artikel schreiben und auf diese Weise vernetzen, wiederholen sich die Schritte jedesmal. Diese Arbeit können Sie nunmehr an einen vertrauenswürdigen Mitarbeiter delegieren oder sogar aus dem Unternehmen outsourcen. So kann Ihr Unternehmen mit überschaubarem Geld- und Arbeitseinsatz virales Social Media Marketing betreiben. Im Vergleich damit bewegen sich die Kosten für eine traditionelle Branding-Kampagne im sechsstelligen Bereich, und die Kampagne ist irgendwann verpufft.

17.1.3 Ein Fallbeispiel

Meierhöfers Agentur bekam einen Kunden, der ein asiatischer Importeur von Gewürzen aus Bio- und Fairtrade-Anbau war. Das Unternehmen saß am Hafen auf seinen Waren und kannte nichts und niemanden. Die Agentur hat dem Kunden Plattformen auf Social Media-Portalen eingerichtet und diese wie oben beschrieben vernetzt. Schon nach drei Monaten wurden die Gewürze in zwei oder drei großen Supermarktketten angeboten. Alle diese geschäftlichen Kontakte waren durch gut eingerichtete LinkedIn-Profile zustande gekommen. Die Käufer waren in LinkedIn-Gruppen unterwegs, die sich mit dem Lebensmittelmarkt beschäftigten. Schon nach kurzer Zeit explodierte die Nachfrage und die Kunden verlangten nach größeren Lieferungen.

Die ganze Kampagne hatte den Kunden 5000 Dollar gekostet.

Meierhöfer beklagt, dass immer noch viel zu viel Geld in traditionellen Werbekanälen verpufft. Nur ein Bruchteil der Werbeetats von Unternehmen fließt derzeit in das Online-Marketing, und von diesem Budget geht viel zu viel in die Bannerwerbung und dergleichen. Mit dem Geld, das für eine einzige Fernsehwerbung ausgegeben wird, könnte man in Social Media »die Welt aus den Angeln heben«.

17.2   Social Media zieht sich durch das gesamte Unternehmen

»Oft wird aus einer negativen Berichterstattung eine positive.« – Manish Mehta, Social Media-Verantwortlicher von Dell

Dell hatte keinen leichten Start in die Welt der Social Media, um nicht zu sagen: Das Unternehmen hat einen kapitalen Fehlstart hingelegt. Das Debakel ist unauslöschlich mit dem Namen des Bloggers Jeff Jarvis verknüpft. Im Jahre 2005 beklagte sich Jarvis in seinem Blog über den schlechten Kundendienst von Dell, aber Dell ignorierte seine Bitte um Hilfe. Rauchend vor Zorn hackte Jarvis einen Brandbrief an den Vorstand von Dell in die Tasten und veröffentlichte diesen.

Dann brach die Lawine los. Hunderte von Menschen machten ihrem Unmut auf die Firma Dell in Kommentaren auf Jarvis's Artikel Luft. Tausende riefen die Beiträge auf und lasen Geschichten über die Service-Wüste Dell.

Das hat das Unternehmen nicht auf sich sitzen lassen. Schon unmittelbar nach der Jarvis-Affäre lancierte Dell ein Blog für die direkten Kundendialog und begann, von Käufern Verbesserungsvorschläge und Feedback einzusammeln. Inzwischen hat sich Dell vom Saulus zum Paulus gewandelt und gehört zur Avantgarde des Social Media Marketings.[1]

800 Mitarbeiter bloggen und twittern offiziell für Dell. Weitere tausend wurden in hauseigenen Schulungen für Social Media fit gemacht und lernten, wie man mit Kunden kommuniziert. Das Social Media-Engagement zieht sich quer durch die gesamte Firma. Manish Mehta, der Social Media-Verantwortliche von Dell betonte im Interview elf Kernpunkte:

1. Die Kunden verbringen heute mehr Zeit auf den Profilen Ihrer Firma im Web 2.0 als auf Ihrer Website.

2. Das Engagement des Unternehmens darf sich nicht nur auf die Marketing-Abteilung und Unternehmenskommunikation beschränken. Bei Dell stehen auch Ingenieure im Kontakt mit den Endkunden und gewinnen dadurch wertvolle Erkenntnisse, die direkt in Marktvorteile umgesetzt werden können. Jede Abteilung, die in irgendeiner Form mit Kunden zu tun hat, sollte in das Social Media-Engagement eingebunden werden.

3. Die klaren Richtlinien und Schulungen in der eigenen Social Media-Universität des Unternehmens sorgen dafür, dass die Kundenkommunikation nicht aus dem Ruder läuft, wenn 800 Mitarbeiter für das Unternehmen twittern.

4. Kein Blogger wird als Lohnschreiber für Dell angeheuert. Kein Mitarbeiter agiert verdeckt. Das Unternehmen legt Wert auf absolute Ehrlichkeit und Transparenz.

5. Ausgebildete Spezialisten beobachten permanent in neun Sprachen die wichtigsten Meinungsmacher der Blogosphäre. Wenn das Unternehmen Dell in einem der Blogs angesprochen wird, nehmen die Mitarbeiter freundlich Kontakt auf und suchen den Austausch mit dem Blogger. Häufig schaffen sie es, aus einer negativen Berichterstattung eine positive zu machen. Die Zahl der Einflussnehmer im Web ist laut Mehta begrenzt, aber ihr Publikum geht in die Millionen.

---

1   Die folgenden Ausführungen beruhen auf http://faz-community.faz.net/blogs/netzkonom/archive/2010/09/20/jeder-mitarbeiter-sollte-die-gespraeche-im-social-web-mithoeren.aspx

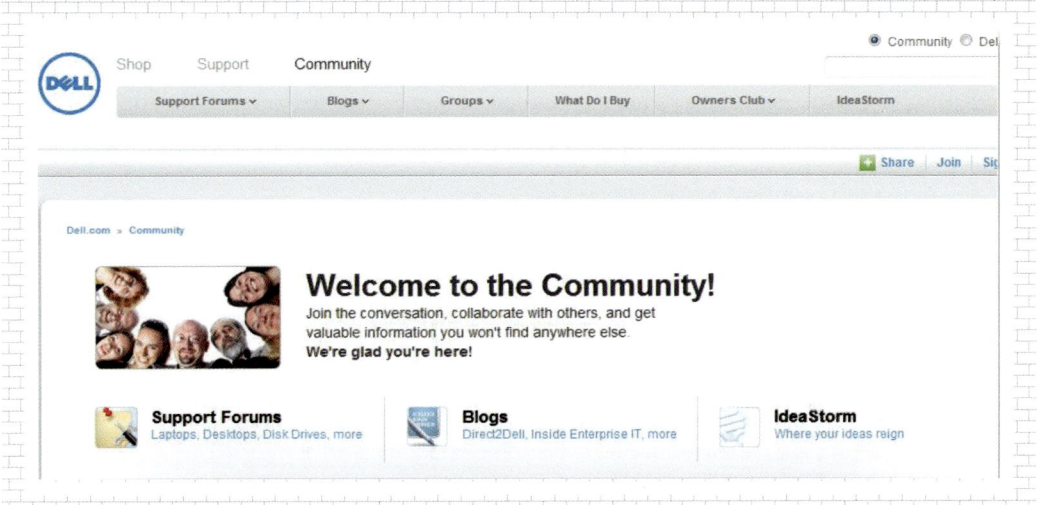

Abbildung 17.2: Kundendienst per Blog und Forum in der Dell-Community.

6. Für Unternehmen des B2B-Sektors empfiehlt Mehta Community-Building als beste Strategie – und zwar sowohl in eigenen Communities, als auch in bereits bestehenden.

7. Zur Effizienzmessung und Feinabstimmung der Social Media-Aktivitäten beobachtet Dell, von wo aus die User auf die Seiten der Firma gelangen. Kommen zum Beispiel viele Besucher von LinkedIn, verstärkt das Unternehmen sein Engagement bei LinkedIn, indem es sich stärker in die Unterhaltungen dort einschaltet.

8. Weitere positive Effekte des Social Media Marketings: Die Zahl der eingehenden Anrufe geht zurück, Nachrichten verbreiten sich schneller und die Aufwendungen für andere Marketing-Kanäle, sowohl online als auch offline, sinken. Gleichzeitig nimmt der Anteil des Internethandels an den Umsätzen der Firma zu. Ach ja: Übrigens steigt auch der Gesamtumsatz...

9. Es darf trotzdem nicht verkannt werden, dass soziale Medien nur ein Instrument von vielen sind. Mehta unterscheidet zwischen »Owned Media« – der eigenen Website –, »Paid Media« – der gekauften Werbung, und »Earned Media« – den sozialen Netzwerken, in denen man sich seine Meriten erst verdienen muss. Alle diese Kanäle müssen in einem sinnvollen Marketing-Mix verknüpft werden.

10. Die Unternehmensführung muss voll und ganz hinter dem Social Media-Engagement stehen, denn sonst ist der notwendige Wandel in der Firmenkultur ein schwieriges Unterfangen.

11. In dem Maße, wie sich immer mehr Unternehmensmitarbeiter mit Social Media beschäftigen, kann es sein, dass die Wirksamkeit eines solchen Engagements wieder zurückgeht oder der Aufwand beträchtlich steigt. Aber diese Entwicklungen bleiben abzuwarten.

17.3   Fehler im Selbstmarketing vermeiden

Man soll mir nicht vorwerfen können, dieses Buch sei nur mit Blick auf Großunternehmen geschrieben. Natürlich können Sie als Einzelkämpfer oder Marketingexperte eines kleinere Unternehmens keine Social Media-Akademie eröffnen und Hunderte von Mitarbeitern für Ihr Unternehmen bloggen lassen.

Wenn Sie selbst die Marke sind, die Sie verkaufen, dann sollten Sie Ihr Selbstmarketing überdenken. James Adams hat elf häufige Fehler von Selbstständigen und kleinen Unternehmern ausgemacht, aus denen sich, wenn man die Sache positiv ausdrückt, elf wertvolle Tipps ableiten lassen:[2]

1. Verhalten Sie sich konsistent. Wenn Sie zu häufig Ihr Auftreten, Ihre Meinungen und Ihre Produkte ändern, werden Sie irgendwann nicht mehr ernst genommen. Die Kunden schätzen es, zu wissen, woran sie mit Ihnen sind.

2. Äußern Sie sich detailliert und konkret. Als Fachmann auf Ihrem Gebiet sollten Sie nicht nur nebulöses Gerede, sondern harte Fakten zur Diskussion beitragen können. Wenn Sie immer nur an der Oberfläche Ihres Themas bleiben, entstehen Zweifel an Ihrer Kompetenz.

3. Informieren Sie sich. Experten sollten mit den neuesten Trends und Entwicklungen auf ihrem Gebiet vertraut sein. Der Kunde kann mit Recht erwarten, dass Sie mehr über Ihre Marke wissen als er. Die Berichterstattung der Nachrichtenmedien (einschließlich Twitter) über Ihre Marke sollten Sie kennen.

4. Lernen Sie richtig Deutsch. Wer sich nicht auszudrücken vermag oder beim schriftlichen Formulieren die Grenzen der Grammatik und Rechtschreibung überstrapaziert, strahlt keine Kompetenz aus. Mangelhafte Kommunikationsfähigkeit untergräbt Ihre Autorität, selbst wenn Sie auf Ihrem Fachgebiet tatsächlich sehr beschlagen sind.

5. Machen Sie sich bekannt. Nichts stärkt Ihre Glaubwürdigkeit mehr, als ein guter Ruf in der Community. Beteiligen Sie sich an Fachdiskussionen, knüpfen Sie Beziehungen zu Kunden und Gleichgesinnten in Ihrer Branche und tauschen Sie sich mit diesen aus. Was nützt Ihnen das beste Produkt, wenn niemand weiß, dass Sie es haben?

6. Bleiben Sie bei der Wahrheit. Unter keinen Umständen dürfen Sie die Community belügen, denn die Weisheit der Vielen wird Ihnen unweigerlich auf die Schliche kommen und dann sind Sie geliefert. Brüsten Sie sich nicht mit Qualifikationen und Erfahrungen, die Ihnen fehlen, und erfinden Sie auch keine falsche Identität. Ehrlich währt am längsten.

7. Glauben Sie an sich. Suchen Sie die Stärken in sich und Ihrer Marke und bauen sie darauf Ihre Strategie auf. Wenn Sie versuchen, den Kunden etwas zu verkaufen, an das Sie selbst nicht so recht glauben, werden Sie keinen Erfolg haben. Seien Sie eine Autorität auf Ihrem Gebiet.

8. Bleiben Sie realistisch. Erwarten Sie nicht schon in den ersten Wochen das schnelle Geld oder den durchschlagenden Erfolg. In sozialen Netzwerken müssen Sie etwas Geduld aufbringen. Wenn Sie sich als nützliches Mitglied der Communities bewährt haben, wird sich irgendwann auch der Erfolg einstellen.

9. Verschicken Sie keine Werbung. In sozialen Medien ist Werbung gleichbedeutend mit Spam, und darauf reagieren die User außerordentlich neuralgisch. Verzichten sie auf Eigenlob oder aufdringliches Push-Marketing. Stärken Sie lieber mit hochwertigen Beiträgen und freundlichem, kommunikativem Verhalten Ihre Glaubwürdigkeit.

---

2   http://www.techipedia.com/2010/personal-branding-mistakes/

10. Üben Sie Selbstdisziplin. Halten Sie konsequent Zeiten ein, in denen Sie Ihre Online-Beziehungen pflegen, antworten Sie postwendend auf Fragen und beweisen Sie, dass Sie sich selbst managen können. Kein Kunde lässt seine Probleme von jemandem lösen, der schon im Selbstmanagement versagt.

11. Seien Sie positiv. Niemand kommuniziert gerne mit notorischen Schwarzsehern und Bedenkenträgern, die an nichts und niemandem ein gutes Haar lassen. Loben Sie auch einmal andere. Mit Humor und positivem Denken haben Sie die Sympathien viel eher auf Ihrer Seite.

17.4 Die Chancen eines neuen Kommunikationsverhaltens nutzen

»Wenn ich weiß, wo die Sorgen und Nöte meiner Kunden sind, kann ich ihnen auch helfen.«
– Oliver T. Hellriegel

Blogger und Kommunikationsexperte Oliver T. Hellriegel ist auf zwei Ebenen mit Social Media Marketing befasst, in der Lehre und in der Praxis als Berater. Hellriegel lehrt an der FOM Hochschule für Oekonomie und Management und an der Hochschule Fresenius. Er erforscht das Phänomen des Web 2.0 seit fünf Jahren und beobachtet einen Wandel in der gesamten Kommunikation. Sein Forschungsgebiet ist dieser Kommunikationswandel.[3]

Seine Erkenntnisse lassen sich in zwei Leitsätzen zusammenfassen:

- Soziale Netzwerke ändern das Kommunikationsverhalten.
- Diese Änderung muss auf die reale Welt der Unternehmenspraxis übertragen werden.

Zurzeit kann man beobachten, dass die Strategieentwicklung in den meisten Unternehmen noch in den Kinderschuhen steckt. Sobald Social Media Marketing ins Spiel kommt, wird jede Marketingstrategie über Bord geworfen. Eine schlechte Kommunikationsstrategie wird aber durch Social Media Marketing nicht besser, sondern allenfalls noch schlechter, weil das Netz gnadenlos die Schwächen darin aufdeckt und spiegelt.

Den Unternehmen empfiehlt Hellriegel eine integrierte Kommunikation, wobei Social Media Marketing in die gesamte Unternehmensstrategie und -Kommunikation eingebettet werden muss. Für Hellriegel ist »Facebook-Seite« das Unwort des Jahres, weil jeder denkt, er bräuchte nur eine Facebook-Seite, und die Fans kämen dann von alleine herbeigeströmt.

Die folgende Vorgehensweise ist die bessere Alternative:

1. Am Anfang muss eine Analyse stehen: Wo findet meine Marke im Netz statt? Wie und wo reden die Leute über mich?
2. Der zweite Schritt ist die Überlegung: Wo ist es sinnvoll, in die Diskussion einzusteigen?
3. Wenn Ihre Firma ein Unternehmensblog einrichtet, muss sie auch kommunizieren, dass es dieses gibt. Das bloße Vorhandensein des Blogs reicht nicht aus. Des Weiteren stellt sich die Frage, wo das Blog aufgehängt sein soll und welchen Stellenwert es in den anderen Werbemedien der Firma bekommt. So gibt Coca Cola zum Beispiel in seiner Plakatwerbung nicht mehr die Adresse der Website an, sondern die Adresse des Unternehmensblogs. Dazu gehört aber auch ein Veränderungswille.

---

3   Hellriegels Blog finden Sie unter http://www.hellriegel.net/.

> ### 🐌 Kommunikationsverhalten und Social Media
>
> Das Mediennutzungsverhalten ändert sich zurzeit rapide, insbesondere bei den Digital Natives, also den Generationen, die mit Computer und Internetnutzung aufwachsen. Die klassischen Medien werden zurückgedrängt und auch der Fernsehkonsum entwickelt sich unterdurchschnittlich. Das Internet wächst dagegen überproportional. Das hat tiefgreifende Konsequenzen für die gesamte Informationsgesellschaft: Journalisten geben die Meinungsführerschaft an Einflussnehmer in sozialen Netzwerken ab, während die Kommunikation über Plattformen zunehmend die verbale Kommunikation ablöst.
>
> Werden wir nun alle zu autistischen Internet-Süchtigen? Es sieht nicht danach aus. Eine Studie der Marktforscher von myYearbook and Ketchum hat herausgefunden, dass Jugendliche, die in sozialen Netzwerken aktiv sind, auch im richtigen Leben sozial aktiver sind als andere[4]. Das Kommunikationsmittel ist nicht ausschlaggebend. Fazit: Ein Kommunikationsmuffel ist weder im realen noch im virtuellen Leben gut vernetzt doch für offene, kommunikative Menschen gilt das Gegenteil: Sie pflegen online und offline ihre Beziehungen mit derselben Hingabe.

Dieses geänderte Kommunikationsverhalten birgt für Unternehmen eine große Chance, da Diskussionen über Produkte und Marken nicht mehr nur im Privaten geführt werden, sondern in aller Öffentlichkeit – so öffentlich, dass sich Unternehmen daran beteiligen und ihre Kunden dort abholen können, wo sie stehen.

Anders als im realen Leben kann das Unternehmen im Netz an den Gesprächen über seine Marke teilhaben. Und genau das ist die große Chance für Unternehmen: Lernen durch Zuhören, aufgreifen, was die Kunden sagen, und diese Äußerungen in positive Markenerlebnisse umwandeln. An die Stelle des traditionellen Push-Marketing tritt hier das Pull-Marketing. Das Wort »Kampagne« ist dabei eigentlich ganz fehl am Platz; hier wird keine Kampagne geführt, sondern ein Dialog.

Der strategische Ansatz ist also immer erst einmal Zuhören und dann an der Kommunikation beteiligen, um von der One-way-Kommunikation des Push-Marketing wegzukommen. Wenn Sie diese Strategie konsequent verfolgen, können Sie sie zu einem Kundendienst ausbauen, der sogar negativ eingestellte Menschen zu Markenbotschaftern macht.

17.4.1 Von den traditionellen Medien zu Social Media

In der Landschaft der Social Media ist vieles noch im Fluss. Twitter hat noch kein Monetarisierungsmodell für seinen Service gefunden, hat aber im Kommunikationsverhalten der Menschen eine Verschiebung bewirkt – weg von der Informationstiefe und hin zur Informationsbreite. Auch Facebook, XING, Google Buzz und andere klassische soziale Netzwerke bieten durch kurze Statusmeldungen die Möglichkeit, ähnlich wie bei Twitter Echtzeit-Updates einzustellen.

Doch obwohl die Verlagerung von den traditionellen Medien zu Social Media nicht mehr aufzuhalten ist, sind Marken zum Teil immer noch zu stark den traditionellen Medien verhaftet und investieren viel Geld in die falschen Kanäle. Zugegeben, ein Fernsehspot hilft dem Branding und erreicht viele Zuschauer, aber dass im Online-Bereich der Löwenanteil der Budgets in Werbebanner fließt, ist eigentlich heute nicht mehr zeitgemäß.

---

4   http://newsroom.ketchum.com/news-releases/teen-social-media-Influencers-wield-power-online-and-offline

Dabei ist die heutige Situation durchaus vergleichbar mit dem Anfang des Internet-Booms zu Beginn der 1990er Jahre: Damals fragen sich Firmen allen Ernstes, ob es denn wirklich sinnvoll sei, jedem Mitarbeiter einen E-Mail-Account einzurichten. Heute stellen dieselben Unternehmen die Frage, ob es sich lohne, Mitarbeiter in die Twitter-Kommunikation des Unternehmens einzubinden. Die Antwort muss lauten: Ja, auf jeden Fall – vorausgesetzt, das Unternehmen steckt in einer Social Media Governance-Richtlinie den Rahmen dafür richtig ab. Mehr darüber lesen Sie im Kapitel über Social Media Governance.

Für das B2B-Marketing setzt Hellriegel auf Themenportale: Hier werden Sach- und Fachdiskussionen geführt, die wieder mehr in die Tiefe als in die Breite gehen. Und das ist für B2B-Marketingbemühungen der richtige Weg, um Fachkompetenz und Beratungsqualität zu demonstrieren oder sich im besten Fall die Sporen eines Meinungsführers zu verdienen. Allerdings schadet es nicht, auch hier eine maximale Vernetzung zu schaffen, indem Sie immer wieder auf Ihr Blog und Ihre Accounts bei Slideshare, Twitter, XING und Facebook verlinken.

17.5 Geben ist seliger denn Nehmen

>»Was im Internet ist, hat nichts mit Nehmen zu tun.«

Astrid Listner, ausgebildete Social Media-Expertin und Online-Journalistin, sieht Deutschland im Hinblick auf Social Media Marketing noch als Entwicklungsland an. Die Hauptkritikpunkte sind in ihren Augen:

- Die Strategie des Push-Marketings wird auf das Web 2.0 übertragen.
- Die Unternehmen sind zu ungeduldig.
- Das Engagement wird häufig übertrieben.
- Social Media werden hierzulande nur als Plattform zur Selbstdarstellung gesehen, während in Amerika der Hilfsgedanke dominiert.
- Die Besonderheiten der Kommunikation in Communities werden nicht berücksichtigt.

Listner empfiehlt, mit Geduld und Überblick zu agieren. Es ist nicht zielführend, wenn Unternehmen sich mit Verve auf das Web 2.0 stürzen und zu erwarten, dass dieser Ansatz das schnelle Geld bringt. Der Aufbau von Communities ist zeit- und pflegeintensiv und es kann unter Umständen einige Monate dauern, bis sich die Social Media-Aktivitäten auch in erhöhten Zugriffszahlen und Geschäftsanbahnungen niederschlagen.

Besonders in kleineren Firmen werden PR und Marketing häufig vermischt und alles Neue wird als Heilsbringer gesehen. Aber die Marketingverantwortlichen müssen sich im Klaren sein, dass sie in die sozialen Netzwerke nicht mit derselben Push-Strategie hineingehen können wie in die klassischen Werbemedien.

Mitreden ist das A und O, um einen Kundenstamm zu erweitern – aber bitte nicht nur reden, um sich reden zu hören, sondern um den anderen Mitgliedern der Communities Hilfe, Rat und relevanten Content zu bieten. Auf diese Weise können Sie allmählich Ihre Kompetenz betonen und zu einem angesehenen Mitglied der Online-Gemeinschaft werden.

Für Ihr Engagement in Online-Gesprächen hat Frau Listner auch einige praktische Tipps auf Lager:

- Beachten Sie die Richtlinien der Netikette, die in allen Foren und Communities einsehbar sind.
- Bleiben Sie freundlich.
- Treten Sie nicht zu devot auf. Rechtfertigungsversuche rufen nur Aggressionen hervor.
- Versuchen Sie, Negatives in Positives umzumünzen.
- Nehmen Sie Kritik wohlwollend auf und bringen Sie Lösungsansätze.
- Treten Sie unberechtigter Kritik höflich entgegen.
- Fordern Sie bei anderen die Netikette nicht ein, da das die Besucher nur provoziert.

Ein besonderes Problem stellt sich in Unternehmen, in denen die Entscheider zu einer Generation gehören, die mit sozialen Netzwerken nichts anfangen kann. Hier empfiehlt es sich, nach Mitarbeitern Ausschau zu halten, die den Netzwerk-Gedanken und die Mechanismen der Kommunikation in den neuen Medien verinnerlicht haben, und die mit Spaß und Freude bei der Sache sind.

18 Ausblick

Dieses Buch kann wie alle Bücher auch nur eine Momentaufnahme sein. Die Zahl der User von sozialen Netzwerken nimmt zurzeit explosionsartig zu und auch in den Unternehmen tut sich eine Menge. In diesem dynamischen Umfeld ist es natürlich wichtig, dass Sie sich permanent über neue Trends auf dem Laufenden halten, am besten über Blogs von Experten. Meine persönlichen Favoriten sind Mashable von Pete Cashmore (http://mashable.com), Techipedia von Tamar Weinberg (http://www.techipedia.com/) sowie im deutschen Sprachraum Website-Marketing von Philipp Sauber (http://www.website-marketing.ch/), und Netzökonom von Holger Schmidt (http://faz-community.faz.net/blogs/netzkonom/default.aspx), dem Social Media-Blogger der FAZ.

Meiner Meinung nach liegt die Zukunft des Internet, und damit auch die Zukunft des Internet-Marketing, in den Social Media. Irgendwann in den nächsten Jahren wird sich der Hype um die Social Media legen und sie werden das sein, was vor zehn Jahren auch die Websites im Web 1.0 geworden sind: Ein ganz normaler, unverzichtbarer Bestandteil der Unternehmenskommunikation. Die zunehmende Nutzung von mobilen Geräten wie Smartphones, iPads und Netbooks wird die Verbreitung von Social Media noch beschleunigen, da viele Menschen diese Netzwerke auch von unterwegs aus gerne besuchen.

Im Umfeld der Social Media werden sich immer mehr Tools, Techniken und Best Practices herausbilden, die den Marketingverantwortlichen das Leben erleichtern. Die Chefetagen und Controlling-Abteilungen der Unternehmen werden verstehen, dass sich Social Media Marketing auszahlt, denn wenn über Ihre Marke oder Ihre Firma in den sozialen Netzwerken mehr und mehr gesprochen wird, wird niemand mehr bezweifeln, dass an einem Engagement in Social Media kein Weg mehr vorbeiführt.

Ja mehr noch: Mit den in diesem Buch unter dem Stichwort »Erfolgsmessung« vorgestellten Mitteln und neuen Techniken, die noch im Entstehen sind oder täglich in neuen Blogbeiträgen und Präsentationen vorgestellt werden, wird es den Social Media-Experten in Unternehmen mit der Zeit leicht fallen, den Erfolg und Sinn des Social Media Marketing auch zahlenmäßig zu belegen.

Ich glaube, dass im Bereich der sozialen Netzwerke ein Konzentrationsprozess in Gang gekommen ist, und dass Facebook gerade erst am Anfang seines Aufstiegs steht. Andere soziale Netzwerke werden es zunehmend schwerer haben, sich gegen Facebook zu behaupten. Schon heute sinken die Nutzerzahlen anderer Plattformen, während die von Facebook unaufhaltsam steigen.

Auch in den anderen Portalen werden die kleineren Plattformen kaum gegen die Marktführer ankommen können, es sei denn, sie platzieren sich bewusst in einer Nische. Doch selbst das muss nicht unbedingt funktionieren. Bei den Videoportalen bleibt YouTube führend, bei den Fotoportalen Flickr, bei den Präsentationsportalen Slideshare und bei den Microblogging-Plattformen Twitter. Es sollte mich wundern, wenn sich daran so bald etwas änderte. Andererseits ist auf diesem Markt noch zu viel in Bewegung, um Aussagen darüber treffen zu können, welche Social Media-Plattformen nächstes oder übernächstes Jahr noch existieren werden.

Ein anderes Bild ergibt sich bei den spezialisierteren Angeboten der Social Media, wie Blogs, Foren, Spezialcommunities und so weiter. Hier haben Nischenangebote weiterhin gute Überlebenschancen.

Viele Angebote im Web 2.0 kranken daran, dass sie noch kein gut funktionierendes Monetarisierungsmodell gefunden haben. Etliche öffnen ihre Pforten daher mehr und mehr auch für Werbetreibende und bieten spezielle, kostenpflichtige Werbemöglichkeiten an, die aufgrund der Informationen, die den Netzwerken über ihre Nutzer vorliegen, sehr zielgruppengerecht auf den Bedarf des Werbekunden zugeschnitten werden können.

Mit zunehmender Erfahrung in sozialen Netzwerken werden sowohl die Nutzer als auch die Firmen sehr rasch an Kompetenz gewinnen. Ich glaube (und hoffe), dass SPAM und automatisierte Posts in Social Media bald der Vergangenheit angehören werden, da sie den Ruf ihrer Urheber einfach nur schädigen und in der Nutzergemeinde nirgendwo Anklang finden.

Unternehmen werden bald keine Anfängerfehler mehr machen, sondern sich ebenso souverän in sozialen Netzwerken bewegen wie ihre Kunden. Die Qualität und Schnelligkeit von Kundendienst und Kundenkommunikation wird dadurch wachsen und die Verbreitung von Informationen zunehmen. Indem sie in den Online-Medien einen Dialog mit ihren Kunden führen, gewinnen sie wertvolle Einblicke in das Verbraucherverhalten, Anregungen zu Innovationen und strategische Vorteile, und sie haben die Chance, durch die authentische Stimme ihrer Mitarbeiter Persönlichkeit, Empathie und einen sympathischen Eindruck zu vermitteln. Durch virales Marketing und die Gewinnung von Markenevangelisten können sie zusätzlich ihre Sichtbarkeit und Marktdurchdringung verbessern.

Die Verbraucher haben immer mehr Informationsquellen zur Verfügung, um sich eine Meinung bilden zu können, und sie können auch selbst durch ihre eigenen Kommentare, Beobachtungen, Beiträge und Empfehlungen auf die Entscheidungsfindung und Willensbildung der Nutzergemeinde einwirken. Diese Demokratisierung, Individualisierung und Personalisierung des Internet ist letztlich eine sehr verbraucherfreundliche Entwicklung.

Unternehmen, die sich dieser Entwicklung verschließen, werden in Zukunft einen schweren Stand haben.

A   Glossar

Das folgende Glossar soll einige wichtige Begriffe aus der Welt des Social Media Marketing erläutern. Die gesamte Terminologie der Social Media würde jetzt schon ein ganzes Wörterbuch füllen, und täglich kommen neue Begriffe hinzu. Daher musste die Autorin eine Auswahl treffen. Sollten Sie einen Begriff, den Sie suchen, hier nicht finden, so werden Sie wahrscheinlich im Internet, sei es bei Wikipedia oder in anderen Ressourcen, eine Erklärung finden können.

Begriff	Definition[1]
Adblocker	Ein Werbefilter, der unerwünschte Popup-Fenster und Werbebanner unterdrückt, damit sie nicht eingeblendet werden.
Backlink	Rückverweis. Ein Link, der von anderen Webseiten auf eine bestimmte Website verweist.
Badge, Gadget, Widget	Kleine Applikationen, die in Form von Buttons in den Quelltext einer Webseite eingebunden werden, um dem Benutzer die Ausführung einer Funktion zu ermöglichen, insbesondere einen Verweis (Link) auf die Seite in einem sozialen Netzwerk einzustellen.
Balanced Scorecard	Ein Kennzahlensystem, das anhand von KPIs versucht, ein Unternehmen oder eine Organisation aus verschiedenen Perspektiven zu beschreiben und zu bewerten. Balanced Scorecards sind ein Instrument zur strategischen Ausrichtung von Unternehmen. Das Besondere an ihnen ist, dass sie auch nicht-finanzielle Faktoren messen und bewerten können. Aus diesem Grund werden sie im Social Media Marketing verwendet, in dem es um die Förderung eines Dialoges geht, der zunächst nicht monetär zu bemessen ist.
Call to Action	Ein Aufruf, etwas zu tun. In der Werbung und auch im Social Media Marketing kann ein Call to Action den Besucher motivieren, aktiv zu werden und mit dem Unternehmen in Interaktion zu treten, indem er z. B. einen Button anklickt, sich an einer Umfrage oder einem Wettbewerb beteiligt, einen Coupon einschickt oder Ähnliches.

Anhang A   Glossar

Begriff	Definition[1]
Communities	Die Nutzergemeinden in Social Media.
Content Producer	Inhalteproduzent, jemand, der Beiträge im Internet veröffentlicht. In Social Media ist jeder ein Content Producer.
Empfehlungsmarketing	Marketingmaßnahmen, die das Weiterempfehlen von Waren oder Dienstleistungen durch die Verbraucher selbst im persönlichen Gespräch oder in sozialen Netzwerken, wie etwa Bewertungsportalen fördern. Empfehlungen Gleichgestellter werden von den Adressaten als vertrauenswürdiger empfunden als Werbebotschaften von Unternehmen. Empfehlungsmarketing ist ein wichtiges Element des Social Media Marketing.
Follower	Ein Nutzer, der jemandes Beiträge bei Twitter abonniert, ist dessen Follower. Dieses Prinzip funktioniert bei allen sozialen Netzwerken, allerdings zum Teil unter unterschiedlichen Bezeichnungen. Bei Facebook heißen Follower »Freunde«.
Hashtag	In Twitter funktioniert das Social Tagging durch so genannte Hashtags, das sind Schlagworte, die durch das Hash-Zeichen # eingeleitet werden.
KPIs	Key Performance Indicators, betriebswirtschaftliche Kennzahlen. Durch KPIs lassen sich Vorgänge im Unternehmen objektivieren, vergleichen und im Zeitverlauf darstellen, sodass aus ihnen wertvolle Erkenntnisse gewonnen und Zieldefinitionen abgeleitet werden können. KPIs sind ein wesentlicher Bestandteil von Balanced Scorecards.
Lurking	Das passive Verfolgen und Beobachten der Dialoge in sozialen Netzwerken, nicht selten zu dem Zweck, sich mit den Gepflogenheiten der betreffenden Plattform vertraut zu machen.
Monitoring	Die Beobachtung, Verfolgung und Überwachung eines Prozesses mit technischen Mitteln. Im Social Media Monitoring werden die Dialoge in sozialen Netzwerken, die Erwähnungen der Marke eines Unternehmens und die von Social Media ausgehenden Verlinkungen überwacht.
Mundpropaganda	Das Verbreiten einer Information oder Botschaft durch persönliches Gespräch. Kernelement des Empfehlungsmarketing.
Online-Targeting	Zielgruppenansprache. Das zielgruppengerechte Einblenden von Werbung auf Internetseiten.
Posting, Post	Ein Beitrag, den ein Nutzer auf einer Social Media-Site veröffentlicht.
Poweruser	Ein IT-Anwender, der besonders erfahren und versiert in der Nutzung bestimmter Plattformen ist. In Social Media sind das Personen, die sich durch häufige und qualitativ hochwertige Beiträge einen hohen Status in der Nutzergemeinde erarbeitet haben.
Reputationsmarketing	Maßnahmen und Aktivitäten in Social Media, die darauf abzielen, den Ruf eines Unternehmens, einer Organisation oder einer Marke zu stärken.
Retweet	Das Weiterleiten eines fremden Tweets. Retweets werden durch die Zeichen RT oder ein entsprechendes Symbol, gefolgt durch den Twitter-Namen des ursprünglichen Nutzers, eingeleitet.

Begriff	Definition[1]
ROI	Return on Investment (Investitionsrendite). Ein Modell, das den Erfolg einer Investition an dem monetären Gewinn im Verhältnis zum eingesetzten Kapital bemisst.
SEO	Abkürzung für Search Engine Optimization (Suchmaschinenoptimierung). Dazu gehören Maßnahmen, die das Suchmaschinenranking einer Website verbessern sollen, etwa durch Verwendung von suchmaschinenfreundlichen Stichworten im Text der Website. Im Social Media Marketing wird häufig versucht, die Position einer Marke zu verbessern, indem die Verlinkung und die Häufigkeit der Aufrufe der Unternehmensseiten durch geschickte Platzierung von Inhalten in Social Media gefördert wird. Diese Links und Aufrufe werden von Suchmaschinen besonders hoch bewertet.
Slideshare	Eine Social Media-Plattform, auf der die Nutzer Präsentationen veröffentlichen, austauschen und diskutieren.
Social Media	Internet-Plattformen, die eine Interaktion der Nutzer ermöglichen, sodass diese Inhalte produzieren und sich untereinander austauschen können. Diese Interaktion führt zu einer zunehmenden Demokratisierung des Internet, weil aus einer unidirektionalen Kommunikation eine Viele-zu-Viele-Kommunikation geworden ist, in der auch der Nutzer eine Stimme hat. Siehe auch »soziale Netzwerke« und »Web 2.0«. Zu den bekanntesten Social Media gehören soziale Netzwerke, Business-Netzwerke, Bewertungsplattformen, Blogs, Foren, Video- und Foto-Sharing-Sites, Wikis, Social Bookmarking- und Social News-Plattformen und Microblogging-Plattformen.
Social Media Dashboard	Eine Computeranwendung, die Informationen und Funktionen aus verschiedenen Social Media-Plattformen auf einer einzigen Benutzeroberfläche zusammenführt und für den Nutzer verfügbar macht, wobei das Layout und die Inhalte dieser Funktionen und Informationen in der Regel vom Nutzer an seine Bedürfnisse angepasst werden können. Auf diese Weise bekommt der Nutzer eine übersichtliche, komfortable Schnittstelle zu seinen Social Media-Nutzerkonten. Social Media Dashboards gibt es nicht nur für Desktop-Computer, sondern auch für mobile Geräte, wie z. B. Smartphones.
Social Media Marketing	Eine Form des Marketing, die durch die Nutzung von Social Media versucht, das Image des Unternehmens und seiner Marken sowie seine Kommunikation mit den Kunden und Multitplikatoren der Zielgruppen zu verbessern.
Social Tagging	Das Verschlagworten von Inhalten in Social Media mithilfe von Bezeichnern, so genannten »Tags«, die von den Nutzern dieser Medien vergeben werden. So kann z. B. auf einem Foto der Name des dargestellten Ortes oder Menschen, oder in einem Blogbeitrag oder Tweet die Kernthemen in Form von Tags angegeben werden. Durch die Tags entsteht ein Index, der es erlaubt, die Social Media nach den betreffenden Schlagworten zu durchsuchen. Oft wird auf Social Media-Sites auch eine Tag-Cloud angezeigt, in der man Begriffe anklicken kann, um die zugehörigen Beiträge aufzurufen.
Social Web	siehe »Web 2.0«, »Social Media«

Begriff	Definition[1]
soziales Netzwerk	Im allgemeinen Sinne eine soziale Gruppe aus Personen oder Organisationen, die miteinander durch bestimmte Arten von Verflechtungen verbunden sind, wie z. B. Freundschaft, gemeinsame Interessen, Überzeugungen, den Austausch von geldwerten Gütern und Leistungen usw. Im Sinne von Social Media-Plattformen: Eine Online-Community, die auf einem Portal im Web 2.0 Informationen, Beiträge, Medien oder sonstige Inhalte austauscht und kommentiert, und deren Mitglieder untereinander soziale Kontakte pflegen.
Tag Cloud	Eine Schlagwortwolke, die aus den auf einer Internetplattform durch Social Tagging markierten Begriffen besteht. Diese Begriffe werden in Form einer Wolke unterschiedlich groß visualisiert, wobei die Größe anzeigt, wie häufig der betreffende Begriff auf der Site getaggt worden ist. Durch Anklicken eines Begriffs kann man die zugehörigen Beiträge aufrufen. Tag Clouds finden sich häufig in Blogs und Social Bookmarking-, News- und Fotoportalen, aber zunehmend auch in anderen Social Media.
Tag, taggen	siehe Social Tagging
Timeline	Zeitleiste. Der Bereich einer Social Media-Site, in dem der Nutzer die neuesten auf dieser Site erfolgten Aktivitäten der Personen oder Organisationen, denen er folgt, sehen kann. Die aktuellsten Beiträge stehen jeweils oben. Auf diese Weise halten sich Nutzer von sozialen Netzwerken über ihre Aktivitäten, Nachrichten, Fotos und alles, was sie interessiert, auf dem Laufenden. Die Timeline kann in den verschiedenen Medien unterschiedliche Bezeichnungen haben, bei Facebook heißt sie z. B. »Pinnwand« und bei Twitter »Stream«.
Tracking	siehe »Monitoring«.
Tweet	Eine über den Microblogging-Dienst Twitter veröffentlichte Nachricht im Umfang von maximal 140 Zeichen.
User Generated Content	Beiträge und Inhalte, die von den Nutzern selbst auf Internetplattformen des Web 2.0, d. h. in Social Media, bereitgestellt werden.
virales Marketing	Weiterverbreitung einer Botschaft durch Mundpropaganda in sozialen Netzwerken, sodass ein Schneeballeffekt entsteht. Wenn jeder Empfänger der Botschaft diese an zehn Bekannte aus seinem Freundeskreis weiterreicht, dann wächst der Verbreitungsgrad auf jeder Stufe um eine Größenordnung. Der Begriff »viral« bezieht sich auf die sehr schnelle, epidemische Ausbreitung der Botschaft.
Voting	Als Vorgang: Die Abstimmung einer Internet-Community über Inhalte, die in ihr veröffentlicht werden, insbesondere auf News- und Social Bookmarking-Portalen. Je mehr Stimmen ein Beitrag erhält, umso höher rückt er in der Beliebtheitsskala nach oben. Die Beiträge, die am meisten Stimmen erhalten, werden auf den Titelseiten der betreffenden Portale angezeigt und können dadurch eine extrem hohe Verbreitung erzielen. Als Substantiv: Die Stimme, die ein Nutzer für einen Beitrag auf einem Voting-Portal abgibt.

Begriff	Definition[1]
Web 2.0	Dieser Begriff wurde 2003 geprägt und bezeichnet das interaktive Internet der sozialen Netzwerke und die durch diese Möglichkeiten der Interaktion veränderte Wahrnehmung und Nutzung des Internet.
Word-of-Mouth (WOM)	Mundpropaganda

---

[1] Viele der Informationen, die in diese Kurzdefinitionen eingeflossen sind, habe ich aus Wikipedia bezogen (http://de.wikipedia.org/). Für ausführlichere Definitionen können Sie die betreffenden Einträge dieser Online-Enzyklopädie nachschlagen.

Stichwortverzeichnis

Stichwortverzeichnis

DER GOOGLE-CODE

Henk van Ess
ISBN 978-3-8273-3036-9
14.80 EUR [D], 15.20 EUR [A], 25.50 sFr*
144 Seiten
http://www.awl.de/3036

Verändern Sie Ihre Suche mit Google und finden Sie
Informationen, die anderen verborgen bleiben!

Das Suchen mit Google führt oft zu einem Übermaß an
Informationen. Wie finden Sie aber genau das, was Sie suchen?
Ganz einfach: Suchen Sie clever und lernen Sie, wie Google zu
denken! Der Internetexperte und Suchspezialist Henk van Ess
hat eine Suchmethode entwickelt, die zu einer viel kürzeren Liste
relevanter Ergebnisse führt. Der Google Code stellt die normale
Suche auf den Kopf: Sie stellen keine Frage, sondern nehmen die
Antwort vorweg.

DESIGN & TYPOGRAFIE

Robin Williams; John Tollett
ISBN 978-3-8273-3058-1
24.80 EUR [D], 25.50 EUR [A], 41.50 sFr*
304 Seiten
http://www.awl.de/3058

Das Buch Design & Typografie ist ein sehr gutes und handliches Werk für jeden Nicht-Grafiker, der sich schnell einen Überblick über Design und deren Auslegungen und Gestaltungsformen verschaffen will. Es beinhaltet viele Grundlagen und Design-vorschläge, die sich einfach umsetzen lassen. Begleitende Hinweise lassen Farbcodes sowie Schriftarten nachvollziehen, so dass alles jederzeit zu Hause nachgestellt werden kann. Diese neue Auflage enthält weitere Beispiele zu den bestehenden Workshops zu Umschlägen und Briefpapier, Newsletter und Anzeigen sowie die neuen Projekte: Logos, Rechnungen & Formulare und Inhaltsverzeichnis.

Mehr Informationen zu
Büchern & Video-
Trainings auf
www.addison-wesley.de

TIPP

[The Sign of Excellence]
ADDISON-WESLEY

*unverbindliche Preisempfehlung